城市规划理论的多维度研究

陈 萍 史晓华 著

内 容 提 要

本书主要围绕城市规划的相关内容，先是分析城市规划的理论部分，如城市规划的原理、城市规划的要素，然后重点分析了城市各分项的规划设计，如城市空间规划、城市总体规划、城市交通规划、城市住宅区规划、城市商业区规划、城市绿地规划以及城市基础设施规划等。本书在具体的论述过程中，不但分析了城市规划的相关理论，还引用部分案例进行实证，理论与实践相结合，对于指导城市规划的学习者和从业者具有很好的指导作用。

图书在版编目(CIP)数据

城市规划理论的多维度研究/陈萍，史晓华著. --北京：中国水利水电出版社，2015.7 （2024.8 重印）

ISBN 978-7-5170-3455-1

Ⅰ.①城… Ⅱ.①陈… ②史… Ⅲ.①城市规划一理论研究 Ⅳ.①TU984

中国版本图书馆 CIP 数据核字(2015)第 174706 号

策划编辑：杨庆川　责任编辑：陈　洁　封面设计：崔　蕾

书　　名	城市规划理论的多维度研究
作　　者	陈　萍　史晓华　著
出版发行	中国水利水电出版社 (北京市海淀区玉渊潭南路 1 号 D 座 100038) 网址：www.waterpub.com.cn E-mail：mchannel@263.net(万水) sales@waterpub.com.cn 电话：(010)68367658(发行部)、82562819(万水)
经　　售	北京科水图书销售中心(零售) 电话：(010)88383994、63202643、68545874 全国各地新华书店和相关出版物销售网点
排　　版	北京厚诚则铭印刷科技有限公司
印　　刷	三河市佳星印装有限公司
规　　格	170mm×240mm　16 开本　20.25 印张　363 千字
版　　次	2015 年 11 月第 1 版　2024 年 8 月第 3 次印刷
印　　数	0001—2000 册
定　　价	59.00 元

前 言

19 世纪工业革命在英国的实现使城市化进程迅速推进，由于生产方式的改进和交通技术的发展，城市人口快速扩张，原有城市的居住设施严重不足，贫民窟和工人住宅区的居住条件极其恶劣，导致 19 世纪三四十年代霍乱在英国和欧洲大陆蔓延。由此开始出现一系列城市未来发展方向的讨论。1848 年，英国通过《公共卫生法》，这是现代城市规划面临城市问题和改善人类居住环境的第一步。

其实，规划理论的发展历史就是人类追求和创造理想环境的过程。1933 年，《雅典宪章》就率先强调城市中广大人民的利益是城市规划的基础，“对于从事于城市规划的工作者，人的需要和以人为出发点的价值衡量是一切建设工作的成功关键”。芒福德从 1937 年的《城市是什么》到 1961 年的《城市发展史》，始终认为城市中人与自然的关系及人的精神价值是最重要的，而城市的物质形态和经济活动是次要的。1961 年，雅各布发表《美国大城市的生与死》，作为城市规划理论发展的里程碑，对现代城市规划进行了一次彻底的批判，从而使规划师关注的焦点从过去的如何做好规划，转换到为谁做规划。可见，种种规划理论和思潮的产生和发展，无不反映着人类对理想环境的美好愿望。

本书立足这一观点，针对世界城市规划的现状，从城市及城市规划的含义、城市规划的任务与价值观及城市规划的空间层次出发，分析城市规划的要素、城市空间规划和城市总体规划，在宏观层面上对城市规划理论进行了梳理。并通过城市道路与交通、城市住宅区、城市商业区、城市公共空间与绿地规划的阐述，多维度、多元化地探讨城市规划理论。

本书以循序渐进、由浅入深为原则，力求以准确与科学的文字进行表述，坚持理性和科学的态度，并结合了大量具有代表性的城市及规划图例，力图以完整、详细、重点突出的框架阐述城市规划的原理和相关知识。

全书由陈萍、史晓华撰写，具体分工如下：

第一章、第二章、第三章、第七章、第八章、第九章：陈萍（华北水利水电大学建筑学院）；

第四章、第五章、第六章：史晓华（郑州大学建筑学院）。

为了使写作严谨，逻辑清晰，拓宽研究思路，丰富理论知识与实践表达，作者阅读了很多相关学科的著作与成功案例，并吸取了大量交叉学科的知识。希望本书能够为学习和城市规划设计的学者、同仁提供一些有资可寻的学术信息。当然，至于本书的研究实用价值究竟如何，还有待专家、学者们的检验，如有疏漏之处，还请得到谅解，不吝赐教。

此外，书稿的完成还得益于前辈和同行的研究成果，具体已在参考文献中列出，在此一并表示诚挚的感谢！

作　者

2015 年 5 月

目 录

第一章　城市规划原理

世界的文明与发展无不与城市密切相关，而城市广泛存在于世界上所有的国家，并在一个国家或地区的政治生活、经济生活、文化生活以及社会生活中处于中心地位，并起着主导的作用。本章从城市及城市的内涵出发，分析城市规划的任务与价值观，明确城市规划的空间层次。

第一节　城市及城市规划的内涵

一、城市

立足于不同的观察视角和研究目的，对城市有不同的理解和认识。[①]但这也只是从某一方面、某一角度来概括城市包罗万象、错综复杂的现象和本质。城市是一定时期政治、经济、社会及文化发展的产物，它总是随着历史的发展和特殊的需要而发生变化。从城市规划的角度而言，城市是一个以人为主体，以空间有效利用为特征，以聚集经济效益为目的，通过规划建设而形成的集人口、经济、科学技术与文化于一体的空间地域系统。它涵盖四个方面的含义：①城市的人本性，城市是为人的福利提高、人的能力建设而存在的；②城市的聚集性，城市是最节约的空间资源配置形态；③城市规划的必要性，城市规划是实现科学管理的有效方式；④城市的多元性，城市

① 地理学强调"城市是一种特殊的地理环境"。从经济地理学的角度看，城市的出现和发展是与劳动的地域（地理）分工的出现和演化分不开的。这一点就决定了城市的生产职能，即通过工业、交通、贸易为城市及其腹地提供产品和服务等。社会学侧重研究城市中人的构成、行为及关系，把城市看作生态的社区、文化的形式、社会系统、观念形态和一种集体消费的空间等。经济学关注为各种经济活动的开展提供场所的城市，认为所有城市的基本特征是人口和经济活动在空间的集中。用经济学的术语说，城市是坐落在有限空间地区的各种市场——住房、劳动力、土地、运输等——相互交织在一起的网状系统。城市经济学把各种活动因素在一定地域上的大规模集中称为城市。生态学把城市看作是人工建造的聚居场所，是当地自然环境的一部分。城市生活所需要的一切都依赖于它周围的其他区域（它的腹地或其他城市），城市既对其所在环境起作用，又受其所处环境的影响。建筑学与城市规划学将城市的空间环境的营造视为己任，认为城市是由建筑、街道和地下设施等组成的人工系统，是适宜于生产生活的形体环境。行政管理工作者则将城市标准化为人口总数或人口密度达到一定数量以上的居民点。

是区域的社会、经济、文化中心。

二、城市规划

(一)城市规划的性质

城市规划是为了实现一定时期内城市的经济和社会发展目标,确定城市性质、规模和发展方向,合理利用城市土地,协调城市空间布局和各项建设所作的综合部署和具体安排。[①] 城市规划有着以下两个方面的性质。

1. 城市活动与城市规划

城市规划为城市中的社会经济活动提供了一个物质空间上的载体。[②] 因此,城市的物质空间形态规划虽不能直接左右城市活动,但却能为各项城市活动提供必不可少的物质环境。

1928 年成立于瑞士的国际现代建筑协会(CIAM)在 1933 年雅典会议上通过的著名的《雅典宪章》中,将居住、工作、游憩和交通作为现代城市的四大功能,提出城市规划的任务就是要恰当地处理好这些功能及其相互之间的关系。

随着时代的发展,城市功能日趋复杂,各项城市功能的内涵、存在方式与规划标准发生了较大的改变。例如,就工作而言,其内涵早已突破传统制造业的范围,扩展到日益庞大的第三产业,进而发展至当今迅速发展的信息产业。随之而来的是,规划中工作地点在城市中的空间分布也相应地从位

---

① 英国的《不列颠百科全书》中有关城市规划与建设的条目中有这样的记载:“城市规划与改建的目的,不仅仅在于安排好城市形体——城市中的建筑、街道、公园、公用事业及其他的各种要求,而且,更重要的在于实现社会与经济目标。城市规划的实现要靠政府的运筹,并需运用调查、分析、预测和设计等专门技术。”美国国家资源委员会则认为,城市规划的定义是这样的:“城市规划是一种科学、一种艺术、一种政策活动,它设计并指导空间的和谐发展,以适应社会与经济的需要。”日本城市规划专业权威教科书中,城市规划的定义是:“城市规划即把城市这个地区单位作为对象,按照将来的目标,为使其经济、社会活动得以安全、舒适、高效开展,而采用独特的理论从平面上、立体上调整以满足各种空间要求,预测、确定土地利用与设施布局和规模,并将这些付诸实施的技术。”它还提出“城市规划是以实现城市政策为目标,为达成、实现、运营城市功能,对城市结构、规模、形态、系统进行规划、设计的技术。”德国把城市规划理解为整个空间规划体系中的一个环节,“城市规划的核心任务是根据不同的目的进行空间安排,探索和实现城市不同功能的用地之间的互相管理关系,并以政治决策为保障。这种决策必须是公共导向的,一方面以解决居民安全、健康和舒适的生活环境为主要目标,另一方面实现城市社会经济文化的发展”。

② 如同演员与舞台的关系一样,虽然高水平的舞台并不能保证演员的演出总是一流的,但是很难设想高水平的演员能在一个糟糕的舞台上有上乘的表演效果。

于城市外围的工业区转向多元化的，甚至是分散的就业中心，如商业服务中心、中央商务区(CBD)等(图 1-1)。居住功能的要求也从满足基本居住功能转向对综合环境质量的追求。甚至由于 SOHO 等概念的出现，居住功能与工作功能之间的界限也变得不再那么明显。城市的交通功能依然重要，但未来信息时代的城市交通或许将进入比特主宰的世界。

图 1-1 上海中央商务区(陆家嘴金融贸易区)

2. 城市规划技术与城市规划制度

城市规划与社会经济体制密切相关，它一方面包含有面对客观物质空间的工程技术内容；另一方面又包含有作为维持社会生活正常秩序准则的制度性内容。

作为工程技术手段的城市规划，以追求城市整体运转的合理性与效率为目标，在不同国家和地区之间以及不同的社会体制下具有相对的普遍性，并且易于学习、借鉴和流传。[①]

① 例如，根据城市各类用地之间的相互关系而作出的用地布局、道路网及交通设施的布局，以及各种城市基础设施的规划等，均可以看作为此类内容。我国封建社会中的传统城市规划以及计划经济体制下城市规划，通常以此为侧重点。

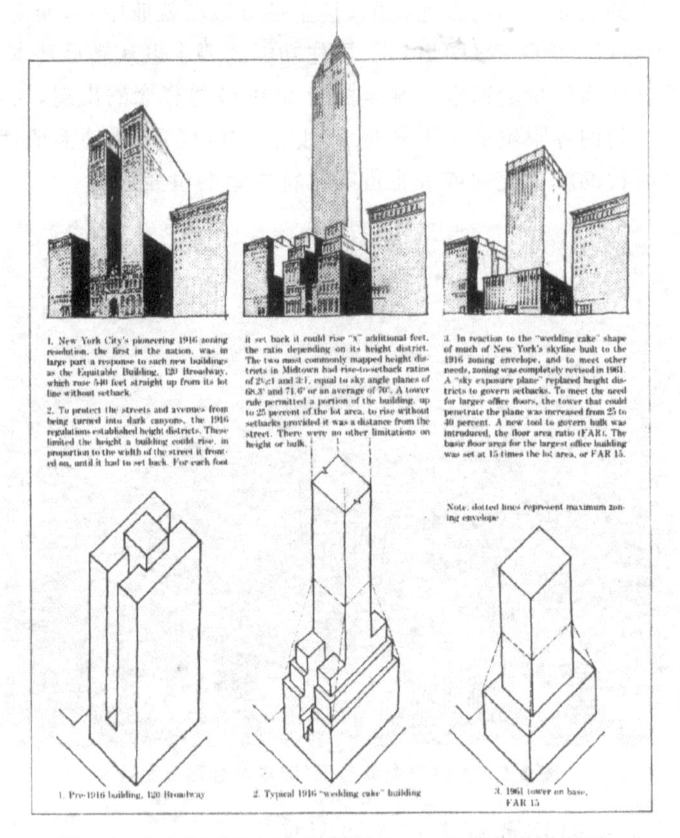

图 1-2　作为制度的城市规划设计——美国纽约的区划

与此相对应的是，作为制度的城市规划所关注的是城市整体运转过程中的公平、公正与秩序（图 1-2）。由于其出发点建立在社会价值判断的基础之上，因此不同国家与地区之间以及不同的社会体制下往往存在着较大的差异。[①] 作为制度的城市规划是现代社会中、在市场环境下，城市建设与开发领域中不可或缺的相对公平、公正与整体合理的游戏规则。

（二）城市规划的特征举要

城市规划的特征，体现在其综合性、法治性与政策性、地方性、实践性、长期性和经常性等方面，见表 1-1 所示。

---

① 例如，在城市开发建设过程中对私权的保护与限制的方式和程度、对代表公权的城市政府规划管理部门权限的界定、城市规划本身的地位、权力的授予等，均属于此类内容。

表 1-1　城市规划的特征

特征名称	具体内容阐释
综合性特征	城市的社会、经济、环境和技术发展等各项要素，既互为依据，又相互制约，城市规划需要对城市的各项要素进行统筹安排，使之各得其所、协调发展。综合性是城市规划工作的重要特点。[①] 城市规划不仅反映单项工程设计的要求和发展计划，而且还综合各项工程设计相互之间的关系。它既为各单项工程设计提供建设方案和设计依据，同时又必须统一解决各单项工程设计相互之间技术和经济等方面的种种矛盾，因而城市规划部门和各专业设计部门有较密切的联系。城市规划工作者应具有广泛的知识，树立全面观点，具有综合工作的能力，在工作中主动和有关单位协作配合
法治性与政策性特征	城市规划既是城市各种建设的战略部署，又是组织合理的生产、生活环境的手段，涉及国家的经济、社会、环境、文化等众多部门。特别是在城市总体规划中，一些重大问题的解决，诸如城市的发展战略和发展规模、居住面积的规划指标、各项建设的用地指标等，都必须以有关法律法规和方针政策为依据因为它们都不单纯是技术和经济的问题，而是关系到生产力发展水平、人民生活水平、城乡关系、可持续发展等。所以，城市规划工作者必须加强法治观点，努力学习各项法律法规和政策管理知识，在工作中严格执行
地方性特征	城市的规划、建设和管理是城市政府的主要职能，其目的是促进城市经济、社会的协调发展和环境保护。城市规划要根据地方特点，因地制宜地编制；规划的实施要依靠城市政府的筹划和广大城市居民的共同努力。所以，城市的规划一方面要遵循城市规划的科学规律，另一方面还要符合当地条件，尊重当地人民的意愿，和当地有关部门密切配合，使规划工作成为市民参与规划制定的过程和动员全民实施规划的过程，使城市规划真正成为城市政府实施宏观调控，保障社会经济协调发展，保护地方环境和人民利益的坚固屏障

① 它涉及许多方面的问题，如当考虑城市的建设条件时，涉及气象、水文、工程地质和水文地质等范畴的问题；当考虑城市发展战略和发展规模时，涉及大量社会经济和技术的工作和相关问题；当具体布置各项建设项目、研究各种建设方案时，涉及大量工程技术方面的工作；至于城市空间的组合、建筑的布局形式、城市的风貌、园林绿化的安排等，则又是从建筑艺术的角度来研究处理的。而这些问题，都密切相关，不能孤立对待。

续表

特征名称	具体内容阐释
实践性特征	实践是检验真理的唯一标准，因此，城市规划具有实践性的特征。这种特征首先在于它的基本目的是为城市建设服务，规划方案要充分反映建设实践中的问题和要求，有很强的现实性。其次是按规划进行建设是实现规划的唯一途径，规划管理在城市规划工作中有着举足轻重的位置。规划实践的难度不仅在于要对各项建设在时空方面做出符合规划的安排，而且要积极地协调各项建设的要求和矛盾，组织协同建设，使之既符合城市规划总体意图，又能满足各项建设的合理要求。当然，任何一个规划方案对实施过程中问题的预计和解决不可能十分周全，也不可能一成不变。这就需要在实践中进行丰富、补充和完善
长期性与经常性特征	社会是在不断发展变化的，影响城市发展的因素也在变化，在城市发展过程中会不断产生新情况，出现新问题，提出新要求。因此，作为城市建设指导的城市规划不可能是一成不变的，应当以实践的发展和外界因素的变化为基础，适时地加以调整或补充，不断地适应发展需要，使城市规划逐步更趋近于全面、正确反映城市发展的客观实际。所以说城市规划是城市发展的动态规划，它是一项长期性和经常性的工作 虽然规划要不断地调整和补充，但是每一时期的城市规划是建立在当时的经济社会发展条件和生态环境承载力的基础上，经过调查研究而制定的，是一定时期指导建设的依据，所以城市规划在批准之后，必须保持其相对的稳定性和严肃性，只有通过法定程序才能对其进行调整和修改，任何个人或社会利益集团都不能随意使之变更

第二节　城市规划的任务与价值观

一、城市规划的任务

城市规划的任务，由于各国社会、经济体制和经济发展水平的不同而有所差异和侧重，但其基本内容是大致相同的，见表 1-2。

表 1-2　不同国家的城市规划的任务

国家	城市规划的任务
日本	城市规划是城市空间布局，建设城市的技术手段，旨在合理地、有效地创造出良好的生活与活动的环境。
英国	《不列颠百科全书》中关于城市规划与建设的条目指出：城市规划与改建的目的，不仅仅在于安排好城市形体——城市中的建筑、街道、公园、公用设施及其他的各种要求，而且，最重要的在于实现社会与经济目标
德国	城市规划的核心任务是根据不同的目的进行空间安排，探索和实现城市不同功能的用地之间的互相管理关系，并以政治决策为保障。这种决策必须是公共导向的，一方面解决居民安全、健康和舒适的生活环境，另一方面实现城市社会经济文化的发展
美国	城市规划是一种科学、一种艺术、一种政策活动，它设计并指导空间的和谐发展，以满足社会与经济的需要

由此可见，各国城市规划的共同和基本的任务是通过空间发展的合理组织，满足社会经济发展和生态保护的需要。

中国现阶段城市规划的基本任务是保护、创造和修复人居环境，保障和创造城市居民安全、健康、舒适的空间环境和公正的社会环境，达到城乡经济、文化和社会协调，稳定地永续和谐发展。

二、城市规划的价值观

(一)价值观的作用

价值观[①]决定人的自我认识，它直接影响和决定一个人的理想、信念、生活目标和追求方向的性质。价值观的作用大致体现在以下两个方面：

(1)价值观对动机有导向的作用，人们行为的动机受价值观支配和制约，价值观对动机模式有重要影响，在同样的客观条件下，具有不同价值观

① 价值观是指个人对客观事物(包括人、物、事)及对自己的行为结果的意义、作用、效果和重要性的总体评价，是对什么是好的、是应该的总看法，是推动并指引一个人采取决定和行动的原则、标准，是个性心理结构的核心因素之一。它使人的行为带有稳定的倾向性。它反映人对客观事物的是非及重要性的评价。人不同于动物，动物只能被动适应环境，人不仅能认识世界是什么、怎么样和为什么，而且还知道应该做什么、选择什么，发现事物对自己的意义，设计自己，确定并实现奋斗目标。

的人，其动机模式不同，产生的行为也不相同，动机的目的方向受价值观的支配，那些经过价值判断被认为是可取的动机，才能转换为行为，并以此为目标引导人们的行为。

(2)价值观反映人们的认知和需求状况，价值观是人们对客观世界及行为结果的评价和看法，因而，它反映了人的主观认知世界。

(二)城市规划的价值观表述

城市规划作为一项社会实践，价值观对于目标的确立、执行、调整和评估具有重要的意义，价值观的影响更是贯穿于规划立法、规划编制、开发控制和项目实施等所有环节和阶段。长期以来，城市规划一直以保护与促进公共利益作为学科的价值观，具体来说，主要涉及以下方面：健康与安全；方便与效率；公平与平等；美观与有序；环境与资源等。[①]

任何规划都不可能是脱离价值观的中立的工作，只有真正明确了规划的价值观，才能在城市规划工作中进行有目的的协调，规划编制、规划实施和规划评价才能有明确的准则与标准。城市规划的终极目标是创造更优的人居环境，但是对于良好人居环境的理解却一直处于发展演变之中。不同时期的规划基于其所处的特定背景和认识水平持不同的价值观。但是，近20年来，永续发展正在逐渐成为城市规划的基本价值观。

第三节 城市规划的空间层次

城市规划在空间上涵盖城市及城市中的地区、街区、地块等不同的空间范围，并涉及国土规划、区域规划以及城市群的规划。

一、国土及区域规划

国土规划[②]一方面对国土范围的资源，包括土地资源、矿产资源、水

---

① 尽管这些价值观可能会有纷繁的表述形式，强调的维度也不尽相同，但我们还是可以从中读出最为基本的价值观。城乡规划学科发展的基本目标是“城乡空间中的居民生命财产的安全保障。”这是学科建设发展的底线，假如规划学科脱离了这个底线，学科发展就会轻浮，规划学科必须坚持底线上的课题开展、学者培养和组织投入。

② 国土规划的概念最早起源于纳粹德国，特指在国土范围内对机动车专用道路、住宅建设等开发建设活动的统一计划。现代的国土规划被定义为“在国土范围内，为改善土地利用状况、决定产业布局、有计划地安置人口而进行的长期的综合性社会基础设施建设规划”，或者更为明了地表达为“国土规划是对国土资源的开发、利用、治理和保护进行全面规划”。

力资源等的保护、开发与利用进行统筹安排，另一方面则对国土范围内的生产力布局、人口布局等，通过大型区域性基础设施的建设等进行引导。不同国家中国土规划的内容与形式也存在着较大的差别，见表1-3。

表 1-3　不同国家的国土规划举例

国家	国土规划
美国	田纳西河流域管理局(TVA)所做的流域开发规划常常被引为国土规划的经典案例，但事实上美国从来就不存在全国性的规划，甚至在1943年国土资源规划委员会(NRPB)被撤销之后，就没有一个负责国土规划的机构，但这并不影响联邦政府通过各种政策与计划影响定居与产业分布的模式
日本	1950年制定了《国土综合开发法》，并据此编制了迄今为止的5次“全国综合开发规划”。该规划主要侧重国土范围内区域性基础设施的建设和重点地区的建设。1974年日本又制定了《国土利用规划法》，对国土利用状况的关注以及对包括城市规划在内的相关规划内容的协调，列入国土规划的内容
荷兰	重视国土规划，很早便开始这项工作

我国自20世纪80年代起，尝试开展国土规划方面的工作，但至今尚未有正式公布出国土规划。

如果说国土规划专指范围覆盖整个国土空间的规划的话，那么对其中的特定部分所进行的规划被称为区域规划。我国目前尚未全面开展严格意义上的区域规划，国民经济和社会发展计划以及各种行政范围内的城镇体系规划包括：

(1)省域城镇体系规划(图1-3)，市域、县域城镇体系规划；

(2)跨行政区域的区域规划研究，如京津冀地区空间发展战略规划(图1-4)、珠江三角洲经济区城市群规划等都可以看作是侧重于区域发展空间布局及城镇布局研究的区域规划。

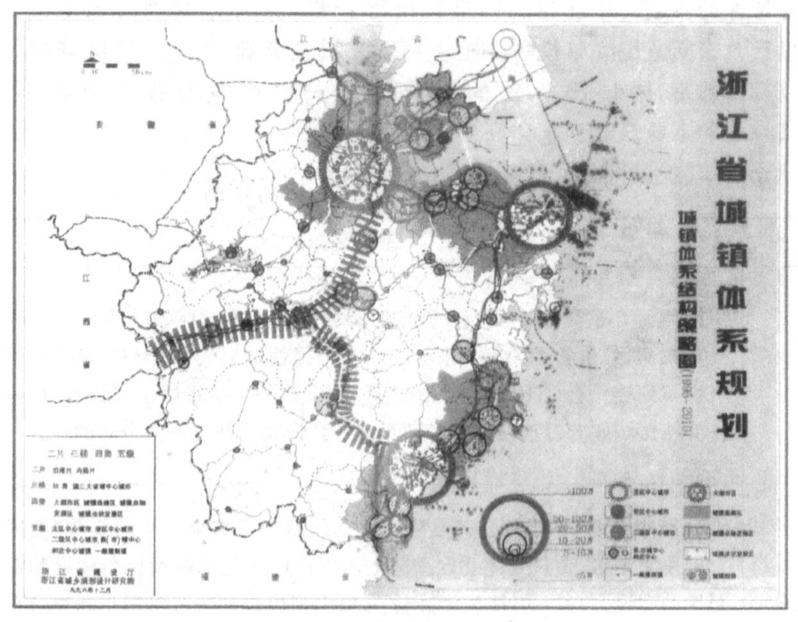

图 1-3　省域城镇体系规划

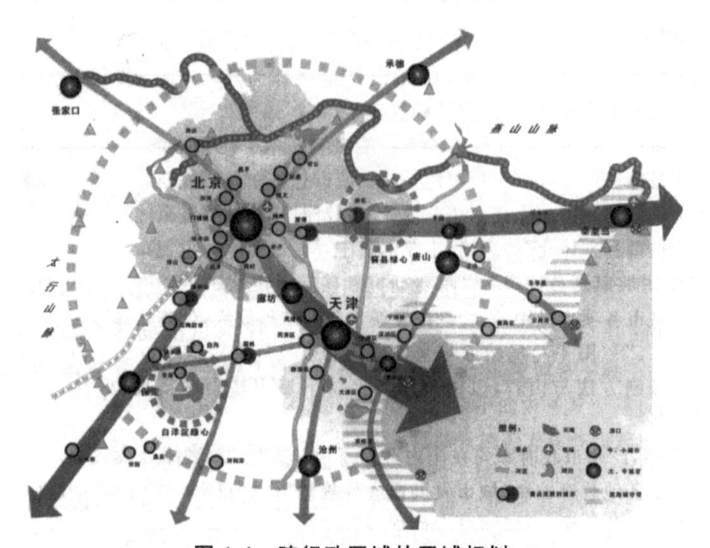

图 1-4　跨行政区域的区域规划

另外，按照行政管辖范围由土地管理部门主持编制的土地利用总体规划，可以看作是以行政管辖范围为单位的区域规划的特例。①

① 应该指出的是，国土规划以及区域规划本身并不属于城市规划的范畴，但通常作为城市规划的上级规划存在。在自上而下的规划体系中，城市规划以这些上级规划为依据，在其框架下细化与落实相关目标。

二、城市总体规划

城市总体规划是以单独的城市整体为对象，按照未来一定时期内城市活动的要求，对各类城市用地、各项城市设施等所进行的综合布局安排，是城市规划的重要组成部分。按照《城市规划基本术语标准》的定义，城市总体规划是："对一定时期内城市性质、发展目标、发展规模、土地利用、空间布局以及各项建设的综合部署和实施措施。"

在近现代城市规划二元结构中，城市总体规划属于宏观层面的规划，通常只从方针政策、空间布局结构、重要基础设施及重点开发项目等方面对城市发展作出指导性安排，不涉及具体工程技术方面的内容，也不作为判断具体开发建设活动合法性的依据。

由于城市总体规划涉及城市发展的战略和基本空间布局框架，因此要求有较长的规划目标期限和较好的稳定性。通常城市总体规划的规划期在20年左右。

我国现行的城市总体规划依照"城市规划是国民经济计划工作的继续和具体化"的思路，主要侧重于对城市功能的主观布局以及城市建设工程技术，并将其任务确定为："综合研究和确定城市性质、规模和空间发展形态，统筹安排城市各项建设用地，合理配置城市各项基础设施，处理好远期发展与近期建设的关系。"(图1-5)虽然近年来各地政府以及规划院等单位试图改革城市总体规划的编制方法与内容，以适应市场经济下城市建设的需要，但尚在摸索过程中。

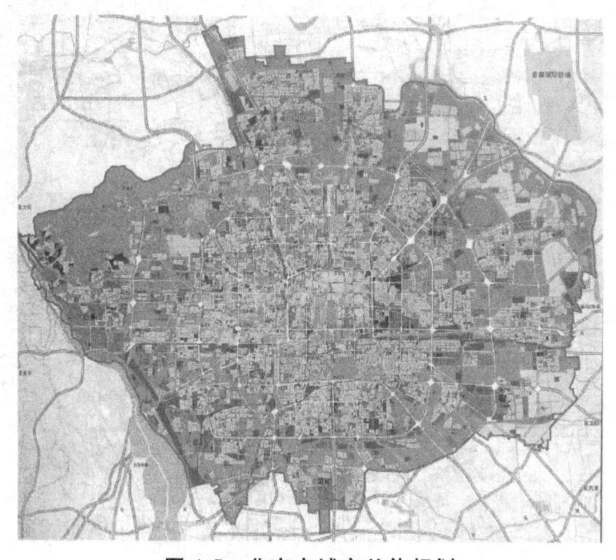

图1-5　北京市城市总体规划

在我国现行城市规划体系中，还存在一个“分区规划”的层次，介于大城市中城市总体规划与详细规划之间。

三、详细规划

与城市总体规划作为宏观层次的规划相对应的，详细规划属于城市微观层次上的规划，主要针对城市中某一地区、街区等局部范围中的未来发展建设，从土地利用、房屋建筑、道路交通、绿化与开敞空间以及基础设施等方面作出统一的安排，并常常伴有保障其实施的措施。由于详细规划着眼于城市局部地区，在空间范围上介于整个城市与单个地块和单体建筑物之间，因此其规划内容通常接受并按照城市总体规划等上一层次规划的要求，对规划范围中的各个地块以及单体建筑物作出具体的规划设计或提出规划上的要求。相对于城市总体规划，详细规划的规划期限一般较短或不设定明确的目标年限，而以该地区的最终建设完成为目标，如图 1-6 浙江省玉环县坎门后沙地区的规划。

详细规划从其职能和内容表达形式上可以大致分成两类：开发建设蓝图型的详细规划，开发建设控制型的详细规划。

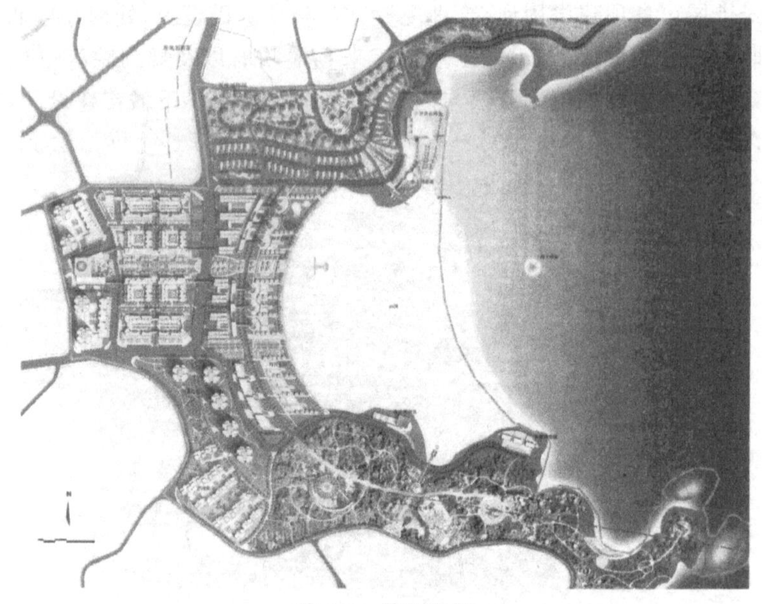

图 1-6　详细规划

表 1-4　详细规划的类型

类型名称	目标及内容	应用国家
开发建设蓝图型的详细规划	以实现规划范围内具体的预定开发建设项目为目标，将各个建筑物的具体用途、体型、外观以及各项城市设施的具体设计作为规划内容。	中国等
开发建设控制型的详细规划	不对规划范围内的任何建筑物作出具体设计，而是对规划范围的土地利用设定较为详细的用途和容量控制，作为该地区建设管理的主要依据，多存在于市场经济环境下的法治社会中，成为协调与城市开发建设相关的利益矛盾的有力工具，通常被赋予较强的法律地位。	德国、日本等

在我国的城市规划体系中，20 世纪 90 年代之前的详细规划属于建设蓝图型规划；在此之后，为适应市场经济的要求，1991 年建设部颁布的《城市规划编制办法》首次将详细规划划分为“修建型详细规划”与“控制型详细规划”。后者借鉴了在美国等西方国家中普遍应用的“区划”的思路，属于开发建设控制型的规划。至此，详细规划的两大类型均存在于我国现行城市规划体系中。

四、建筑场地规划

在北美地区，在相当于详细规划的空间层次上还有一种被称为“场地规划”的规划类型。[①] 场地规划与建设蓝图型的详细规划相似，都是着重对微观空间的规划与设计，但与详细规划又有所不同，具体表现在以下两个方面：

(1)场地规划通常以单一的土地所有地块为规划对象范围，亦即开发建设主体单一、设计目的明确、建设前景明朗。因此，场地规划更像是建筑设计中的总平面设计。

(2)场地设计主要关注空间美学、绿化环境、工程技术和设计意图的落实等，不涉及多元化开发建设主体之间的协调。因此，场地规划可以看成是开发建设蓝图型详细规划的一种特殊情况——单一业主在其拥有的用地范围内所进行的详细规划。工厂厂区内的规划、商品住宅社区的规划等均属

① 凯文·林奇(Kevin Lynch)将场地规划描述为：“在基地上安排建筑、塑造建筑之间空间的艺术，是一门联系着建筑、景园建筑和城市规划的艺术。”

于此类型的规划。在这一点上，场地规划又与开发建设蓝图型详细规划类似，如图 1-7 所示。

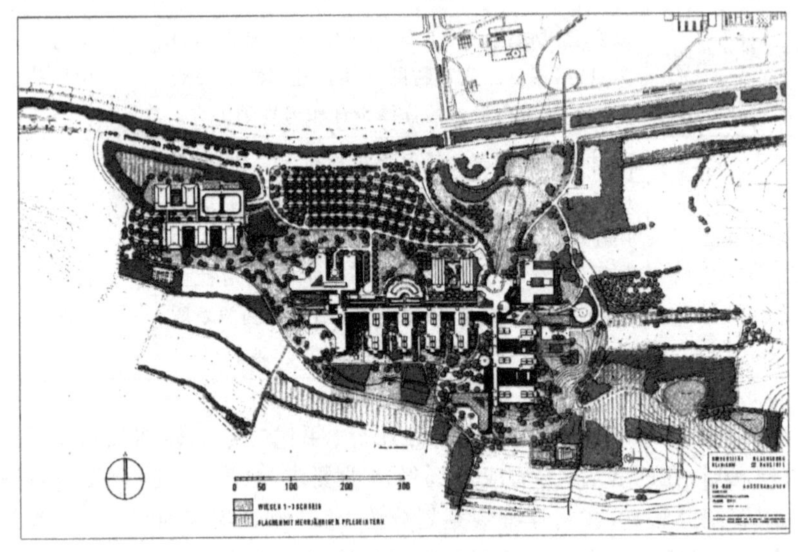

图 1-7 建筑场地规划

五、各空间层次的关系与反馈

虽然各个规划层次之间处于一种相对独立、自成体系的状态，但无论在“自上而下”的规划体系中，还是在“自下而上”的规划体系中，各个层次的规划都存在着以另一层次规划为前提或向另一规划层次反馈的关系。尤其是在“自上而下”的规划体系中，具有更大规划空间范围的上级规划往往作为所覆盖空间范围内下级规划的依据。区域规划为城市总体规划提供依据，而城市总体规划又进一步为详细规划提供依据；反之，详细规划在编制过程中所发现的城市总体规划中所存在的、仅通过详细规划无法解决的问题，又为下一轮城市总体规划的修订提供反馈信息，即下级规划的编制与执行过程中所暴露出的属于上级规划范畴的问题又可以为上级规划的新一轮修订提供必要的反馈信息。同样，城市规划的编制与实施也存在着这样的互动关系。

第二章　城市规划的要素分析

城市布局形式的形成受到众多因素的影响，有直接因素的影响，也有间接因素的影响。对于一个城市来说，往往是多种因素共同作用的结果。通过本章的学习和探究，可以帮助读者以不同影响要素把握城市的发展，以不同视角审视城市规划和建设，以不同的分析方法剖析城市规划中的多元诉求。

第一节　生态与环境要素

一、生态与环境的相关问题

生态与环境要素，首先要明确四个方面的问题：自然与人类文明、人口与资源、资源与环境以及城市化后的资源与环境。

（一）自然与人类文明问题

不同的历史阶段，人与自然的关系经历了不同的历史演变过程。人类社会作为自然界的一个生物种群，在自然的发展演化过程中不断地进行着自身的组织结构的发展演化，从而不断地适应和利用自然。城市的出现就是这些自然发展演化的重要结果之一。

在原始社会，人类崇拜和依附自然。农业文明时期，人类敬畏和利用自然进行生产。在工业文明后，人类对自然的控制和支配能力急剧增强，自我意识极度膨胀，不顾及与自然的和谐相处，开始一味地对自然强取豪夺，从而激化了与自然的矛盾，加剧了与自然的对立，使人类不得不面对资源匮乏、能源短缺、环境污染、气候变化、森林锐减、水土流失、物种减少等严峻的全球性环境问题和生态危机。

经历了近200年的工业文明后，人类积累和创造了农业文明无法比拟的财富，开发和占用自然资源的能力大大提高，人与自然的关系从根本上出现了颠倒，人确立了对自然的主体性地位，而自然则被降低为被认识、被改造，甚至是被征服和被掠夺的无生命客体的对象。

(二)人口与资源问题

1.人口与资源的关系

人类的生存和发展离不开资源。近200年来,随着生产力的提高、近代医疗保健的进步和基本生活资料的不断丰富,人口数量和平均期望寿命明显增长,1930年全球人口为29亿,1960年为30亿,1987年突破50亿大关,截至现在已达60多亿。世界人口总量不断增加,生活水平不断提高,人类对资源的开发利用强度愈来愈高,这些都造成了资源的短缺与环境破坏。人口增长对资源和环境具有深刻的影响,成为环境问题的核心,与永续发展息息相关。

人口增长使得人类对能源的需求量迅速增加。能源是指人类取得“能量”的来源,尚未开发出的能源应被称作为资源,不属于能源的范畴,能源的稀缺性是由于资源的有限性导致的。尽管人类已发现的矿物有3300多种,而当前人类大量使用的能源主要是不可再生的化石燃料,如煤炭、石油和天然气等。考虑到科学、技术和市场因素,尽管人类用能效率不断提高,但能源消耗总量仍然呈增长趋势,目前已探明的石油储量只可供人类使用30年,天然气可用70年。由于燃煤的效率低,所以它的使用将会受到严格的限制,这些传统化石燃料的大量使用则是造成当前地球环境问题的主要原因。

2.人口与土地资源

土地资源是生态系统中最为宝贵的资源,是人类及其他生物的栖息之地,也是人类生产活动最基本的生产资料与生活资料。随着城市面积不断扩大,耕地面积随之递减,生态足迹严重扩展,自然生态系统的修复功能减退。同时大面积的耕作和过度放牧,造成水土流失,使全球每年损失300多hm^2的土地,这种情况使得土地荒漠化成为全球最严重的环境危机之一。

3.人口与水资源

水是生命之源。人类水资源利用主要是生产、生活和运输用水。由于降水时空分布不均,世界上有60%以上的地区缺水。随着人口的增加,城镇化的加速,淡水紧缺已成为当前世界性的生态环境问题之一,并将构成社会经济发展和粮食生产的制约因素。

4. 人口与其他资源

森林和湿地是自然界发挥自净功能的重要组成部分,荒漠化带来了水资源、森林和湿地的减少,除此之外,生物多样性也遇到严峻的挑战。人类大规模的生产和生活活动,导致了物种减少的速度加快。过去的30年间,全球的生物种类减少了35%,目前地球上可供生物生长的土地和海洋面积总共为114亿hm^2,全球人均仅有1.9hm^2的土地或海洋可供利用。世界自然保护基金会(WWF)《地球资源状况报告》指出,目前人类对自然资源的利用超出其更新能力的20%。

(三)资源与环境

资源,一般情况下指的是自然界存在的天然物质财富,或是指一种客观存在的自然物质,地球上和宇宙间一切自然物质都可称作资源,包括矿藏、地热、土壤、岩石、风雨和阳光等。广义的资源指人类生存发展和享受所需要的一切物质的和非物质的要素,[①]而狭义的资源仅指自然资源。资源有自然资源和社会资源两种类型。其中自然资源是具有社会有效性和相对稀缺性的自然物质或自然环境的总称,包括土地资源、气候资源、水资源、生物资源、矿产资源等。社会资源是自然资源以外的其他所有资源的总称,是人类劳动的产物,包括人力、智力、信息、技术和管理等资源。

人类为生存和发展会不断地向自然界索取自己需要的东西。人类在掠夺式自然资源的同时,又将生产和消费过程中产生的废弃物排放到自然环境中去,加之不可再生资源的大规模消耗,导致了自然资源的渐趋枯竭和生态环境的日益恶化,人与自然的关系完全对立起来,气候变暖、海平面上升、大气污染、臭氧层损耗、酸雨蔓延等全球性环境问题与大量开采、大量运输、大量生产、大量消费和大量废弃的资源消耗线性模式有关。

据专家预测,至21世纪中叶,全球能源消耗量将是目前水平的两倍以上。如果按照目前全球人口增长及城镇化发展的速度,以及所消耗的自然资源的速度来推算,未来人类对自然资源的“透支”程度将每年增加20%。从中我们可以推测,到21世纪中叶,人类所要消耗的资源量将是地球资源潜力的1.8—2.2倍。也就是说,到那时需要两个地球才能满足人类对于自然资源的需求。

① 联合国环境规划署(UNEP)对资源下过这样的定义:在一定时间、地点的条件下能够生产经济价值,以提高人类当前和未来福利的自然环境因素和条件的总称。

(四)城市化后的资源和环境

城市是人类文明的产物,也是人类利用和改造自然的集中体现。从18世纪的工业革命开始,大规模的集中生产和消费活动促进了人口的聚集,现代化的交通和基础设施建设加快了城镇化的进程,城市数量和规模开始出现迅速的发展。

城镇化和城市人口的规模增加与资源消耗的关系十分密切。目前城市集中了全人类50%以上的人口,大量能源和资源向城镇化地区输送,城市是地球资源主要的消费地。①

城镇化可以促进经济的繁荣和社会的进步。城镇化能集约地利用土地,提高能源利用效率,促进教育、就业、健康和社会各项事业的发展。除此之外,城镇化不可避免地影响了自然生态环境,造成维持自然生态系统的土地面积和天然矿产物的减少,并使之在很大区域内发生了持续的变化,甚至消失,使自然环境朝着人工环境演化,致使生物种群减少、结构单一,生物与人的生物量比值不断降低,生态平衡破坏,自然修复能力下降,生态服务功能衰退。②

二、城市生态系统

(一)生态系统与城市生态系统

1.何为生态系统

生态系统,即生物群落与无机环境构成的统一整体。生态系统的范围

---

① 一般认为,城市消耗的能源占人类能源总消耗的75%,城市消耗的资源占人类资源总消耗的80%。除此之外,城镇化进程对能源的消耗有着巨大的影响。世界银行2003年的一份分析报告表明,人均国民生产总值(GNP)每增加一个百分点,能源消耗会以同样的数值增加(系数为1.03)。城市人口每增加一个百分点,能源消耗会增加2.2%。也就是说,能源消耗的变化速度是城镇化过程变化速度的两倍。从人类文明历程来看,工业化和城镇化的过程,是社会财富积累加快、人民生活水平迅速提高的一个过程,也是人类大量消耗自然资源的过程。按照经济地理学界的城镇化理论,当城镇化率超过30%时,就进入了城镇化的快速发展时期,中国的城镇化正处在这个快速发展的关键时期,对能源和资源的需求急剧上升,绝大部分能源和资源的用途都在制造业、交通和建设的过程之中。

② 从城市自身发展来看,由于人口密集和资源的大量消耗,城市生活环境恶化,使城市的生活成本大大提高,同时也使城市自身发展失去活力。城市产生和排放的大量有害气体、污水、废弃物,加剧了城市地区微气候的变化和热岛效应,使城市的自然生态系统受损,危及人类健康,人为地加大了改善环境的投资和医疗费用等。此外,大量的物质消耗造成各种自然资源的短缺,加重了城市的负担,加剧了城市的生态风险,对城市的永续发展形成了制约。

可大可小，相互交错。最大的生态系统是生物圈，地球上有生命存在的地方均属生物圈，生物的生命活动促进了能量流动和物质循环，并引起生物的生命活动发生变化。[①]

生态系统的本质属性是开放系统，是一定空间内生物和非生物成分通过物质循环、能量流动和信息交换而相互作用和依存所构成的生态功能单位。许多物质在生态系统中不断循环，其中碳循环与全球气候变化密切相关。

2. 何为城市生态系统

城市生态系统是城市居民与周围生物和非生物环境相互作用而形成的一类具有一定功能的网络结构，也是人类在改造和适应自然环境的基础上建立起来的特殊的人工生态系统，由自然系统、经济系统和社会系统复合而成。

3. 城市生态系统的类别

城市生态系统主要包括自然系统、社会系统和经济系统，各系统内容可见表 2-1。

表 2-1 城市生态系统的类别

类别名称	内容
自然系统	城市居民赖以生存的基本物质环境，包括能源、淡水、土地、动物、植物、微生物、阳光、空气等
经济系统	生产、分配、流通和消费的各个环节。
社会系统	人与人之间、个人与集体之间以及集体与集体之间的相互关系

这三大系统之间通过高度密集的物质流、能量流和信息流相互联系，其中人类的管理和决策起着决定性的调控作用。

4. 城市生态系统的特征分析

对比自然生态系统，城市生态系统有着四个方面的特征，见表 2-2。

① 生物要从环境中取得必需的能量和物质，就得适应环境，环境发生了变化，又反过来影响和推动生物的适应性发生变化，这种反作用促进了整个生物界持续不断的变化。而人类只是生物圈中的一员，主要生活在以城乡为主的人工生态系统中。

表 2-2　城市生态系统的特征

特征	具体表述
人类起主导作用的人工生态系统	城市中的一切设施都是人制造的，人类活动对城市生态系统的发展起着重要的支配作用，具有一定的可塑性和调控性。与自然生态系统相比，城市生态系统的生产者绿色植物的量很少；消费者主要是人类，而不是野生动物；分解者微生物的活动受到抑制，分解功能不强。所以说，城市生态系统的演化是由自然规律和人类影响叠加形成的
物质和能量的流通量大、运转快、高度开放的生态系统	城市中人口密集，城市居民所需要的绝大部分食物要从其他生态系统人为地输入，城市中的工业、建筑业、交通等也必须大量从外界输入物质和能量。城市生产和生活产生大量的废弃物，其中有害气体必然会飘散到城市以外的空间，影响空气质量和人们的生活环境，污水和固体废弃物绝大部分不能靠城市中自然系统的净化能力自然净化和分解，如果不及时进行人工处理，就会造成环境污染。由此可见，城市生态系统不论在能量上还是在物质上，都是一个高度开放的生态系统。这种高度的开放性又导致它对其他生态系统具有高度的依赖性，此外还会对其他生态系统产生强烈的干扰
不完整的生态系统	城市自我稳定性差，自然系统的自动调节能力弱，容易出现环境污染等问题。城市生态系统的营养结构简单，对环境污染的自动净化能力远远不如自然生态系统。城市的环境污染包括大气污染、水污染、固体废弃物污染和噪声污染等。按照现代生态学观点来分析理解，城市也具有自然生态系统的某些特征，具有某种相对稳定的生态功能和生态过程。尽管城市生态系统在生态系统组成的比例和作用方面发生了很大变化，但城市生态系统内仍有植物和动物，如果城市生态系统得以正常进行，必须与周围的自然生态系统发生着各种联系
脆弱性（城市生态系统的人为性、开放性和不完整性决定了它）	在自然生态系统中，能量根本上的来源是太阳能，在物质方面则可以通过生物地球化学循环而达到自给自足。城市生态系统则不同，它所需求的大部分能量和物质，都需要从其他生态系统（如农田生态系统、森林生态系统、草原生态系统、湖泊生态系统、海洋生态系统）人为地输入。同时，城市中人类在生产活动和日常生活中所产生的大量废物，由于不能完全在本系统内分解和再利用，必须输送到其他生态系统中去。由此我们可以知道，城市生态系统也是非常脆弱的生态系统。由于城市生态系统需要从其他生态系统中输入大量的物质和能量，同时又将大量废物排放到其他生态系统中去，它就必然会对其他生态系统造成强大的冲击和干扰，最终影响到城市自身的生存和发展

(二)城市生态系统的运行

1. 结构

城市生态系统的结构在很大程度上与自然生态系统是有差异的,这是由于除了自然系统本身的结构外,还有以人类为主体的社会、经济等方面的结构。在对城市生态系统结构研究的过程中,常常根据其系统特色划分不同领域,包括经济结构、社会结构、生物群落结构、物质空间结构等。①

2. 功能

城市生态系统运行的功能体现在其生产、能量流动、物质循环和信息传播上,见表 2-3。

表 2-3 城市生态系统运行的功能

功能类型	具体内容表述
生产功能	城市生态系统中的生产包括生物生产和非生物生产两类 生物生产指该生态系统中的所有生物(包括人、动物、植物、微生物)从体外环境吸收物质、能源,并将其转化为自身内能和体内有机组成部分,以及繁衍后代、增加种群数量的过程 非生物生产指人类利用各种资源生产人类社会所需的各种事物,除了包括衣食住行所需物质产品的生产之外,还包括各种艺术、文化、精神财富的创造。城市生态系统具有强大的生产力,并以非生物性生产为主导,为人工生态系统所特有
能量流动	能量流动包括能源的来源和能源的传播 在能量来源方面,与自然生态系统绝大部分依赖太阳辐射不同,城市生态系统的能量来源趋于多样化,有太阳能、地热能、原子能、潮汐能等多种类型 在能量传播机制方面,自然生态系统的能量传递是自发地寓于生物体新陈代谢过程之中,而城市生态系统的能量传递大多是通过生物体外的专门渠道完成的,如输电线路、输油与供气的管网等②

① 针对城市经济子系统的结构研究涉及城市的能源结构、物质循环、经济实体构成等众多方面;针对城市社会子系统的结构研究涉及年龄结构、性别结构、职业结构、素质结构、社会关系等众多方面的内容;针对城市自然子系统的结构研究涉及物种构成、物种分布、食物链网等方面的内容;从城市物质空间系统出发又涉及空间类型、空间组织结构等。这些子系统的结构关系相互作用、相互制约,通过各种复杂的网络联系为一个独特的整体。

② 城市中大量的能量流转本质意义上是非生物性的流动与转化,消耗在人类制造的各种机械运转的过程中,而且主要受人工控制

续表

功能类型	具体内容表述
物质循环	城市生态系统的物质循环主要指各项资源、产品、货物、人口、资金等在城市各个区域、系统、部门之间以及城市外部之间反复作用的过程。城市生态系统中的物质有两大来源第一是自然来源①,其次是人工来源②
信息传播	城市生态系统信息传播具有总量巨大、信息构成复杂、通过各类传递媒介进行传递并依赖辅助设施进行处理和储存、在信息传递和处理过程中存在大量信息歧义现象等特点③

3.运行结构

城市生态系统的各要素是组成系统的基础,是系统运行结构的基本功能单元,也叫作生态元。各生态元之间通过相互联系、相互作用,行使着支持、生产、消费和还原的功能,形成了一个完整的系统。城市生态系统的生态元之间的连接,构成了一种链状的运行结构,链与链之间又耦合成为网状结构,最后由链与网、网与网之间相互作用耦合成为具有一定时间性的复杂的立体网络结构。④

三、城市环境

(一)城市环境的含义

城市环境的含义指的是影响城市人类活动的各种自然的或人工的外部

① 包括各种环境要素,例如空气流、水流、自然的植被等。

② 主要包括各种人类活动产生或无意排出的,以及从城市之外输入的物质,例如食品、原材料、废物等。

③ 城市作为以人类为主导的生态系统,其最突出的特点之一是各类信息汇集的焦点。在认识自然和社会发展规律的同时,人类积累和创造着更多信息,这些信息因为城市是人口密集、生产密集、生活集中的场所而汇集和储存于城市;处理各类信息是城市的重要功能之一,城市是信息处理的重要基地,同时还是高水平信息处理人才汇集的重要场所。

④ 所以说,城市生态系统的运行结构是由"元—链—网"耦合而成的复杂运行体系。链状运行结构是城市生态系统各生态元的直接耦合,体现着系统内各生态元之间的物质流动、能量转化和信息传递等关系,它是城市生态系统运行的基础。城市生态系统网络结构是人工网和自然网两个方面的结合,是由城市物理网络、经济网络、社会网络等方面构成的,是一种多维的立体的网络体系。

条件。它有广义与狭义之分，见表2-4。

表2-4　城市环境的含义

含义类型	具体阐释
广义	除了包括物理环境之外还包括人口分布及动态、服务设施、娱乐设施、社会生活等社会环境，资源、市场条件、就业、收入水平、经济基础、技术条件等经济环境，以及风景、风貌、建筑特色、文物古迹等美学环境
狭义	指物理环境，包括地形、地质、土壤、水文、气候、植被、动物、微生物等自然环境及房屋、道路、管线、基础设施、不同类型的土地利用、废气、废水、废渣、噪声等人工环境

（二）城市环境的构成

城市环境由城市自然环境、城市人工环境、城市社会环境、城市经济环境和城市美学环境等五个部分构成，见表2-5。

表2-5　城市环境的构成

构成部分	地位或功能
城市自然环境	是构成城市环境的基础，它为城市这一物质实体提供了一定的空间区域，是城市赖以存在的地域条件
城市人工环境	是实现城市各种功能所必需的物质基础设施，没有城市人工环境，城市与其他人类聚居区域或聚居形式的差别将无法体现，城市本身的运行也会因此受到抑制
城市社会环境	体现了城市这一区别于乡村及其他聚居形式的人类聚居区域在满足人类在城市中各类活动方面所提供的条件
城市经济环境	是城市生产功能集中表现在城市经济环境上，反映了城市经济发展的条件和潜势
城市美学环境	是城市形象、城市气质和韵味的外在表现和反映

（三）城市环境的特点

城市环境有着以下五个方面的特点：

（1）界限相对明确。城市有明确的行政管理界限及法定范围，城市环境的界限相对明确，这种界限的划分同江河、森林、草原、山川等的自然环境分布界限是有区别的。

(2)构成独特、结构复杂、功能多样。城市环境的构成既有自然环境因素,又有人工环境因素,还有社会环境因素与经济环境因素。城市环境所具有的空间性、经济性和社会性及美学性特征,又导致城市环境的结构呈现多重及复式特征。城市环境所具有的多元素构成、多因素复合式结构又保证了其能够发挥多种功能。

(3)开放性并对外界具有依赖性。城市生态系统必须由外部输入生产原料与生活资料,再把生产产品和生活废弃物转送到外部去。当城市系统对外的物质、能量、信息交流失去平衡,系统内的生态环境和条件便出现中断或梗阻。

(4)影响和制约因素众多。城市环境除了受自然环境(地形、地质、土壤、水文、气候、植物等)的影响和制约之外,还受到包括城市社会环境(人口、服务、社会生活等)与城市经济环境(资源、能源、土地等)在内的诸多因素的制约。此外,国际、国内政治形势及国家宏观发展战略的取向与调整也对城市环境产生种种直接或间接的影响,并直接作用于城市环境,影响城市环境的质量。

(5)具有脆弱性,一旦有一个环节出现错误,将会使整个城市环境系统失去平衡,造成其他环节的相关失衡,使环境问题变得严重。例如,当城市供电发生故障,会使工厂停产、给水排水停顿,而城市排水不畅,会造成污水外溢乃至横流,这又会影响城市交通,带来社会生活的一系列问题。

(四)城市环境的效应

环境对于人类活动或自然力的作用是会有响应的,对环境施加有利的影响,在环境系统中就会产生正面的、积极的效应;反之亦然。城市环境效应是指城市人类活动给自然环境带来一定程度的积极影响和消极影响的综合效果,包括污染效应、生物效应、地学效应、资源效应、美学效应等,见表2-6。

表 2-6 城市环境的效应

城市环境效应类别	含义及内容
污染效应	指城市人类活动给城市自然环境所带来的污染作用及其效果。城市环境的污染效应从类型上主要包括大气污染、臭氧层破坏、水体质量下降、恶臭、噪声、固体废弃物、辐射、有毒物质污染等几个方面

续表

城市环境效应类别	含义及内容
生物效应	指城市人类活动给城市中除人类之外的生物的生命活动所带来的影响。城市中除人类以外的生物有机体大量地、迅速地从城市环境中减少、退缩以至消亡，这是目前城市环境生物效应的主要表现。我们应该知道，城市环境的生物效应并非总是对生物不利。在采取有效措施后，各类生物是能与城市人类共存共生的
地学效应	指城市人类活动对自然环境（尤其是与地表环境有关的方面）所造成的影响，包括土壤、地质、气候、水文的变化及自然灾害等；城市热岛效应、城市地面沉降、城市地下水污染等都属于城市环境的地学效应
资源效应	指城市人类活动对自然环境中的资源，包括能源、水资源、矿产、森林等的消耗作用及其程度。城市环境的资源效应体现在城市对自然资源极大的消耗能力和消耗强度方面，反映了人类迄今为止具有的以及最新拥有的利用资源的方式，不仅对城市经济和社会生活产生影响，而且还对除城市以外的其他人群具有深远的影响和作用
美学效应	指包含城市物理环境与人工环境在内的所有因素的综合作用的结果。这些景观在美感、视野、艺术及游乐价值方面具有不同的特点，对人的心理和行为产生了潜在的作用和影响。同时，城市人类如何利用城市的物理环境，按何种总体构思及美学思想进行城市景观体系的构塑，也会对城市环境的美学效应产生影响，从中我们可以看出，城市人类对城市环境的美学效应具有积极的作用

（五）城市环境的容量

城市环境容量是环境对于城市规模及人的活动提出的限度，即城市所在地域的环境，在一定的时间、空间范围内，在具备一定的经济水平和安全卫生条件的情况下，在满足城市生产、生活等各种活动正常进行的前提下，通过城市的自然条件、经济条件、社会文化历史等的共同作用，对城市建设发展规模及人们在城市中各项活动的状况提出的容许限度。

1. 城市环境容量的内容

城市环境容量包括城市人口容量、自然环境容量、城市用地容量以及城市工业容量、交通容量和建筑容量等内容，见表 2-7。

表 2-7 城市环境容量的内容

内容名称	含义表述
城市人口容量	指在特定的时期内，在城市这一特定的空间区域所能相对持续容纳的具有一定生态环境质量和社会环境质量水平及具有一定活动强度的城市人口数量
城市大气环境容量	指在满足大气环境目标值(即能维持生态平衡及不超过人体健康值)的条件下，某区域大气环境所能承受污染物的最大能力，或允许排放污染物的总量
城市水环境容量	指在满足城市用水以及居民安全卫生使用城市水资源的前提下，城市区域水资源环境所能承纳的最大污染物质的负荷量。水环境容量与水体的自净能力和水质标准有密切的关系

2. 城市环境容量分析

城市规划中，对城市环境容量的分析主要从影响和制约环境容量的主要因素入手，一般包括四个方面的内容：城市自然条件、城市现状条件、城市技术条件和历史文化条件，见表 2-8。

表 2-8 城市环境容量分析内容

分析类别	具体内容表述
城市自然条件	自然条件是城市环境容量中最基本的因素，包括地质、地形、水文及水文地质、气候、矿藏、动植物等条件的状况及特征
城市现状条件	城市的各项物质要素的现有构成状况对城市发展建设及人们的活动都有一定的容许限度。这方面的条件主要包括工业、仓库、生活居住、公共建筑、城市基础设施、郊区供应等综合起来的现状城市用地容量
经济技术条件	城市拥有的经济技术实力对城市发展规模也提出容许限度。一个城市所拥有的经济技术条件越雄厚，在经济方面越发达，它所拥有的改造城市环境的能力就越大
历史文化条件	城市中的历史文化条件都会对城市环境容量产生影响。现代化进程对历史文化的“侵扰”，促使人们愈加强烈地意识到历史文化遗产的重要性，历史文化条件对城市环境容量的影响也随之增加

(六)城市环境的质量

城市环境质量指城市环境的总体或某些要素对人群的生存和繁衍以及社会经济发展的适宜程度,是反映人类的具体要求而形成的对环境评定的一种概念。它包括城市环境的综合质量和各种环境要素的质量,如大气环境质量、水环境质量、土壤环境质量、生物环境质量、生产环境质量、文化环境质量等。[①]

1.城市环境质量评价

城市环境质量评价指对城市的一切可能引起环境发生变化的人类社会行为,包括政策、法令在内的一切活动,从保护环境的角度进行定性和定量的评定。从广义上来说是对城市环境的结构、状态、质量、功能的现状进行分析,对可能发生的变化进行预测,对其与社会经济发展活动的协调性进行定性或定量的评估。[②]

从社会经济角度来分析,是为了用尽可能小的代价获取尽可能好的社会经济环境,取得最大的经济效益、社会效益与环境生态效益。

环境质量评价包括回顾评价、现状评价和影响评价三个方面的内容,见表 2-9。

表 2-9　环境质量评价的内容

评价内容类别	含义及具体内容表述
回顾评价	是在对环境区域的历史环境资料的分析基础上,对该区域的环境质量发展演变进行评价。回顾评价是环境质量评价的组成部分,是环境现状评价和环境影响评价的基础。回顾评价时一方面收集过去积累的环境资料,同时进行环境模拟,或者采集样品分析,推算出过去的环境状况。它包括对污染浓度变化规律、污染成因、污染影响环境的程度的评估,对环境治理效果的评估等。除此之外,回顾评价还可作为事后评价,对环境质量预测的结果进行检验

① 用环境质量的好坏来表征环境遭受污染的程度,一个区域的环境质量,是人们制定开发资源、发展经济和控制污染、保护环境具体计划和措施的主要基础和前提。

② 城市环境质量的发展变化与越来越多的城市居民的生产和生活甚至生命安全有着密切的联系。客观地认识和了解城市生态环境质量的变化,对调控、建设城市生态环境具有无比重要的意义。从城市生态的角度来分析,城市环境质量评价是为了促进城市生态系统的良性循环,保证城市居民有优美、清洁、舒适、安全的生活环境与工作环境。

续表

评价内容类别	含义及具体内容表述
现状评价	是依据一定的标准和方法，着眼当前情况对区域内的人类活动所造成的环境质量变化进行评价，为区域环境污染综合防治提供科学依据。环境现状评价包括环境污染评价、自然环境评价、美学评价等
影响评价	也叫作环境影响分析，是指对建设项目、区域开发计划及国家政策实施后可能对环境造成的影响进行预测和估计。环境影响评价根据开发建设活动的不同，可分为单个开发建设项目的环境影响评价、区域开发建设的环境影响评价、发展规划和政策的环境影响评价（又称战略影响评价）三种类型，它们构成完整的环境影响评价体系；按评价要素不同，可分为大气环境影响评价、水环境影响评价、土壤环境影响评价、生态环境影响评价等四个方面的内容

2.城市规划环境影响评价

规划环境影响评价对于克服建设项目环境影响评价的局限性，落实“环境保护、重在预防”的基本政策，优化城市建设规划方案，增强规划决策的科学性，强化城市规划的环境保护功能具有积极的意义。

城市规划与建设项目是不同的，因而评价原则、评价内容、评价方法和评价程序等都有所不同。除此之外，城市规划环境影响评价也针对城市规划程序和工作方法带来的影响。城市规划环境影响评价有着四个方面的要点，见表 2-10。

表 2-10　城市规划环境影响评价要点

要点概括	要点分析
注意城市特点引致的规划环境影响评价特点	城市规划的环境影响评价在空间上不仅应包括规划实施区域，还应该包括实施区域以外的受影响区域。规划的环境影响评价在时限上不仅应包括规划实施阶段的环境影响，还应包括规划实施后的长期环境影响

续表

要点概括	要点分析
慎重确定规划环境影响的技术方案	规划环境影响评价的技术方案应该凭借规划的性质，以及规划对象所在地域的特点及生态环境的敏感性程度等来确定；应针对规划的内容、规划实施的方式、规划环境效应的复杂性、影响程度、影响方式等，采用适宜的规划环境影响评价方法
对城市（发展）政策进行环境影响评价	城市政策是城市发展的纲领，城市政策上的随意性，是造成城市生态环境问题的重要原因之一，不从这个源头上把关，城市生态环境问题的治理就很难出现起色，城市对周边地区的不利环境效应也很难得到减少和遏制。城市政策有宏观、中观和微观之分，对其进行环境影响评价时应有所区别

第二节　人口与经济要素

一、人口要素

（一）何为城市人口

从城市规划的角度来看，城市人口应该是指那些与城市活动有密切关系的人群，他们常年居住生活在城市的范围内，构成了该城市的社会主体，是城市经济发展的动力、建设的参与者，又是城市服务的对象；他们依赖城市生存，又是城市的主人。城市人口规模与城镇地区的界定及人口统计口径具有直接的联系。①

① 各国对城市人口的统计更着重于城市人口的统计范围——城市化地区的界定。包括美国、英国、澳大利亚、加拿大、新西兰、日本在内都以人口规模、人口密度其中一项或者两项指标作为划分城镇化地区的标准。我国城乡的划分标准也几经变更。就目前来看，我国的城镇化地区包括城区和镇区，按照《关于统计上划分城乡的暂行规定》（国统字[2006]60号文），城区是指在市辖区和不设区的市中符合以下规定的区域：①街道办事处所辖的居民委员会地域；②城市公共设施、居住设施等连接到的其他居民委员会地域和村民委员会地域。镇区的含义指的是在城区以外的镇和其他区域中符合以下规定的区域：①镇所辖的居民委员会地域；②镇的公共设施、居住设施等连接到的村民委员会地域；③常住人口在3000人以上独立的工矿区、开发区、科研单位、大专院校、农场、林场等特殊区域。

(二)人口与社会要素的影响

人口和社会要素对城市规划的各种需求测定非常重要。人口预测可以用来测算居住用地、公共事业用地以及零售业用地的需求;就业岗位预测可以用来测算包括商业在内的各种经济部门的用地需求。居住、商业、行政办公以及工业用地的需求又是计算交通和其他基础设施用地需求的基础,所以说,人口和社会预测在很大程度上决定了城市发展对土地、基础设施、城镇设施和城镇服务设施的需求。此外,它们也构成城市发展对自然资源需求的基础,是造成环境压力的根源。

1.人口要素对于城市规划的影响

人口有三个维度的要素与城市规划关系特别密切:规模、结构和空间分布。

(1)人口规模

人口规模是决定未来城镇化发展的最基本标杆,是估算未来居住、零售、办公空间需求,同时也是工业生产空间需求以及城镇设施空间需求,甚至一些类型的开放空间(如公园)需求的基础。

(2)人口结构

人口结构同样具有高度的相关性。这里的结构指的是整体规模中特定组群的比重。人口结构可以按照年龄、性别、家庭类型(如单身、有子女)、种族、文化、社会经济水平以及健康状况等进行分组。年龄对规划师而言可能是在城市规划中需要考虑的最重要的一个因素,因为它们隐含了服务的需求,例如儿童对学校的需求、老人对健康设施和特殊住宅的需求等。

与土地使用规划中的一般研究相比,人口结构的预测与评估需要更详细的分析。人口结构的变化源自人口老龄化,以及人口迁移、成活率和出生率在不同人群中的差异。所以,需要对这些变化的成分进行模拟,使土地使用规划可以反映城乡人口中诸多不同群体的需求。

(3)人口和就业的空间分布

人口分布是评价公共服务设施的配置、工作地点、商业以及其他设施可达性的必要依据。与此同时,它还可用来揭示城乡面临的各种问题(如防洪等)并区分对不同人群的影响。可以说,空间分析是运用土地使用模型对人口统计和经济模型所预测的人口和就业增长在空间上的分布进行研究。然而在编制城市规划时,应把未来人口的水平与结构作为输入项,通过规划在空间上进行分配,而不是仅仅进行空间分布的推测。

2. 社会要素对于城市规划的影响

城市规划作为一种公共政策，其根本目的在于实现社会公共利益的最大化。因此，社会要素对于城市规划最本质的影响，在于城市发展中多方利益的互动和协调，以此保障社会公平，推动社会整体生活品质的提高。城市规划中的主要社会目标包括五个方面，见表 2-11。

表 2-11　城市规划中的社会目标

目标类别	具体内容及要求
物质供给与社会需求的协调	尽可能实现城市物质空间资源供应的多元化和适宜性，即及时、密切地应对社会各群体的需求，并提供多样的、开放性的选择机会
社会群体内部公共资源的公平分配	保证住房、教育、休闲、就业和公共交通等社会公共资源分配过程和分配结果的公正性与均衡性，也就是说，对社会各阶层群体的一视同仁
保障社会底层群体的基本生活空间	为社会弱势群体提供必需的基本生存空间和公共服务设施，推动社会结构向更稳定形态的转型
改进空间环境满足精神文化需求	创造宜人的城市景观和安全的城市环境，为社会的永续发展提供良好支撑的空间环境
社会与经济、生态系统的统筹发展	在城市空间资源分配和调整过程中，认为应该将社会要素与经济、生态等各方面共同纳入城市发展目标和绩效的考核，以及成本和收益的全面核算与合理评价
规划制定与实施中的民主决策	尊重并动员各社会群体参与城市规划与建设活动的意识，为他们提供反映利益诉求的渠道和平等协商的平台

二、经济要素

（一）以经济为视角的城市

1. 城市的经济特征表述

“城市”作为对象物看似明了，却十分难以定义。这是由于，城市中不仅包含了经济活动，也包含了政治、社会、文化等各种活动，它是人类各种活动的复杂有机体。从经济产业角度看，城市有着区别与乡村的三个方面的特征。

(1)城市是人口和经济活动的高度密集区

在城市建成区的相对较小的面积里集聚了大量人口和经济活动，且其人口密度和经济活动密度要高于周边其他地区。这是从小城镇到大城市等不同规模的城市有别于乡村的本质属性和特征。

(2)城市以农业剩余为存在前提，以第二产业和第三产业为发展基础

虽然城市最初的产生也有宗教、军事、管制等因素，但自工业革命以来，第二产业和第三产业已经成为了大部分城市存在和发展的最主要驱动力。

(3)城市是专业化分工网络的市场交易中心

经济分工除了存在于城市内部之外，还发生在城乡之间及城市之间。大量厂商和居民集中在城市内，通过分工协作而生产产品或提供服务；在换取农民种植的粮食的同时，更多的是城市内和城市间的相互交换。

2.城市的空间范围分析

在行政意义上有“建制市”和“建制镇”，但从经济角度方面来分析，一个城市的影响力并不局限在其行政边界内。行政边界只是基于历史渊源、文化习俗，以及行政管理的需要而划定的空间范围。在现实中，为了方便，往往将行政边界作为城市的空间界限，例如人口、土地、国内生产总值等均以行政边界为统计单元。并且，由于城市经济辐射能力会随着自身的产业波动而发生动态调整，现实中对城市“经济区”的界定是有一定的难度的。但辨识“经济区”与“行政区”这两个不同概念，对于理解区域之中的“城市”和“城镇体系”是十分必要的。

(二)城市和经济的关系

城市和经济有着三个方面的关系：城市是经济发展的载体、城市的发展离不开经济、把握城市发展需要了解经济活动、城市规划机制与市场失灵有关。

1.城市是经济发展的载体

在现代社会，经济变迁对城市开发、城市增长，以及生产空间变化等方面的兴衰起着举足轻重的作用。制造业、服务业这些决定现代经济增长的部门主要集中在城镇，它们是城镇发展最主要的动力源。“工业化—城镇化”“服务化—城镇化”的关系已经密不可分。

城市是国民经济增长的根源所在。对于一个大国而言，如果没有工业

化和城市化，没有城市的增长，没有朝气蓬勃的城市，想要得到长足发展几乎是不可能的事，也难以跨入高收入国家之列。国家日益繁盛，经济活动也就日趋集中到城市和大都市区域里。鉴于城镇化所伴随的经济活动的密度增加与农业经济向工业经济、再向后工业经济的转变密切相关，城镇化的推进在所难免。

2. 城市发展离不开经济增长

城市经济增长可以从多个方面来衡量：首先，可以用地区生产总值(GDP)来衡量；其次，增长也反映在城市平均工资的增长或人均收入的增长上；最后，经济增长也表现在城市总就业人数的增长和福利水平的提高。除此之外，传统的、非地理意义上的经济增长来源主要包括：资本构成深化、人力资本增长和技术流程。

表 2-12　经济增长的来源

来源途径	具体内容阐释
资本构成深化	物质资本包括人类用以生产所有产品和服务的物质资料，如机器、装备和建筑。资本构成深化常被定义为工人人均资本数量的提高——它意味着劳动生产率和收入的提高，其背后是产业发展投入更多的资本
人力资本增长	人力资本包括人的知识和技能，是通过教育、培训和实践等方面获取的。人力资本的增长也将促进劳动生产率和收入的提高
技术流程	任何提高劳动生产率的途径——从改进工业生产组织，到发明和运用计算机和信息技术，都是技术流程的改进。其结果是提高劳动生产率

3. 把握城市发展需要了解经济活动

推动和塑造城镇化的核心动力是经济活动。从经济角度，认识和了解城市运行背后的经济动力，认识市场机制在城市建设发展中是怎样发挥作用的，将有助于理解城市的运行规律，进而科学把握经济发展对城市空间的需求，以及制定合理的城市政策。

城市规划以土地使用规划为核心。传统的土地利用规划机制仅仅能够有效防止不合需要的发展不会发生，但不能保证真正需要的发展在它们所需要的地方和时间发生。在城市规划实践中，从总体筹划到具体地块的操作性规划，都不应该只是停留在物质形态规划和蓝图设计。脱离了人类活动的真实社会经济背景，各种先验性的规划或构想都不会真正奏效。

4. 城市规划机制与市场失灵有关

一般认为，市场机制是社会资源配置的最具效率的机制，所以市场机制要在资源配置中起基础性作用。但不完善的市场及现实中的多种因素均会导致市场失灵。市场失灵证实了包括城市规划在内的公共政策干预的必要性。

市场运行的基本机制是竞争，但由于垄断行为存在，竞争会失效。造成垄断行为的原因，包括规模经济造成的自然垄断，或者政策管制引起的垄断。自然垄断一般情况下指的是“企业生产的规模经济需要在一个很大的产量范围和相应的巨大的资本设备的生产运行水平上才能得到充分的体现，以至于整个行业的产量由一个企业来生产”。[①] 在成熟的市场经济体中，政府对一些具有自然垄断特征的经济部门和行业均会施以一定的管制措施。[②]

市场失灵还涉及公共物品的提供。一般情况下，不具备“排他性”的物品会存在如何提供的问题，对某些“公共物品”采用公共提供的方式会比市场更有效率。例如城市公园等开放空间不仅可给市民提供休憩的去处，也会给周边房地产带来增值的正外部性，但对开放空间的投资难以获得直接经济回报，所以一般也只能由城市政府来投资建设。[③]

---

① 一般情况下，城市中的供水行业、供电行业、通信行业等都具有这一特征。自然垄断作为垄断的一种形式，由于缺乏竞争，会导致垄断厂商的高价格、高利润以及低产出水平等经济效率的损失。

② 经济学认为，具有外部性的产品或行为，其私人成本（收益）与社会成本（收益）是不一致的，其差额就是外部成本（收益）。由于存在外部性，成本和收益不对称，就会影响市场配置资源的效率。例如企业将生产过程中产生的废水排到河流中，却不用承担治污成本，企业就没有减排或治污的压力和动力。在城市中，一个地块的建筑过高，可能造成另一个地块的阳光被遮挡；一座化工厂的兴建，可能严重损害周边居民的健康……因此，必须要有政府部门的介入和干预来控制外部性的负面后果。

③ 在城市中，还存在许多不具备“排他性”，却具备“竞用性”的公共资源，存在着如何避免过度使用的问题。比如说，一些城市道路会被过度使用，当汽车拥有量较多时，对道路空间的“竞用”就会造成交通拥挤等一系列不利问题。因而合理规划路网和有效组织交通十分必要。更进一步来分析，城市中各类经济活动均有赖于空间资源，各部门的微观经济行为不会自发导致空间资源配置的整体优化，唯有基于集体选择和安排的城市规划才能导向空间资源配置的结构性优化。

(三)全球化背景下的城市与产业发展

1.经济空间组织的模式转型分析

(1)经济全球化与全球城市

跨国界的经济活动由来已久,包括资本、劳动力、货物、原材料、旅行者的活动等因素。随着全球化的深入,越来越多的国家和地区融入全球市场中。全球化对城市产生了很多深远的影响。最为显著的是导致了全球城市(global cities)的出现,公认的中心有纽约、伦敦和东京。萨森提出了全球城市的七个假说,见表 2-13。

表 2-13　萨森全球城市的七个假说

假说	内容阐述
全球化经济活动在地域上的分散性	标志着全球化的经济活动在地域上的分散性及其同时一体化过程,是催生中心功能发展并使其日益重要的关键因素。一家公司在不同国家开展业务,在地域上越是分散,其中心功能就越是复杂和具有战略性
越来越多的跨国企业总部采取外包策略	从高度专业化的服务性企业那里采购一部分中心功能,包括会计、法律、公共关系、程序编制、电信及其他服务
专业服务公司受到融合经济的影响	它们需要提供的服务是非常复杂的,其直接涉足的市场或者为大公司总部定制服务的市场都充斥着不确定性,快速完成所有交易的重要性也与日俱增,这些情况交织在一起构成了一个新的融合变化趋势
将复杂和非标准化的部分职能分包出去	特别是那些容易遭受不确定因素、变化中的市场和速度影响的部分分包出去越多,其在区位选址上越有挑选余地
全球的分支机构或其他形式的合作伙伴关系	金融及专业服务的全球市场发展、由国家投资激增而引发的跨国服务网络的需求、政府管制国际经济活动的角色的弱化以及其他制度型场所的相应优势,特别是全球市场和公司总部——所有这些都指向一系列跨国城市网络的存在。这也可能意味着,这些城市的经济发展与其广阔腹地乃至其国家经济状况的关系越来越疏远

续表

假说	内容阐述
高级专业人员及高利润专业服务公司的不断增加	高级专业人员及高利润专业服务公司的不断增加，对扩大社会经济及其空间分布不平等程度的影响，在这些城市有明显的反映。这些专业服务作为战略性投入的角色，提高了高级专业人士的价值及其人员数量
经济活动的信息化程度提高	假设第六点所描绘的情景将导致一系列经济活动的信息化程度提高，并在这些城市中找到其有效的需求，但其利润水平上不允许同那些位于体系顶端创造高利润的公司争夺各种资源，对部分或是全部的生产和分销活动包括服务进行信息化改造，是在这些条件下的一条生存路径

(2)全球生产网络

全球化是一个过程，在这一过程中，跨国公司在生产领域和市场领域的运作日益以全球尺度来整合，致使产品在多个区位由多个不同地方的零部件制造厂所生产。除此之外，尽管产品(如汽车)需要考虑当地市场的状况，但仍有可分享的共同要素(如发动机和脚踏板)，这样就可通过规模经济而减少成本。

2.生产组织的产业集群发展趋势探究

被广泛认知的企业区位选择的行为特征是，绝大多数的行业活动在空间上都趋向于产业集聚。诸如工业园、小城镇或者大城市等形式的产业集聚证明了这一特征是存在的，同时许多生产和商业活动都出现在这些行业活动的紧密相邻区。在这些事实的基础上，我们需要思考为什么这些经济活动会在地理位置上趋于集中。同时，并不是所有的经济活动都发生在同一个地区。有些经济活动分散在广阔的区域里，这些企业通常要远距离运输它们的产品。尽管如此，普遍的观察依然认为经济活动在空间上趋于集聚。根据迈克尔·波特(1998)的定义，产业集群的含义指的是在某特定领域中，一群在地理上邻近、有交互关联性的企业和相关法人机构，以彼此的共通性和互补性相联结的一种创新协作网络。

(1)产业集群现象

产业集群是在经济、技术、组织、社会等一系列结构变化的背景下应运而生的。[①]

20 世纪八九十年代，以英国为代表的西方发达国家的传统产业开始出现衰弱的迹象，意大利中部和东北部地区（通常被称为“第三意大利”）的许多传统产业却因为“柔性专业化”的中小企业集群而表现出强大的产业竞争优势和惊人的增长势头。之后，以高技术企业为主的美国硅谷地区更是创造了经济神话，成为世界高技术产业发展的成功典范；在其他国家（尤其在欧洲）也可见到了大量的产业集群。产业集群的出现以及其令人瞩目的经济绩效逐渐引起学术界的普遍关注。在实践探索的促使和诱导下，对产业集群理论的系统整理以及进一步多学科的深入研究也终于崭露头角。

（2）四种典型的产业集群

有关研究发现，存在着四种典型的企业集群，分别为马歇尔式产业区、轮轴式产业区、卫星平台式产业区和国家力量依赖型产业区四个类型，见表 2-14。

表 2-14　典型的产业群

典型的产业群	内容阐释
马歇尔式产业区	意大利式产业区为其变体形式。马歇尔式产业区由小的地方性企业支配，对地方的根植性很强。产业类型主要是规模经济相对较低的类型，与区外企业的合作和联系程度亦低
轮轴式产业区	其地域结构围绕一种或几种工业的一个或多个主要企业。以大量的关键企业或设施作为核心，在其周围有供应商和相关活动的区域，它的结构可以比拟为轮子和轴。这种产业区的例子有美国的底特律、日本丰田汽车城等
卫星平台式产业区	主要由跨国公司的分支工厂组成。这些分支工厂可能是高技术的，或主要由低工资、低税、公共资助的机构组成。它是在外部的多工厂企业的分厂设施的集合。这种产业区往往是在落后地区，在距城市有一定距离的地方所建开发区基础上发展起来的。在各卫星平台的承租者中，既有日常装配企业的又有高深的研究机构，它们必须能够在空间上与上下游运营保持独立，或者独立于竞争者集群和外部的供应商及客商。卫星平台式产业区比较普遍，它与国家发展水平无关

① 在由传统的“福特式”大规模生产方式（受标准化商品和服务所支配，用标准化生产方法、廉价熟练劳动力和价格竞争）向“柔性专业化”生产方式（面向客户的生产和服务，运用灵活通用的设备和适应性强的熟练劳动力）转变的过程中，集群处于领导地位。

续表

典型的产业群	内容阐释
国家力量依赖型产业区	指的是国家力量依赖型产业区是公共或者非营利的实体。区域内关键的承租者可能是军事基地、国防工厂、武器研究室、大学或政府机构。地方的商业机构是由这些设施支配的，那里的经济关系取决于政府部门而不是私营部门。这种产业区很难用理论分析，它看起来很像轮轴产业区，但其设备与区域经济联系很少，所以，又很像卫星产业区

现实的产业区可能是这几种类型的混合形式，或现在是其中一种，经过一段时间会转变为另一种。在不同地区，主导的产业区类型也不一样。例如在美国，一般认为轮轴式和卫星平台式产业区与另外两种相比要重要得多。

第三节　历史与文化要素

一、城市历史要素

（一）城市历史的含义及意义

历史学是一门关于人类发展的科学，是对人类已掌握的自然知识与社会知识的总和进行记录、归纳和研究的学问。其主要任务包括三个方面：记述与编纂（文献、分类与年代记）；考证与诠释（传统文字、实物的考察方法，结合运用当代的科技手段）；评估与设想（对已经实践过的部分进行综合或跨学科的研究，并在汲取经验教训的基础上提出创新思维的未来构想）等。而城市史的研究只是其中的一个专业门类。

近年来，随着中国学术界对研究领域的清晰划分和研究内容的不断深化，历史地理学、古都学和城市史学已经逐渐发展成为城市史研究中的核心组成。当然再进一步划分，还可以有城市规划史、城市社会史、城市建筑史、城市人口史等研究领域。简而言之，城市历史是以一个城市、区域城市、城市群、城市类型为对象，包含了它们的结构和功能，城市作用、地位和发展过程，各城市之间、城乡之间的关系及变化，以及城市发展的规律等。

(二)城市历史研究的内容表达

每一个专业都有比较明确的研究边界,包括与之相关的延伸领域。就城市史而言,其研究范围并不局限在城市的地域之内。从广义的角度来说,城市历史在纵向上主要表现为城市形成、发展、脉络的阶段性,比如原始社会、农业社会、工业社会、后工业社会中的城市形态和发展状况及其历史特点:横向上与城市环境、城市生活、城市人口、城市阶级和阶层等内容相联系。

从城市规划的角度出发,城市历史的研究主要有以下几个方面的内容。

1.城市的起源与发展机制问题

城市起源与城市形态因不同的地质地貌、文化背景、时代变迁而大不相同,对早期城市的继承和创新又依赖于某种独特的发展机制,与物理环境、政治环境、经济、宗教、社会等各种因素密切相关。所以说,这一方面的研究会涉及多元文化或地域文化的问题,包括城市的空间位置和形态(肌理)改变、城市发展的内外动力、更大范围内政治、经济、自然环境变化的影响等。

2.城市发展过程中的社会问题

每个国家的城市都存在社会构成(身份制度、阶层、阶级)和社会活动的问题(政治活动、经济活动、宗教活动),同时由于城市所处的空间位置和时代节点有所变化;在历史过程中形成的城市制度、法规、习俗(比如古代和中世纪欧洲的法体系、法家族等)又有非常复杂的背景和动因,这些都反作用于城市的尺度、空间结构、人口规模、政治取向及经济特色等。从古代、中世纪到现代的城市规划思想的变迁,也与城市的社会发展、城市的权利分布、城市的经济基础等有一定的关系。

3.城市体系与城市文化特征问题

除了最远古的时代之外,城市文明从来都不是独立的存在的。不同地域、不同国家的城市通过文化辐射、殖民扩张、地域联盟、国家的统一或分裂等进行交流,包括经济贸易、科学技术、建筑风格、制度法规、生活形态等,并在一定时空范围内形成某种城市体系(如汉帝国的城市体系、欧洲中世纪的汉萨同盟、前苏联时代的社会主义城市体系)等。这些时代或者空间范围内的城市,由于它们所具备的独特的文化现象而引起史学研究者的关注。

4. 城市历史遗产保护问题

顾名思义，城市历史遗产保护首先就是要对某个历史阶段内城市空间、城市建筑、街道机理或社会活动进行界定，然后才能划分保护的范围和内容（如上海市在国家级、市级文物之外指定的优秀近代建筑保护），所以这个门类的研究离不开城市史的基础知识。

当然，还有一些共同的历史学研究方法，比如对史料的筛选与鉴别，提出疑问并进行假设，建立合乎逻辑的推理模型，最终通过综合学科的考证，寻求客观的解答等。因此，要切忌对手头上的一些有限资料进行夸大或断章取义，包括城市的地理位置、建筑规模、人口结构、经济特点等，并用作当前规划的依据。

（三）东西方城市历史的差异研究

城市的形成与发展都因其所处的时代和地理位置而表现出其自身鲜明的个性。从大的方面来看，世界范围内各大文化圈（儒教文化圈、阿拉伯文化圈、西方发达工业国文化圈等）是包容这些城市个性的基础平台，地理环境因素、宗教民族因素、社会结构因素、城市文明之间的冲突与融合因素等，又是这些文化圈的内在构成。城市本身是一个历史的积累，有着其最初的源头，而研究城市历史绝不能脱离其本源。今天世界各国的城市发展都与当地最早形成的哲学思想体系有着密切的关系。所以说，以中国为代表的东方城市和以希腊为代表的西方城市之间有很多的差异。

1. 古代中国的哲学思想与城市发展

（1）古代中国的哲学思想体系简析

培育古代中国哲学的基础是大农业社会，因此，哲学研究的对象与自然包括季节与土地有着割不断的关联，当然，更重要的还是人类自身的生存活动原理。概括而言，古代中国哲学的研究范畴包括四个方面：

“天”（对天象与人类社会的认知和解释，所以既是物质的，也是精神的）；

“道”（按照宇宙运行的规律制定的人为准则与最高社会行动规范）；

“气”（本指一种自然存在的极细微的物质，是宇宙万物的本原。对气的研究在一定程度上就是探知自然界物质的形态与结构，特别是运用于医学领域，与城市建设的风水观也有一定的联系）；

“数”（研究自然万物与人文社会的规律，并把社会等级、文化价值的概念渗透其中，既有唯物的观点，也有唯心的成分，后来还发展了“理”等，主要研究物类形体之间彼此不同的形式与性质，以及内在的运行规律）。

虽然古代中国的哲学思想主要与天文、历法相关，并直接和农业生产及万物更新相结合，但作为一种精神文化的产物，它的形象必然会直接反映在城市这个物质的载体之上（比如关系到城市建设的天人合一、阴阳八卦、堪舆风水理论）等。还有，“数”直接用于卦象、计算、组合与建筑的规则制定，“气”则力求探索城市发展的内在规律，并结合了化学、物理、医学、人文等各个领域的成果，带动了古代的社会进步（如四大发明、《天工开物》、《本草纲目》、《营造法式》等），也促进了城市的繁荣与发展。

(2)古代中国的哲学思想与城市发展关系论断

古代中国的文明以高度发达的农耕经济为基础，并以强大的集权制度统一了黄河、长江流域的广大地区，不仅创造出独特的社会制度和法律，在科学技术的发展方面也攀登上当时世界的顶峰。而这一切成就的集大成之作，就是古代中国的城市，其中既体现了典型的东方宇宙观（天圆地方：人法地、地法天、天法道、道法自然），又表现出极强的社会等级观念（为政之道，以礼为先：遵循礼制的城市空间、建筑规格、排列与形态），还有中国特有的华夷世界划分标准，即所有城市的尺度、建筑形态都取决于其在华夷秩序（《礼记王制》：“东曰夷、西曰戎、南曰蛮、北曰狄”）和五服文化圈（《禹贡》与《国语·周语》）中的位置。

图 2-1 中国古代城市

古人观测天象，由于北半球的星座都围绕着北极星而转动，所以认为北极星为天极和天帝的居所，代表至高无上的权威；其星微紫，所以紫色也代表了最神圣的地方（如故宫称为紫禁城）。而与天对应的是人工建筑的城市，遵循天圆地方的概念，一般规划为方形或长方形，其中南北轴线的北端与北极星相呼应，是为尊位，也就是皇宫和官衙的所在地；随后按照礼的秩序来确定不同等级和不同功能的城市建筑及设施的位置。而城市的大小和建筑的规格,甚至包括色彩与材料,又必须根据五服的概念来确定。这样,一个尊卑有序、符合天意的城市规划理论便诞生了。

2. 古代西方的哲学思想与城市发展

古希腊人也非常注重观察自然,并热心于对世界本源的探索,但和古代中国相比较而言,希腊哲学中蕴藏着更多的科学成分,因此在很多方面为现代科学与现代哲学奠定了基础。对此,恩格斯曾经说过,希腊人对世界总的认识和描述都是比较正确的,也有一定的深度。当然,不能排除他们在思维方面的缺陷。

古希腊人的宇宙观和古代中国的不同,他们认为:地球是宇宙的中心,是永远静止不动的,太阳、月亮、各种行星和恒星在天球上都是围绕着地球在运转。亚里士多德的哲学思想就支持这样的地心说(图 2-2),他把这种不变和永恒视为最高的价值体现。这样的思想最终也反映在城市的规划和建设当中(柏拉图的《理想国》、亚里士多德的《政治学》、小国寡民与乌托邦等)。

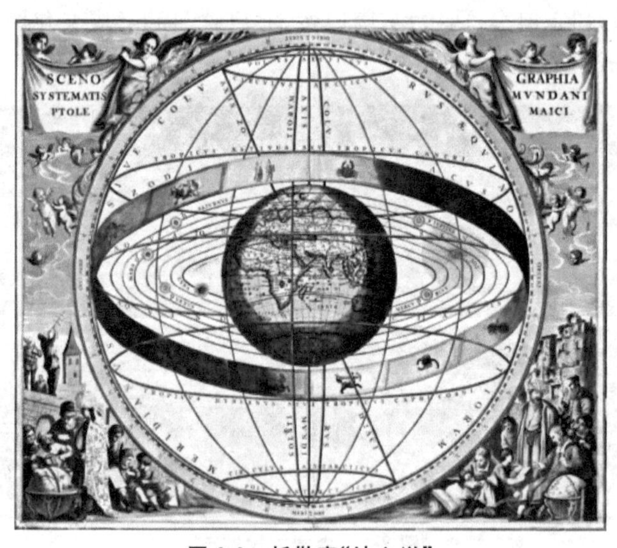

图 2-2 托勒密“地心说”

与此同时,通过对自然万象的观察和总结,古希腊人把物体的形状和大小抽象为一种空间形象,即无论是什么样的质量、重量或者材料,古希腊人只关注它的“空间形象”,或者说是几何特征,从而形成了“几何空间”和“几何图形”的概念。所以说,把数学和哲学实现完美的结合是古希腊人的重要贡献,数学不仅是哲学家进行思维和创造的工具,也是追求真理的手段和方式,而几何学尤其被认为代表了美的本质。

独特的地理环境会孕育出独特的城市形态。希腊半岛被山峦和海湾分割成很多狭小的地块，海岸线破碎陡峭，几乎没有大片的平原，极不利于政治上的统一，所以没有形成东方国家那样的集权政府。这样的地理环境造就了希腊人独特的意识形态，他们本身的生产力相对落后，但面对的是大海，海外有早已存在的高度发达的东方城市文明，又有爱琴海（克里特岛）这样的跳板，所以，在这样的地理环境中，希腊人的知识摄取源是非常丰富的。他们的城市与东方截然不同：由于相对稳定的奴隶制度，古希腊人能相对地安心于自足的生活，加之人口流动的缓慢，于是便形成了以城邦为中心的、比较强烈的共同体概念。城邦很好地利用了崎岖破碎的海岸线，也为古希腊城市（图 2-3）保护神的出现创造了条件（卫城及神庙的建设）；除此之外，还培育了尊重市民权利和私有财产的传统，以及对小国寡民的城邦模式和贵族化的民主制度的推崇。

图 2-3　古希腊

在城市建设方面，古希腊人提倡合理主义，即遵从自然规律与理性（阳光、和平、健康），强调人本主义思想；城市的形态不一定公式化，但一定要体现出和谐与美感，要给市民带来精神上的抚慰与幸福感。古希腊城市外在表现及内涵可以用一个直观的公式来表达：

哲学思想＋几何与数学＋城市的公共空间（文化核心）

希腊城市的空间形态与构成要素主要有：符合人的尺度的建筑形态，截然划分的公共空间与私密空间，前者如广场、圣殿、卫城、街道、元老院等。民主政治与城市的文化核心就是广场，这个传统被后来的罗马人所继承并一直延续到今天。罗马人在希腊城市的基础上继续发展，并做出了更加卓越的贡献，加入了许多新的设计元素，如引水渠、公共浴室、公共娱乐场（角斗场和剧院）等城市基础设施以及连接城市的道路体系等。

到了希腊化时代，帝国的概念打破了小城邦的封闭意识，形成规模更大、集权力量更强大的城市，并且把这种模式推广到古代的地中海世界及东方各国。这个时代城市的规划尤其注重人的要素，它的历史非常悠久，渊源则可追溯到希波达姆斯。

（四）以城市历史为基础的规划分析内容探讨

城市历史对城市规划的影响涉及方方面面，最直接的规划手段反映在城市历史文化遗产保护规划和城市复兴的过程中，其基本方法包括历史文化名城的保护规划、历史文化街区保护规划和历史建筑的保护利用等。

除此以外，基于城市历史的规划研究是城市规划的编制基础，对于正确指导一座城市的发展建设具有举足轻重的作用。城市历史对城市规划的影响是以规划师和决策者建立起对城市结构和功能发展演变的认识为基本内容的。在对城市历史环境条件的分析中，规划师和决策者需同时关注城市发展演变的自然条件和历史背景，以及在此基础上形成的城市空间格局和文化遗产。①

具体可采用的工作方法包括：历史与文献资料研究、历史资源调查、自然资源调查和面向市民的社会调查等多个方面。

二、城市文化要素

（一）城市文化结构

不同学科基于不同的视角对文化有不同的释义，但基本上可概括为两种类型。一是广义的文化，指普遍的物质生产、社会关系与精神生活：生产力（经济活动）—人际关系（社会活动）—精神和道德规范（思维活动）—趣味与倾向（大众化价值观）—个人修养（理想、素质）等，这几乎囊括了人类整个社会生活。二是狭义的文化，其含义指的是意识形态及与之相适应的制度

① 主要可包括三个方面的内容：(1)对城市历史沿革的认识和分析，包括城市历史的发展、演进以及城市发展的脉络；(2)分析城市格局的演变，包括城市的整体形态、功能布局、空间要素（如道路街巷、城市轴线）等；(3)分析城市历史发展中的自然与社会条件，其范围主要包括政治、经济、文化、交通、气候、景观等内容。物质性的历史要素包括文物古迹、革命史迹、传统街区、名胜古寺、古井、古木等，非物质性的历史要素包括历史人物、历史事件、体现地方特色的岁时节庆、地方语言、传统风俗、文化艺术等。

和组织结构，具有鲜明的时空特点：时代的产物（石器时代、青铜器时代、十月革命后的政治版图、改革开放等）；地区性表现（楚文化、沿海城市、金砖四国）；国家、民族文化（图腾崇拜、唐人街、美式快餐、欧洲的慢城组织）；社会制度（封建制、移民法、城乡规划法）等。

作为人类文明的结晶，城市人类文化的物质载体。根据城市文化的功能目的和实施手段，在城市规划和建设中所涉及的城市文化①，也可以将其划分为物质环境、制度环境和人文环境三种类型。

（1）物质环境

城市空间布局、自然景观、建筑风格、街道肌理、城市标志物等，这些构成城市空间的各种物质元素都是可直接观察到和触摸到的部分。城市文化的物质载体是一种物化手段，具有多重意义，它既为人类的行为活动提供物质支撑，又影响和制约着人在城市空间的行为活动。

（2）制度环境

各种法律法规，比如城乡规划法、土地管理法、文物保护法等各种城市规划建设法律法规，地方性的城市管理规章制度，以及城市规划中制定的相关实施政策等。制度环境是在人文环境指导下建立的、用来约束人类行为的保障体系。制度环境的目的是促进物质环境和人文环境有序和稳定的发展。它是城市文化中的一种隐性手段。

（3）人文环境

主要围绕着人展开，包括个人自身的基本活动、社会活动（人与人之间的关系）、精神活动（人的价值观念和思想意识）等三个方面。人的基本活动是围绕生产与生活方式展开的，包括衣食住行的各个方面；社会关系则包括显性的和隐性的两部分：显性的如各种公共社区活动，从属团体的社群活动等；隐性的如家庭、家族关系、政治倾向和阶层分化等，这些是需要分析研究才能了解的；精神活动包括道德观念、思想意识、宗教信仰、职业伦理等。这些属于城市文化的主体和功能目标系统。行为活动是人的基本需求和存在方式，与物质环境有着密切的联系，同时也不能没有制度环境的保障和约束，因而是物质和制度环境建设的直接目的。

---

①　在文化学及文化地理学研究中，一般将城市文化分为三个不同的层次：①物质文化，指人类利用和创造的一切物质产品；②制度文化（或行为文化），指人们的理论创建、制度规范和行为约束，比如政治制度、经济制度、法律制度以及教育制度等；③精神文化，指人类的思想活动、意识形态、价值观和传统习俗等。这三个层次相互关联、相互制约，有着相辅相成的关系。比如，精神文化是行为文化的内化产物，反过来又指导、支配、升华和约束人类的行为；物质文化是行为文化的外化产物，反过来又对行为文化提出要求，以使与其发展阶段相适应。这三种文化的相互影响与制约就形成了文化发展的内在机制。

人文环境处于城市文化中的支配地位，物质环境和制度环境建设的根本目的是为了满足人文环境的功能目的而实施的手段和途径。但物质环境和制度环境的建成往往不能随着人文环境的变化而变化，有一定的滞后性，其结果就对人文环境形成一定的制约和影响。我们常说，城市空间是人类精神的物质产物，是人类行为的空间载体，并为人类的行为活动提供物质的支撑。但从另一个角度看，城市空间往往是影响和制约人们行为活动的关键所在。由于城市空间具有其自身的特殊性，即一旦形成后在很长的时间内将难以改变，因此对规划师而言，就必须全面和细致地研究物质环境对人的行为活动、特别是对城市的人文精神所产生的长期而深刻的影响。总之，上述的三者之间是相辅相成、相互制约、并行不悖的，城市文化的最终使命是达到物质、制度、人文共同协调的可持续发展(图 2-4)。

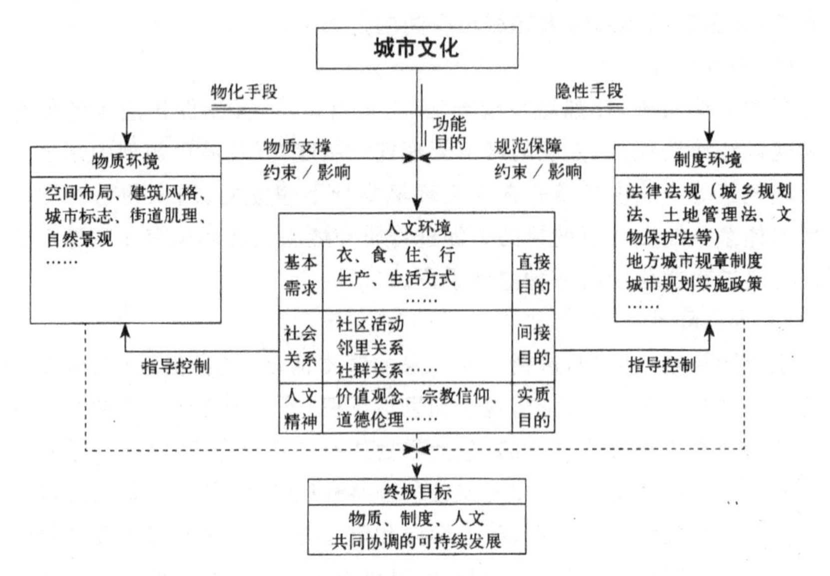

图 2-4 城市文化结构及发展目标示意图

(二)城市文化对城市规划的意义

1. 传统文化对城市规划的意义

城市的传统价值取向可体现在城市的形态与规模方面，城市形态在特定的历史时期受到神人关系、君民关系的影响，同时也受到城市经济，特别是工商业结构的影响。例如中国古代城市受到儒家思想和礼制的影响，产生了以《周礼・考工记》为代表的规划思想；受佛教文化的影响，南北朝时期在城市内兴建了大量的寺庙；而历代都城的选址大都受到风水理论的影响等。

不同的城市文化也体现在不同的城市性质中，反映在城市规划上则表现为城市性质与城市功能布局方面的不同，如宗教城市、政治城市、商业城市、自治城市等，都在形态上有所区别。

2. 历史变革期的城市文化对城市规划的意义

在城市文化历史变革期，城市文化思潮对城市规划往往具有较大的冲击力。如文艺复兴时期的城市文化对当时的欧洲城市建设产生了极其重要的影响。公元1452年，建筑师列昂·巴蒂斯塔·阿尔伯蒂的建筑理论专著《论建筑》继承了古罗马建筑师马可·维特鲁威的思想理论，对当时流行的古典建筑比例、柱式以及城市规划理论和经验作了科学的总结。他主张首先应从城市的环境因素来合理地考虑城市的选址和造型。公元1464年，佛罗伦萨建筑师费拉锐特，在他的著作《理想的城市》中向众人展示出一个理想城市的设计方案，打破了中世纪城市以宗教建筑为中心的沉疴，大型世俗性公共建筑如市政厅、广场等占据了城市的中心地带，给城市的人文景观带来了根本性的变化。文艺复兴时期建造的理想城市虽然凤毛麟角，但对当时整个欧洲的城市规划具有深远的影响，许多具有军事防御意义的城市都采用了这种模式。

文艺复兴时期还诞生了城市规划的概念，但是受到政治及思想观念的影响，当时的城市仍强调“封闭”的特征，随后巴洛克风格的城市则更加“外向”。巴洛克城市首次被看做一个空间的系统，用透视法展现城市，把城市作为君权的象征。这样的风格始于罗马，如通往教堂的大轴线的运用，用来强调教堂的重要地位，典型的例子就是罗马圣彼得大教堂广场、波波洛广场等。之后在17世纪的沃·勒·维康府邸、凡尔赛宫乃至巴黎城市广场的设计中大量运用，其中凡尔赛宫最为典型。巴洛克的城市建设从它的形式上来看，是当时欧洲宫廷中形成的戏剧性场面和仪式的缩影和化身，实际上是宫廷显贵生活方式和姿态的集中展示。

3. 当代城市文化对城市规划的意义

在当代城市规划实践中，城市文化通过塑造城市规划决策者（包括决策者、规划师及公众）的意识形态来影响城市规划方案的编制，除此之外，还通过制约城市规划决策制度的法理基础，直接干预规划方案的选择，包括城市总体格局、城市肌理、城市形象和建设效果等。两方面共同作用最终确定城市规划方案。[①]

西方著名城市规划师如刘易斯·芒福德、约翰·弗里德曼、克里斯托夫·科尔及彼得·霍尔等人,他们认为城市文化在城市规划与建设中有着非常重要的作用。他们认为任何城市不可能脱离它存在的文脉,脱离它所扎根的文明。芒福德还把“文化储存、文化传播与交流、文化创造与发展”称为“城市的三项最基本功能”;而科尔更是站在未来城市规划与发展的角度批评了 20 世纪的城市规划与建设。[②]

(三)以城市文化为基础的规划设计方法研究

城市文化不是孤立的、抽象的概念,它必须以城市的各项建设为基础,通过空间的变化来培育和实现。建筑、桥梁、道路都是城市文化的载体,所以在规划时,只有用城市文化之“神”来塑造城市之“形”,才能使城市的“形”处处折射出城市文化的精神与内涵。城市规划的不同阶段对城市空间的影响是不一样的,而且是分层次的。具体的规划设计方法可从六个方面出发:在城市总体规划阶段通过城市定位诠释城市文化形象、根据城市文化特征安排城市的空间布局、根据城市文化选择城市产业发展、在城市设计阶段通过对城市肌理的分析诠释城市文化历史、根据城市文化指导城市景观设计、通过城市环境要素诠释城市文化基调,见表 2-15。

---

① 由于城市文化通常依托具有强烈的可识别性的城市空间而存在,所以说,当某个范围内的城市建设按照规划方案完成后,也就意味着原来的城市文化空间载体在可识别性程度方面的变化:强化的可识别性增强了原来空间的文化集聚效应,反之,弱化的可识别性将削弱原来空间的文化集聚效应。这种强弱变化从正反两方面改变了地域特色,原先的地域特色经过较长时间的漂洗、过滤,逐渐发展积淀成为新的城市文化,从而又对城市建设产生影响,引起新一轮循环。城市文化对规划决策个体的意识形态的塑造具体表现在:通过影响规划决策者的社会观而确定城市总体格局;通过影响规划师的价值观进而干预城市肌理;通过影响公众个体的人生观间接塑造城市形象。

② 他认为目前“在创建既适合于‘现代的城市’又包容‘未来的城市’的理论是不成功的”。他曾经对欧洲人说:不仅要从书本上学习建筑城市的艺术,还要通过对存在于人类居住形式中的整个文化史的学习来把握建筑城市的艺术。

表 2-15　城市规划设计的方法

方法类别	具体内容阐释
在城市总体规划阶段通过城市定位诠释城市文化形象	城市总体规划的一个重要任务就是确定城市的性质，也就是城市定位。城市定位与城市文化是紧密相关的，正确把握城市性质，有利于确定城市的发展方向和布局结构，而对城市文化发展而言，城市性质的确定实际上也给城市文化描绘了基本形象。如英国伦敦提出了作为“世界卓越的创意和文化中心”的目标定位，并相应地制定了打造世界级文化城市的措施；又如苏州在进行城市规划时，它的城市定位是“历史文化名城”，因此苏州的城市文化形象就不能像上海那样朝着“国际化大都市”的方向建设
根据城市文化特征安排城市的空间布局	无论是历史文化还是现代文明都是城市文化的有机构成部分，它们都必须借助一定的空间展示自己的特色，即城市空间隐含着一个城市的文化信息。比如城市街道，在组织城市景观轴线的同时，也同时在组织着城市居民的生活。所以说，如何对城市各级街道空间进行设计；如何从城市整体对道路系统进行分级；如何为城市居民提供方便、安全、舒适的交通等，都需要同时考虑如何去反映城市文化的特色。再如，在处理老城与新城的关系上，如何在尊重和传承历史文化遗产的基础上进行旧城区改造；在新城建设方面，如何协调好与老城区的功能分区等，这些问题在解决的过程中都应该顾及城市文化的独特需求
根据城市文化选择城市产业发展	结合区域条件和现代产业发展趋势，科学选取城市主要产业，不仅是城市文化发展的要求，更是城市发展的内在规律。例如倡导生态文化的城市，其产业无论是在材料的选取、能源的使用，还是产品的生产等各个方面都需表现出生态化的特点，构建包括生态农业、生态工业、生态旅游、生态商务等生态型经济体系，内在地创新文化城市

续表

方法类别	具体内容阐释
在城市设计阶段通过对城市肌理的分析诠释城市文化历史	每一座城市都有其自身独特的历史，在空间上的表现就是备式各样的城市肌理。如苏州的“水道脉分棹鳞次，里间棋布城册方”，就是其水乡文化的鲜活反映；天津市中心城区的“河、道垂直与河、路平行”的路网格局，则是海河文化和殖民地文化共同作用的结果。城市设计是城市规划全过程中与城市空间结合最紧密的阶段，规划方案直接影响到城市肌理的发展。如果规划方案注重城市的文化基因传承，那么城市肌理将作为一种空间传统特色被延续下去；如果规划方案选择脱离城市原有肌理，将导致城市文化的“变异”
根据城市文化指导城市景观设计	城市规划虽然不涉及景观风格的设计，但应对城市景观设计提出原则性要求。市容景观等城市外在形态是彰显城市个性内涵的载体，景观所蕴含的文化理念、价值取向及象征意义等都是城市文化的重要组成部分。不管是建筑的布局、建筑的式样还是建筑的色彩都浓墨重彩地传达着城市文化的信息。用城市文化作指导，进行城市景观的设计与创造，既能体现建筑的特色性、多样化与协调性，又能表达城市自身的内涵与精神
通过城市环境要素诠释城市文化基调	城市环境要素由软硬质景观要素构成，软质景观要素主要指城市植被，各个城市因地理条件不同所以植被也有所不同，而人们选择的市树、市花等更被赋予了特定的文化意义，因此在不同的城市地段分布以不同植被对其文化环境具有重要影响；硬质景观要素指道路铺装、围墙、栏杆、标牌和电话亭等，这部分的内容与人们日常生活关系最为密切，是人可触摸的范围，也是视觉可精细辨认的领域，最能直接体现城市文化的基调

第四节　技术与信息要素

一、技术要素

技术进步对城市规划学科同样有着重要的影响，是推动这一学科发展的重要力量之一。在过去的几十年中，越来越多的新技术在城市规划中得到了应用。[①]

（一）城市规划技术的发展演变

1.规划编制与系统规划理论

现代城市规划在早期被认为是一种物质空间形态的规划与设计行为，规划编制在很长时间内更多地依赖于思想和理念而存在。虽然格迪斯在很早就已经提出了“调查—分析—规划”的城市规划工作方法，但深入到这一规划编制过程的内部，由于当时对城市系统认识的不足，对导致城市发生变化的各种机制缺乏足够的了解，并不能在技术层面更多地引入理性的分析工具。

20 世纪 60 年代以后，城市规划引入了系统规划理论，规划工作被定义为系统控制的一种形式，这一思想带来了规划技术的重大变化。[②] 同时，计算机技术的快速发展也使得大规模的数据处理成为可能，在这样的双重背景之下，出现了许许多多可以用于城市规划分析的计量模型。

2.城市规划模型技术

就当前而言，城市规划中的模型可大致分为三类：宏观模型、微观模型和基于 GIS 模型。覆盖内容包括社会经济规划、土地使用规划、公共设施规划三方面。社会经济规划决定城市的性质、发展方向和发展水平，土地使用规划是社会经济规划在空间上的投影，公共设施规划包括交通等基础设施的配置。这里主要介绍宏观模型和微观模型，见表 2-16。

---

① 新技术的进步对城市规划领域的促进主要表现在三方面：(1)城市规划中的计量模型的应用；(2)城市规划的成果表现与沟通交流方法的改善；(3)城市规划管理能力的提高。城市规划中的计量模型的发展必须依靠学科自身的发展，反而言之，计量模型的发展就是城市规划学科自身的发展。城市规划成果的表现和城市规划管理手法的提高相对来说是辅助性的，它的发展主要依靠其他学科特别是计算机技术的提高。

② 第一，需要了解城市这一复杂系统是怎样运行的：第二，一旦城市被看成不同区域位置的功能活动相互联系和作用的系统，那么一个局部所发生的变化将会引起其他局部的相应变化；第三，认识到了城市是处于不断变化过程中的，城市规划被看做一个在不断变化的情形下持续地监视、分析、干预的过程；第四，把城市看做一个相互关联的功能活动系统，规划需要处理的范围更广，影响更深远了。在这种认识的基础之上，大量相关学科技术被引入城市规划学科，极大地丰富了城市规划编制的技术手段。

表 2-16 城市规划模型技术

模型类型	具体内容阐释
宏观模型	宏观模型的主要对象是社会经济规划和土地使用规划，规划的要素包括人口、劳动力、总产值、各产业比例、各类土地利用总量等。规划人员可以在不完全弄清各要素之间相互作用机制的情况下建立变量之间的单纯宏观模型。这类模型以集合的形式出现，可以用来指导政策的制定和预测。由于城市系统的复杂性，模型往往建立得非常庞大而被称为大尺度城市模型。[①] 这些模型本身虽然没有充分考虑内在的数学严密性，但对于那些自律发展的城市进行短期预测却比较有效
微观模型	在社会经济和土地等宏观总量作为外部条件给定的情况下，微观模型的本质是描述城市各项活动的主体(个人、企业、部门等)行为。由于城市内部活动多种多样，要全面描述城市土地使用的方方面面就需要建立与这些活动主体数量相等的行为模型。行为模型的形式是离散模型，此类模型的数学严密性强，但操纵性弱，对许多复杂的社会经济需作出单纯化的假设。离散模型的开发始于 20 世纪 60 年代初，当初是以交通方式的选择为中心的。进入 20 世纪 70 年代，美国麻省理工学院的 McFadden 等人在理论上取得了很大的进展，从而使离散模型从研究进入了应用。如今，离散模型不仅可以描写人的交通行为，还可以描写消费、休闲、旅游、居住、教育、选举、犯罪、就职、迁移等行为，也可以研究企业和部门的选址、雇佣的决策行为

① 大尺度城市模型从 20 世纪五六十年代起先在美国和英国开发，随着计算机技术的突飞猛进，强劲的处理器和存储容量给这些模型带来了新的生机。这些模型中内含的理论并不新，例如，劳瑞的匹兹堡重力模型；一些建立在线性统计关系上的更注重实用效果的模型，如用于波士顿研究的 EMPIRIC 城市计量经济模型，或者有对城市市场运作的模拟，如 Herbert 与 Stevens 的 Penn-Jersey 交通研究，其中反映的是阿隆索关于城市土地市场的理论。但其最大的直接成就在于将这些理论与快速发展的计算机数据处理能力的融合，使得模型的处理能力也相应提升。到 20 世纪 90 年代初已有大约 22 种大尺度城市模型。

3. GIS与城乡发展监测技术

进入20世纪90年代后期，各类城市模型往往把地理信息系统作为自己的建立与运行平台，在空间相关问题的处理、分析上更为方便、简洁、精确，GIS自身的发展也和城市规划的计量方法相结合，因此传统城市模型与GIS的结合构成了当前发展的热点。

与这同时，遥感影像的获取成本持续下降，质量不断提高，遥感影像处理也和GIS相互结合，取长补短，而且社会经济统计资料涉及的范围日益扩大，内容不断公开，上述两个趋势为城乡发展监测提供了便利的条件。①

（二）城市规划技术的方法

现代城市是一个复杂而庞大的系统，是一个不断变化发展的有机体。要科学规划、有效管理现代城市，离不开对城市系统准确的认识，这就必须有科学的手法。

1. 收集资料的方法

收集资料法主要有现场调查法、访谈法和问卷法三种。

（1）现场调查法

现场调查法指观察者带着明确目的，用自己的感觉器官及辅助工具直接地、有针对性地收集资料的调查研究方法。现场调查法是城市规划最基本的调查手段和工作方法。通过直接踏勘、观测和访谈，规划师可以掌握物质空间现状的第一手资料，建立对城市的感性认识，为发现现状特征、挖掘核心问题、提出切合实际的解决方法提供基础。现场调查法具有能够直接获取及时生动资料、直接观察调查对象并建立感性认识等优点，但也受调查者自身的限制，还受时间空间条件、调查对象（如调查期间并未发生预想的事件）的限制等。

依据在城市规划编制中所处的不同阶段，现场调查法可以分为两大类，见表2-17。

---

① 从目前的形势来看，一方面，遥感、统计数据等的大规模存储和使用、借助GIS的各种计算机分析工具使得规划师在城市规划编制中的技术方法越来越强调动态性。通过大规模连续数据和实时数据的监测准确反映城市的动态变化，城市规划的分析功能也越来越强、越来越精确，城市规划对城市系统的调控功能也越来越具有可行性。另一方面城市规划学科发展越来越强调信息的交互与沟通，可视化技术和互联网技术的发展改善了规划师与决策者、不同行业专家，以及公众之间的沟通途径。这两大方向构成了城市规划自身技术发展的方向。

表 2-17　现场调查法的类别

类别名称	具体内容阐释
用于城市规划编制初期的方法——现场勘查法	根据事先制订好的调研计划，对规划对象（城市、城市片区或地块）进行现场勘查，了解规划对象的现状，如城市的自然条件、重大基础设施布局（包括水源地、区域交通线路，污水处理厂等），建立对城市的感性认识和直观印象
应用于城市规划编制中期阶段	在前期调研的基础上，规划师进行方案编制时，遇到特定问题需要对特定区域现场条件作进一步确认，从而前往规划城市或地块进行现场踏勘，如城市地铁沿线的自然地质条件、建筑地物条件、城市污水处理厂选址点的考察等

现场调查法在城市规划中的应用一般分为三个阶段：准备阶段、实施阶段和整理阶段。各个阶级的任务可见表 2-18。

表 2-18　现场调查法的阶段

阶段名称	阶段任务内容阐释
准备阶段	在调查准备阶段，需要做好如下工作熟悉城市用地分类及相关规范；根据调查，选择比例尺合适的最新比例图，选择调查人员，并进行调查任务分配；调查人员预先熟悉地形图，并在图上划分若干小地块，标出尚未弄清楚的问题，明确调查重点；为防止图上标注混乱，预先设计调查表格用于标注的记录
实施阶段	调查实施阶段则依据预先确定的任务分配和方式进行调查，做到调查有序、内容全面、重点突出、标注清晰，并建立对调查对象的感性认识
整理阶段	调查整理阶段则需要进行如下工作整理调查资料，讨论和分析调查的重点、难点，对其中的疑点可以和当地规划部门讨论或进行补充调查，在地形图上画出土地使用现状图并撰写现状调查报告

（2）访谈法

访谈法是指调查者和被调查者通过有目的的谈话收集研究资料的方

法。它是城市规划研究中经常使用的一种方法。访问按双方接触的方式可分为直接访谈和间接访谈两种，直接访谈即面谈，间接访谈则以电话等为媒介。面谈是访谈法的主要方式。实施访谈时需要注意保持价值中立，通过踏勘、访谈等方式深入了解调查对象，如访谈相关领导，了解领导人的想法和意见，访谈群众，了解群众意愿等。

访谈法包括访问和座谈，按照访谈时调查者是否遵循一个既定的、较详细的提纲或调查表而区分。[①]

用访谈法收集资料的过程实际是调查者与被调查者相互交往的过程，访谈的成败取决于交往是否成功，为了顺利地进行交往以获得需要的资料，调查者应该注意做到如下几点：

第一，在访谈之前，调查者应该熟悉和掌握所要问及的问题，并对被访问者的身份、他与该问题的利害关系有尽量深入的了解。

第二，在访谈过程中，要尽量保持活跃的气氛，又不脱离所要了解的中心问题。

第三，调查者应该对所问问题持中立态度，不能作引导性提问。

第四，对不清楚的问题和关键问题要追问。

第五，应随时注意被调查者的情绪、态度的变化，在整个谈话过程中调查者必须抱着虚心求教的态度，尊敬被调查者，始终表示出对对方谈话的兴趣，这是保证访谈取得成功的重要条件之一。

(3)问卷法

问卷法是通过填写问卷(或调查表)来收集资料的一种方法，这是现代社会调查使用得最多的收集资料的方法之一，也是近年来在城市规划调查中普遍使用的方法。使用这种方法不仅可以使调查得来的资料标准化，易于进行定量分析，而且可以节省大量人力、物力和时间。问卷的类型分为封闭式和开放式两种，见表 2-19。

---

① 使用访谈法收集资料有许多优越之处，比如，调查者可以及时掌握被访问者的情绪反应，能够判断其回答的可靠程度；可大大减少因被调查者文化水平低和理解能力差而给调查效果造成的不良影响；总体回答的比率高；资料也较充实；可以调查一些比较复杂的问题。使用访谈法也有一些缺点，比如，花费的人力、物力、时间较多，对于敏感问题，面对面的交谈可能会影响被访者的回答；保密性较差等。

表 2-19　问卷法的类型

类型名称	含义及优点表述
封闭式问卷	封闭式问卷是把所要了解的问题及其答案全部列出的问卷形式，调查时只需被调查者从已给答案中选择某种答案。 其优点为： ①封闭式问卷使各种答案标准化了，这便于进行统计； ②这种答案可以事先进行编码，给资料的整理带来很大方便； ③面对已给出的答案，被调查者回答“不知道“的很少； ④由于对答案作了简要的规定，被调查者只是选择或排列已有的答案，这就减少了许多不相干的回答。 当然，要设计好一个封闭式问卷，则要求研究者对所研究的对象有一定的了解，只有这样，提出的问题、列出的答案才是合乎实际的
开放式问卷	开放式问卷是只提出问题，不给出答案。 其优点为： ①可以利用开放式问卷去征求被调查者对某些复杂问题或研究者尚不明白有多少答案的问题的意见。 ②被调查者可以自由而详尽地陈述自己的观点。 显而易见，使用开放式问卷收集到的资料是不规范的，也难以整理；有些人可能会答非所问对一些比较复杂的问题，思考和回答可能要占用较多的时间，这可能会引起被调查者的不快，以致拒绝回答

问卷法也不是尽善尽美的。比如，用问卷法取得的资料往往不太深入、不太细致，用它往往不能了解复杂问题和事情的来龙去脉。另外，对于不识字或文化程度较低者，使用问卷法可能会遇到一些困难。因此，如果把访谈法与问卷法结合起来使用，调查研究可能会收到更好的效果。

2. 数据描述与分析的方法

对收集到的数据所作的分析可分为描述性分析和说明性（解释性）分析。描述性分析的目的在于陈述被调查对象的特征。数据分析需要通过统计量来描述。

（1）频数和频率

频数是反映某类事物绝对量大小的统计量。如果用频数同总数相比，得到的相对数则是该类事物的频率。① 频数和频率说明的都是总体中不同类别事物的分布状况。它们可以直接以数字的形式表示出来，也可以用条

① 例如，在某个总体中，具有初等、中等、高等文化程度者的频率分别为25％、60％和15％。

形图、直方图、圆形结构图、统计表反映。频数和频率是对社会现象特征最简单，最基本、最粗略的描述，这种分析适用于用各种尺度测量所获得的资料的分析。

(2)众数值

众数值是被研究总体中频率最多的变量值，它表示的是某种特征的集中趋势。由于众数值是总体中某一特征出现最多的变量的数值，所以，它对总体有一定的代表性。一般而言，对于名称衡量等级的变量，众数值是最合适的选择。

(3)平均数

平均数也叫均值，它是总体各单位某一指标值之和的平均，它说明的是总体某一数量标志的一般水平。在对社会现象进行分析时，常用的是算术平均数，简称平均数。

(4)标准差

在对调查资料进行统计分析时，不但要用平均数等反映总体各单位的集中趋势，即一般水平，还要指出总体各单位在该特征上的差异，即指出它们的离散趋势。反映社会现象的离散趋势的统计量即标准差。标准差也叫均方差，它是方差的平方根。

3. 说明性分析的方法

说明性分析可揭示现象内部的联系以及何以存在这些特征与联系，主要方法有相关分析和回归分析。

(1)相关分析方法

相关分析是研究一个变量(y)与另一个变量(x)之间相互关系密切程度和相关方向的一种统计分析方法。城市中的各种现象往往是相互依存又相互联系的，例如，人口规模与能源消费量、居住水平与居民收入水平、小汽车普及率与通勤距离等。

相关分析一方面可以确定现象之间有无依存关系；另一方面能够判定相关关系的密切程度和方向。

相关系数是反映两变量间直线相关关系密切程度的统计分析指标。

(2)回归分析方法

相关分析揭示了要素之间的相关程度，回归分析是研究要素之间具体数量关系的统计方法，表达要素之间关系的函数表达式称为回归方程，按照回归方程所绘制的直线称为回归直线，由于回归分析的结果是要素之间关系的进一步具体化，因此具有较高的应用价值，常常被用于预测类的城市规划量化分析工作中，也可用于分析两要素作用的机理。

回归分析有一元回归分析和多元回归分析两种。一元回归分析是研究的因果关系只涉及因变量和一个自变量;多元回归分析研究的因果关系涉及因变量和两个或两个以上自变量。[①]

4. 城市规划预测的方法

城市规划预测成为城市规划的一个必需步骤,[②]主要有因果推断法、情景分析法、趋势外推法和交叉影响法四种,见表 2-20。

表 2-20　城市规划预测的方法

方法类型	内容阐释
因果推断法	因果推断法是一种从事物因果关系出发进行预测的方法,是计量经济学最常用的方法,并被引入城市规划领域,用于规划预测等。其原理非常简单,即通过若干已知事实推断其可能引起的结果,并对这种结果的量和程度进行估计。在操作中,根据统计资料求得因果关系的相关系数,相关系数越大,因果关系越密切。通过相关系数就可确定回归方程,预测今后事物发展的趋势。举例来说,城市规划中最常见的是对城市空间资源的配置,而对其平面投影——城市用地需求的预测数据,通常通过城市人口来求得。即有一种先验的理论"城市人口增加,则城市用地也相应增加,但增加得没有城市人口增加得多,或比城市人口增加得更多,这取决于其他因素的影响。"如果我们已从若干已经发生的案例中找出这种比例关系,并且找出其他影响因素对其的影响程度及范围,那么,我们可以运用这一因果关系规则对我们所要规划的城市的未来进行预测

① 此外,回归分析中,又依据描述自变量与因变量之间因果关系的函数表达式是线性的还是非线性的,分为线性回归分析和非线性回归分析。通常线性回归分析法是最基本的分析方法,遇到非线性回归问题可以借助数学手段转化为线性回归问题处理。

② 从大的方面划分,它可分为定性和定量两方面。定性的如"城市人口增加,用地规模相应扩大",但因其可操作性不强,故常用作定量分析的一个约束条件,或检验定量预测结果的工具。定量预测方法,因其便于解释、可验证性和实践上的可操作性,成为城市规划常用的或主要的预测方法。定量预测方法分为因果预测法和时间序列预测法。因果预测法利用预测变量与其他变量之间的因果关系进行预测,时间序列预测法则根据预测变量历史数据的结构推断其未来值。

续表

方法类型	内容阐释
情景分析法	情景分析法，又称前景描述法或脚本法，是在推测的基础上，对可能的未来情景加以描述，同时将一些有关联的单独预测集合形成一个总体的综合预测。它是一项提供环境全景描述的方案，并随时监测影响因素的变化，对方案作相应调整，最终为决策服务。情景分析法产生于经济界，适用于资金密集、产品与技术开发周期长、战略调整所需投入大、风险高的产业，如石油、钢铁等产业；不确定因素太多，无法进行唯一准确预测的情况，如制药业，金融业等。城市作为一个复杂的巨系统，其发展受到诸多不确定因素的干扰，故城市规划预测采用情景分析法以提高预测的准确度是非常必要的 情景分析法也存在缺陷：其在一定程度上依赖于多个专家组成的集体智慧和经验，没有程序化的固定模式，可验证性较差，而且其结果很大程度上依赖于初始概率的设定，操作也比较困难，在应用时应加以注意
趋势外推法	利用若干期统计数据，找出预测对象从过去到现在的发展变化趋势，外推到未来的一类方法统称为趋势外推法。根据预测对象的发展变化趋势不同，可以分为线性趋势外推法、曲线趋势外推法和对数趋势外推法等多种。在选择趋势预测的具体方法时，一般先将时间序列的各期统计数据在坐标纸上描出散点图，观察其曲线的形状和变化趋势，即可初步确定用哪一种方法配合什么样的趋势线比较合适。不过有的时候，同样一组时间序列资料有多种曲线可以配合，而且又没有好办法直接断定哪一种预测效果最好时，就需要配合多种趋势线，再根据数理统计的一般原理进行检验判别，如计算均方误差、平均相对误差等。计算这些指标可以作为选择趋势预测模型时的参考，最后确定还要和规划分析结合起来
交叉影响分析法	交叉影响法，也称为交叉概率法，是美国学者戈登和海沃德于 1968 年在专家评分法和主观概率法基础上创立的一种定性预测方法。它试图解决的核心问题是：是否有可能通过把握未来事件的相互影响来预测未来。这种方法通过主观估计每个事件在未来发生的概率，以及事件之间相互影响的概率，利用交叉影响矩阵考察预测事件之间的相互作用，进而预测目标事件未来发生的可能性。它的价值在于把大量可能结果进行有系统的整理，以此提高决策者对复杂现象的认识程度，从而提升有效制定计划和政策的能力 交叉影响法是通过对目标事件及影响目标事件的一系列事件未来发生与否的反复模拟来摸索目标事件发生的概率，重复次数越多，可靠性也越强。海量计算成为使用该方法的必要条件。人力和传统的计算工具都无法承担这项工作

5.评价与决策的方法

评价与决策的方法主要包括层次分析法、特征价格法、城市感知评价法、线性规划法和假想市场法。

(1)层次分析法

层次分析法是由美国运筹学家 A. L. Saaty 在 1973 年提出的一种定量与定性相结合的系统分析方法。层次分析法是针对多目标问题作出决策的一种简易的新方法,它特别适用于那些难于完全定量进行分析的复杂问题,是对人们的主观判断进行客观描述的一种有效的方法。

在多目标决策中,人们常常把各因素对目标的贡献或作用相互进行比较,Saaty 正是对人们这种成对比较因素之间的作用强弱的定性概念给了一种定量化标度的方法。①

(2)特征价格法

公共项目产生的效益,会由该项目提供的商品和服务的使用者通过市场,以各种形式扩散出去,最终反映到地价上。这就是被称之为资本化的假说,根据这个假说,运用各个地区的地价数据,可以推算出各个地区因城市设施等的建设水平的不同而对地价产生的影响,进而可以测算出某公共项目因改变了原来的设施建设水平而带来的效益,这是特征价格法。

特征价格法可以测出绿地、公园等城市福利设施以及大气污染差异等对地价产生的影响,从而推算出这些物品的价值。但是需注意的是,特征价格法只有在评价对象能对市场商品产生影响时才可以使用。在具体的项目评价中,经常使用的是地价、住宅价格等房地产价值方式和劳动者工资差异这两种方式。

(3)城市感知评价法

感知评价是从使用者的角度出发,分析他们对城市空间的心理感受,从而进行评价的方法。其中,凯文·林奇的城市意象地图调查方法被奉为城市规划界的经典,并广泛应用于城市规划与设计之中。

城市感知法即语义差别法,又称感受记录法,是通过言语尺度进行心理感受的测定,将被调查者的感受构造为定量化数据的方法。它要求围绕评

① 如果有一组物体,需要知道它们的重量,而又没有衡器,那么就可以通过两两比较它们的相互重量,得出每一对物体重量比的判断,从而构成判断矩阵;然后通过求解判断矩阵的最大特征值和它所对应的特征向量,就可以得出这一组物体的相对重量。这一思路提示我们,在复杂的决策问题研究中,对于一些无法度量的因素,只要引入合理的度量标度,通过构造判断矩阵,就可以用这种方法来度量各因素之间的相对重要性,从而为有关决策提供依据。这一思想就是 AHP 决策分析方法的基本思想。

价对象尽可能多地收集相关的形容词对，并按照一定原则进行筛选，构成语义差异量表。[①]

城市感知评价法能够获得对感知对象的评价，借助客体指标，从而寻找那些心理感知的依据与来源，通过对影响心理的客体指标的改进，达到改善空间品质、改变心理感知的目的。

(4)线性规划法

线性规划是决策系统的静态最优化数学规划方法之一，是解决多变量最优决策的方法，是在各种相互关联的多变量约束条件下，解决或规划一个对象的线性目标函数最优的问题，即给予一定数量的人力、物力和资源，如何应用而能得到最大经济效益。线性规划具有适应性强、应用面广、计算技术相对简便的特点。它作为经营管理决策中的数学手段，在规划中应用得也是非常广泛，它可以用来协助主导产业的选择、用地结构的调整，也可在交通方式安排和交通设施选择中发挥作用。

(5)假想市场法

假想市场法是评价诸如城市景观、环境保护等不存在市场交易的物品、服务(非市场商品)的为数不多的方法之一。假想市场法直接向人们询问关于某种难以用市场价格衡量的物品的看法，也叫作价值意识法、意愿调查价值评估法等，是从自然环境、生态系统评价等环境经济学领域发展起来的方法。[②]

假想市场法对价值的量化是基于人们自述的偏好，这相当于越过了对价值构成的理解，直接从最终价值判断节点获取结果，因此，假想市场法本身对于理解所得到价值结果的组成成分帮助是很少的。也正是由于存在这一弱点，在假想市场法研究中对价值组成的独立补充分析是相对较多的。[③]

---

① 标准的语义差异量表包含一系列形容词和它们的反义词，在每个形容词和反义词之间有约 7～11 个区间，我们对城市空间的感觉可以通过我们所选择的两个相反形容词之间的值反映出来，它要求记下人们对性质完全相反的不同词汇的反应强度。

② 新古典经济学对价值概念有另一种角度的定义：价值是为获得某种物品而愿意付出的最大可能金额，或者是能够忍受失去某种物品而接受的最小赔偿金额。CVM 法进行价值评估的核心内容正是通过构建假想市场，揭示人们对评价对象的最大支付意愿(WTP)或最小补偿意愿(WTA)，再对结果进行统计分析，从而测算出评价对象的效益。

③ 例如，有学者在历史文化建筑保护研究中，按照利用方式将评估价值分解为使用价值(当代人现在的使用)和非使用价值，其中非使用价值又进一步分解为选择价值(当代人将来可能的使用)、遗产价值(子孙后代的使用)和存在价值(继续保留存续的愿望)；而按照市民的认知则将评估价值分解为历史文化建筑自身的价值，街区特色景观的价值和地方风俗传统的价值。虽然不同研究对象会具有不同的价值组成，但是按照利用方式它们绝大部分都可以划分为使用价值和非使用价值。对于大气环境、水资源、历史文化建筑等具有公共物品特性的被研究对象由于非使用价值所占比例远较一般经济物品要大得多，因此，能够评价非使用价值的特性使得 CVM 法在这些对象所涉及的价值评估领域具有其他方法所难以匹敌的优势地位。

另一方面，假想市场法有待解决的课题是如何确保评价的信赖度。用假想市场法得到的评价结果，被认为有可能包含各种误差。[①]

使用假想市场法进行评价时，为了得到高可信度的评价结果，必须明确评价对象，确保问题条件的设定可信、现实，同时充分考虑支付手段、评价尺度等(用 WTP 还是 WTA)是否恰当。并且，在确保足够的样本数量的同时，考察确认调查结果是否含有误差。[②]

二、信息要素

(一)地理信息系统分析

地理信息系统(Geographic Information System，GIS)最初是以计算机处理地理信息的综合技术出现的。GIS 系统可以将城市的空间数据实现数字化，从而建立包含城市经济、社会、环境等各种属性的模型，为研究城市不同系统的空间规律和空间影响提供了有力的武器。GIS 还提供了一项直观的观察工具，使原本复杂的空间规律变成可以向不同人群展示的图形，大大加强了城市规划的沟通与展示能力。GIS 系统的查询功能更为规划管理提供了方便的检索空间数据和规划信息工具，有效地加强了城市规划管理工作的效率。

地理信息系统有着三个方面的功能：描述功能、分析功能和查询功能，各功能内容表述可见表 2-21。

表 2-21　地理信息系统的功能

功能类别	内容表述
描述功能	GIS 系统有强大的空间模型建构能力，可以生成各种分类、分级专题分析图。人口密度、土地使用、建筑质量、交通流量等属性，均可由 GIS 产生专题地图，可灵活设定分类、分级的规则、表达形式，当事物的属性发生变化，只需局部修改，专题地图就按原定的规则自动更新

① 例如，回答者因考虑到自己回答的金额会对政策产生影响而故意作答，可能产生战略误差，或者调查者设计的支付手段被误解，如因捐款这一支付手段本身具有价值而产生的支付手段误差等。此外，因调查时期不同而导致评价结果出现很大差异的情况也可能存在。

② 关于确保假想市场法调查可信度的注意事项，可参照美国商务部国家海洋大气管理局制定的相关指南。

续表

功能类别	内容表述
分析功能	GIS系统是进行规划分析的有力工具。以土地适宜性评价为例，一般要作多因素、多准则分析，借助GIS可以将每种因素对应一个专题图层，将不同专题图层叠合起来，进行综合评价，这是GIS的经典应用)。GIS系统还可以对公共服务设施的服务能力展开分析。简单的方法是根据空间距离、服务半径等对重要设施按距离远近，划分各自的服务范围。高级的方法还可以加入与实际环境更为接近的各种变量对模型进行优化，从而改善分析的效果。例如，居民出行会受交通条件的限制，如道路走向、车速限制、交叉口禁止转弯、公交站点的布置、线路运营速度等，简单地用直线表示空间距离、服务半径，往往会有较大误差。基于GIS的网络分析，可以使不同交通条件下的时空距离接近实际情况，还可以灵活设置，进行多种交通模式的相互比较
查询功能	GIS系统可以对空间、属性信息进行查询。某个建设单位在某城市有哪几个建设项目，在什么位置；某个地块，规划控制指标如何；土地出让边界和地籍管理边界、道路红线是否一致；某地块的规划控制指标历史上曾经发生过哪些变化等。上述城市规划的日常典型业务，均可靠GIS的查询功能解决

(二)互联网技术探索

互联网已经越来越成为规划师、政府、投资商和公众获取各种数据、交流规划信息的重要工具。通过互联网，公共信息能够在不同时间、不同地点被快速传递和广泛传播，也使得城市规划编制的过程变得更为公开化和透明化。

1. 数据的获取

在今天的城市规划编制过程中，互联网络是规划师获取信息的重要来源之一。相当多的规划所需基础资料都可以通过互联网方便地获取，如城市概况、统计数据、卫星影像、市民所关心的热点、相关城市的发展案例等。例如，以谷歌(Google)为代表，将GIS、遥感影像和互联网相结合，不仅能向公众提供城市、乡村的平面、地图、影像图，还可提供三维地形、建筑物，当然也被规划师所使用(图2-5)。

图 2-5　Google 提供的平面和三维卫星影像

2. 信息的发布

互联网络还是规划方案、管理规则、办事流程发布的重要窗口。市民可以通过相关网站查询城市和所关心地区的规划情况，了解城市规划的相关动态。投资商和开发商可以随时查询法定规划、指导性文件，帮助投资决策。

3. 沟通与交流

随着城市规划透明度的增强和公众参与程度的提升，互联网络还是社会各界就城市规划展开沟通与交流的重要平台。在规划编制过程中，通过互联网征求各方意见，就特定规划议题开展讨论，是方便、快捷和透明的交流工具。通过互联网，规划机构还可以回答公众提问，如办事程序、审批手续，对规划方案或法律、法规进行解释，强化政府与民众之间的良性互动关系。公众还可以监督城市建设活动，举报违法建设，提高城市规划管理工作的效能。

4. 网络化与网络协作

网络化办公是提高政府绩效的有效途径。通过网络，建设开发可以在线办理各类建设申请，如上传申请、待批材料。下载审批结果，规划管理人员可以远程办案，大大节约了时间和人员成本，提高了办事效率。

现代城市规划已经是一个越来越注重写作的过程，包括不同规划设计机构之间的协作，也包括城市规划过程中不同领域专家之间的相互沟通协调过程，这些传统上耗费大量人力、物力、财力的过程通过互联网络方便地完成。

第三章　城市空间规划

城市空间广义概念是指公共设施用地的空间。从土地利用角度来看，城市空间规划分为两大类，一类是广义的土地利用，即包括道路用地、城市设施与基础设施用地等所有城市用地在内的土地利用；另一种是狭义的土地利用，即除上述设施外的土地，按城市活动类型大致分为工业（产业）、商业（商务、服务）、居住以及公园绿地四大类。本章论述的范围主要以狭义土地利用中的居住、工业及仓储用地为主。

第一节　城市土地利用规划

一、城市土地利用规划的职能与内容

（一）城市土地利用规划的职能

当今，在市场经济环境下，城市土地利用规划由两方面的情况为基础[①]，并考虑到城市整体的公共利益后所做出的综合性选择，即为特定的城市功能安排合适的用地，为特定的城市用地寻找适合的功能。通常，居住、商业、工业等功能性用地的布局多依据市场规律，侧重经济效益；而对于道路、公园、学校、医院等公共和公益设施的用地则更多地从城市整体的社会效益出发。例如，当公园建设与房地产开发项目在用地上产生矛盾时，城市规划做出建设公园的选择主要是基于对社会效益的考虑，而不是按照市场规律选择的结果。这种情况不仅限于城市内部各种土地利用之间的竞争和选择上，同样也出现在城市建设用地范围的选择与划定中。此外，环境因素也是除社会因素外土地利用规划必须考虑的另外一个重要因素。城市土地

---

① 城市土地利用的形成主要源自供需两方面的因素。一方面是某种特定类型的城市功能（例如居住）对适于承载该项功能的土地（居住用地）提出的需求，例如，对居住用地而言，要求地租不能过高、距离工作地点不能过远，环境良好等；另一方面是城市中的特定地区（例如靠近区域交通干线的地区）适于开展某项活动（例如物流中心、仓储等）。

利用规划归根结底是对规划范围内土地资源进行分配与再分配的方案。

具体而言，在城市外部，土地利用规划通过对城市规划区、城市建设用地的划定，确定城市的空间发展方向，促进、保障城市建设的有序发展，协调城市建设用地与非城市建设用地的关系；在城市内部，土地利用规划为各种城市活动安排必要的空间。

(二)城市土地利用规划的内容

城市土地利用规划的职能决定了其内容是对土地利用状况的具体描述。首先将规划范围内的所有土地划分为可建设用地与非建设用地(或称控制建设用地)。其次，确定可建设用地范围内所有土地的性质(用途)与强度(建筑密度、容积率)以及建设形态(后退红线、建筑高度等)。再次，根据需要对可建设用地范围内的部分用地提出特殊要求(例如使用防火建筑材料、外观与城市景观的协调、传统风貌保护等)。此外，对于城市重点地区集中开发所做出的土地利用的统一安排也是另一种类型的土地利用规划。

在市场经济环境下，除道路、公园、公共公益设施用地外，大部分城市用地的开发建设主要依靠民间完成。因此，土地利用规划的内容通常需要经过公开听证、议会审议等法定程序后成为政府依法行政、管理城市的重要依据。有时城市土地利用规划的内容本身甚至被法律文本化，在经过法定程序审查通过后，直接成为地方性法规。普遍适用于美国各个城市中的区划条例(Zoning Ordinance)就是其中的代表。换句话说，城市土地利用规划的内容中不但包含了对未来土地利用目标的描述，同时也包括了实现这一目标的手段和措施。

二、城市土地利用的分类

城市土地利用的分类通常从使用性质(用途)与使用强度(或称密度，如建筑密度、容积率等)两个方面来描述和衡量。

(一)按城市用地的用途分类

城市土地利用按其使用性质可分为不同的种类。各个国家或城市中的分类标准和划分方式虽略有不同。[①] 根据中华人民共和国国家标准

---

① 例如，美国的小城市中的城市土地利用可分为：居住、商业服务、工业、交通、通信、基础设施、公共、文教用地等；在日本，城市土地利用则被划分为：居住、公共设施、工业、商务、商业、公园绿地及游憩、交通设施用地等。

GBJ137—90《城市用地分类与规划建设标准》，我国城市中的土地利用被分为居住、公共设施、工业、仓储、对外交通、道路广场、市政公用设施、绿地、特殊用地、水域及其他用地10大类，并进一步划分为46个中类和73个小类。

现实中，城市土地利用分类不仅要满足对现状使用状况的统计，而且要体现在不同目的和种类的规划中。有时，两者之间划分的种类以及详细程度并不完全吻合。一般来说，反映土地利用现状的分类较细，而土地利用规划中的分类较粗。同时，在区划(Zoning)等伴随对土地利用具有强制性约束力的规划中，每一种用地具有一定的包容程度，通常采用用地兼容性的方式来表达。例如，日本现行城市规划中将城市建设用地分为从第一种居住专用地到工业专用地的12类；而美国纽约市的区划则将城市建设用地划分成84种，其中，居住类用地31种，商务商业类用地41种，工业类用地12种。

值得注意的是，土地利用分类中存在着按照大类、中类、小类不同等级划分的现象。使用同一名称但位于不同等级的用地所表达的内容是不同的。例如，全市性的道路用地与居住区内的道路用地，全市性的商业服务设施用地与社区中的商业服务用地。

综上所述，按照城市中不同地块所承载的城市活动，城市用地的用途分类可以分为居住、商务商业、工业以及城市设施用地四大类。本书主要按照这一分类原则对城市土地利用进行论述(表3-1)。

表3-1　城市功能与城市用地分类表

用地种类	城市活动类型	相应地区	用地举例
居住类	居住	居住区	包括各种低、中、高密度的居住专用用地、混合用地；为社区服务的小公园、零售商店、中小学用地等
商务、商业类	工作 游憩	商业区 城市中心	包括政府行政办公用地在内的集中商务用地；以零售业为主的集中的商业、服务业以及营利性文化娱乐用地等
工业类	工作	工业区 仓储区	包括各种规模的轻、重工业在内的制造业用地；批发业用地、转运、仓储用地

续表

用地种类	城市活动类型	相应地区	用地举例
城市设施类	交通游憩等		大规模交通运输设施用地，如机场、铁路、公路以及相关设施的用地，城市干道、交通性广场用地，社会停车场等其他交通设施用地；大规模公园、绿地、广场及其他游乐休闲设施用地；城市基础设施、各种非营利性公共服务设施用地等
其他		郊区	河流、水面、填埋及其他未利用土地；农林牧业用地

此外，现实中大量存在数种用途集中在一个地块上的情况，通常被列为混合用途。例如城市中常见的商住用地、复合型开发建设用地等(图 3-1)。

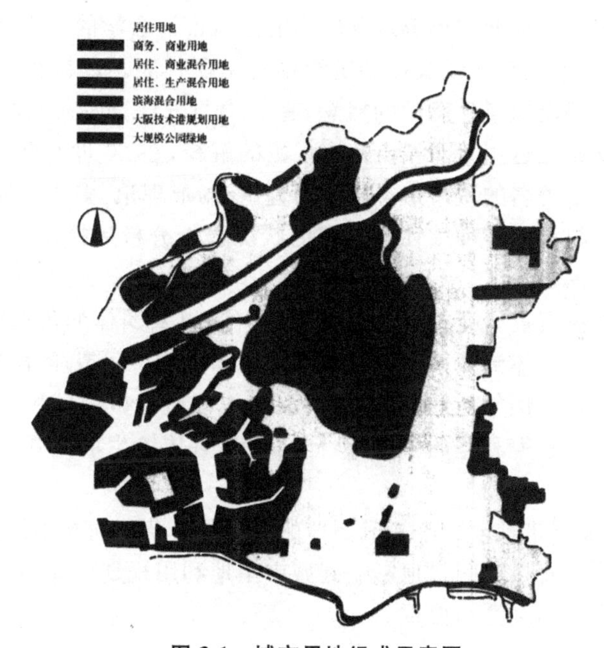

图 3-1　城市用地组成示意图

(二)城市用地的密度分类

如上所述，各种类型的城市用地在经济、社会、环境、规划等因素的影响下按照一定的规律分布在城市中，形成各种功能相对单一的地区，或混合地区。与此同时，城市中各个地区的土地利用强度(密度)也呈现出不同的状况，并形成一定的规律。这种规律一方面与土地利用的性质相关。例如，从总体上来看商务、商业用地的建筑密度通常高于居住及工业用地。但另一方面，即使在同一类性质的土地利用中也会出现建筑密度截然不同的情况。例如，独立式住宅与高层公寓在用地性质上均属居住用地，但在土地利用强度上则相差甚远。在对城市土地利用进行现状调查、规划和管理时，通常将某些同属一类性质的用地按照不同的利用强度进行细分。这种做法不仅有助于准确把握或描述土地利用的特征，而且也是预测城市用地规模、交通设施、城市基础设施容量时必不可少的前提条件。

三、影响城市土地利用规划的因素

影响城市土地利用规划的因素主要体现在以下几个方面。

（一）社会因素

社会因素对土地利用形成过程的影响是城市社会学的一个主要研究方向。其中，以城市生态学以及社会组织论为主要代表。以帕克为代表的芝加哥学派首先提出城市生态学的概念，将集中与分散、向心与离心、入侵与迁移等生态学原理运用于对城市社会现象的解释，在 20 世纪 20 年代至 40 年代陆续提出了著名的城市形态同心圆理论、扇形理论、多中心理论等。但是这些理论是根据对多种族社会美国的状况进行分析后提出的，并不完全适用于所有国家或地区。

社会组织论着重研究构成城市社会的个人以及团体的价值观、行动及其相互的影响。具体到城市土地利用方面则体现为市民或团体的价值取向所产生出的影响。例如在旧城改造过程中，拟改造地区中居民的态度除取决于改造过程中获得利益的多寡外，同时也与对传统生活方式以及邻里关系的眷恋有关。

总之，构成城市社会的个人或团体的意愿与价值取向在不同程度上，通过不同的方式或直接或间接地影响到城市土地利用规划。规划中应体现对社会集团价值观的关注与尊重。

（二）经济因素

经济因素是市场经济环境下影响土地利用规划的最重要的因素。不同种类的土地在市场中的竞争力是不同的。

位于城市中心，交通便捷的土地总是被商务办公、零售业、服务业等可承受较高地租（或者说可创造较高价值）的功能所占据，而制造业、批发等用途承受地租的能力就较商务、商业功能差一些，但又高于居住用地。所以制造业等用地通常分布在城市中心区的外围，而居住用地则一般选择更靠近城市外围的土地。同时，土地利用的强度也基本上与到达城市中心的距离成反比。这种土地市场中的供给与需求关系决定土地利用分布的现象说明了经济因素对城市土地利用规划的影响。换句话说，城市土地利用规划必重视并须顺应这种经济规律。在研究各类用地在城市中的分布规律与为具体开发项目选址进行分析的过程中诞生了一项专门的学科——土地经济学。按照土地经济学的术语，城市中不同用途、不同强度的土地利用的位置均可以用招标地租函数来表示。在单一城市中心的前提下，招标地租为到达城市中心距离的函数(图 3-2)。

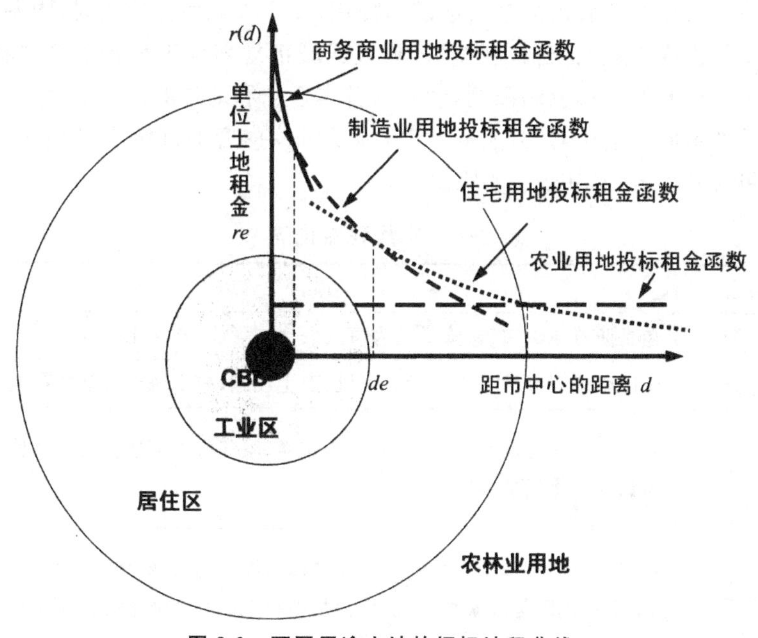

图 3-2　不同用途土地的招标地租曲线

(三)环境因素

随着“大气温室效应”等全球化环境问题的出现以及可持续发展理论与思想逐步被社会主流所接受，人们开始从环境保护、资源保护、节约能源乃至文化遗产保护的角度出发重新审视城市土地利用。换句话说，注重经济发展与环境保护之间的平衡，选择恰当的土地利用密度与交通方式，加强生态敏感地区、自然和历史文化遗产地区的保护力度，提高公园绿地等用作开敞空间用地的优先布局顺序等正成为城市土地利用规划的新的价值取向。环境因素中虽然包含了城市发展长远利益、整体利益等经济要素，但更多地侧重于城市整体、城乡之间，甚至是区域范围的平衡和协调，属于公共利益的范畴。

(四)公共利益

如果排除人为干预的因素，在经济因素与社会因素的作用下所形成的城市土地利用事实上是城市社会中个体（团体）之间竞争的结果。事实证明，完全依赖个体之间的竞争并不能带来城市整体的秩序与繁荣，必须由政府出面按照一定的原则对自由竞争实施干预。那么政府依照什么原则来进行这种干预呢？在现代社会中，这种原则被称为“公共利益”。即政府按照公共利益优先的原则权衡每一块土地是应该用作公共、公益设施使用还是交给通过市场竞争胜出的个人或团体使用；由个人或团体使用时，限制其使用性质及强度不危及“公共利益”。近现代城市规划也正是基于公共利益，通过对城市开发中私权的限制，确立起基本理论和地位的。

虽然不同社会中对“公共利益”应涉及哪些内容的理解不尽相同，但至少应包含几个方面，如表 3-2 所示。

表 3-2　公共利益内容表

因素	内容
安全	包括防范自然灾害、降低人为事故发生的可能、预防犯罪等
健康	保障最低限度的采光、日照、通风、卫生设施，减少城市公害的影响等
便利	足够而又适宜的活动空间、通畅的交通、服务与设施选择的多样性等均被认为与生活的便利相关
舒适	可以简单的理解为所处的城市环境体感舒适、心情愉快，通常与视觉景观、文化氛围等因素相关，被认为是影响市民心理健康的主要指标
经济	或称为效率，指维持城市整体运转的合理性

事实上可以被列为公共利益的内容还有很多，如维系社会道德、促进城市繁荣、保持社会稳定等。

必须指出的是，城市规划在按照公共利益优先的原则对城市土地资源进行分配（或再分配）的过程中，无可回避地涉及公平原则的问题。比较著名的案例是垃圾处理厂、殡仪馆、传染病医院等符合整体公共利益的设施往往会受到周围社区居民的强烈反对；保护历史街区风貌的规划在被看作是体现公共利益的同时，应考虑如何应对街区居民提高居住环境质量的要求。

四、主要城市用地的规划

主要城市用地的规划主要有居住用地的规划、公共活动用地的规划布局、工业用地的规划以及仓储用地规划。其中，居住用地的规划将在第六章中详细论述，而公共活动用地规划中的商业用地规划将在第七章中详细论述。本章节主要论述工业用地的规划以及仓储用地规划。

（一）工业用地的规划

1.城市工业用地的配置原则及任务

（1）城市工业用地的配置原则

工业用地指工矿企业的生产车间、库房及其附属设施等用地，包括专用的铁路、码头和道路等用地，不包括露天矿用地。

城市工业用地配置的目的是为工业的生产和经营及运输管理创造有利的条件，使工业同城市协调发展，保证工业区与居住区有方便的联系，并使城市具有良好的卫生环境条件。因此，在城市总体规划中，应综合考虑工业用地、居住、交通等各项用地之间的关系，布置好工业用地。

城市工业用地遵循从整体到局部的配置原则，即首先归纳城市的性质，再确定城市的工业配置的规划；然后在城市工业发展和原有工业的改造需要的依据下，按照专业化、协作和环境等特点将工业分类；最后再根据生产的共同性、服务设施和职工居住区的共用性，确定城市中应设多少个工业区。①

（2）城市工业用地的规划任务

我国城建部门要求在30万人口以下的城市安排一两个工业区；30万～50万人口的城市安排两三个工业区。前苏联城建部门也规定，在城市工业配置中要求10万～20万人口的城市，宜建立一个大型工业区；在人口超过12万人的城市，适宜建2～3个专业化工业区。但实际上我国中小城市工业区工业规模小，项目多，许多10万人口以下城市都有两个以上工业区。②

---

① 需要注意的是在城市规划中，应避免把工业集中在城市的一片成一个区，防止交通和环境污染的集中；从另一角度讲，也应避免把工业过于分散于城市中，而导致无法提高各种设施的相互协作与使用效率。

② 例如江苏杨中三茅镇有5万人口，却有化工、机械、电子、轻纺等工业区，这些工业区多是性质相同的厂集中布置，厂际协作少，并给城市带来许多不利的影响。

(3)城市工业用地的分类及用地指标

按工业对居住和公共环境的干扰污染程度将工业用地细分为3个种类(表3-3)。[①]

表3-3 工业用地的分类标准

	水	大气	噪声
参照标准	《污水综合排放标准》GB8978—1996	《大气污染物综合排放标准》GB16297—1996	《工业企业厂界环境噪声排放标准》GB12348—2008
一类工业企业	低于一级标准	低于二级标准	低于1类声环境功能区标准
二类工业企业	低于二级标准	低于二级标准	低于2类声环境功能区标准
三类工业企业	高于二级标准	高于二级标准	高于2类声环境功能区标准

各类工业用地布置特征如图3-3所示。

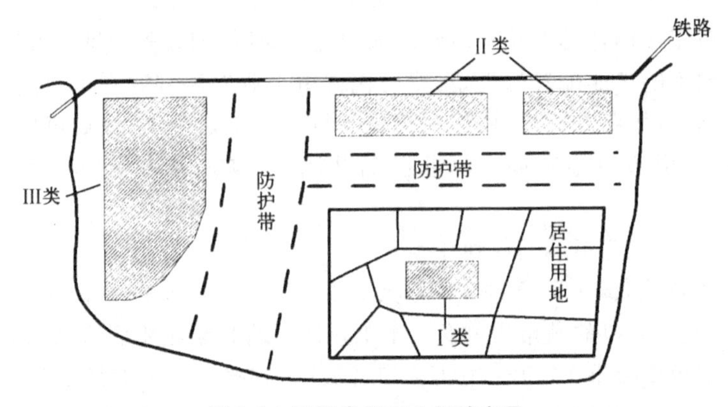

图3-3 不同类型工业用地布置

城市规划中工业用地规模指标的选择应从当地的实际情况出发，贯彻因地制宜的原则。不同性质规模的城市，工业用地规模指标有所不同，指导性标准为:人口在200万以上的城市，人均工业用地面积6～25m²/人;50万～200万的城市为20～30m²/人;20万～50万的城市为20～35m²/人;

① 界定工业对周边环境干扰污染程度的主要衡量因素包括水、大气、噪声等，应依据工业具体条件及国家有关环境保护的规定与指标确定中类划分，建议参考以下标准执行。

20万以下的城市为8～20m^2/人。

2.城市工业用地的布置方式

工业用地的布局对城市的总体布局和城市的发展有很大的影响。在考虑其与城市的关系时，主要要看工业区和居住区用地的相对位置，以下对几种城市工业用地的布置方式进行解析。

(1)将工业区布置在居住区的中心。这种布置形式容易使居住区受工业区的污染，而且工业运输穿越居住用地，易产生交通阻塞和不安全，而且工业区的发展也会受到影响，因而这一形式也是不恰当的。

(2)工业区和居住用地平行布置。这种布置方式可使居住地和工业区之间有方便的联系，工业区和居住用地可以独立地发展。但这一种布置，由于铁路对外运输线路的位置，会使工业区发展受对外运输的限制。如果将铁路布置在居住区和工业区之间，则城市的工业区和居住区均有扩展的余地，但居住区和工业区之间的交通要穿越铁路线。

(3)将工业区配置在居住用地的周围。这种布置方式可以减轻工业的大量运输对城市的干扰，但由于工业区已将城市包围，会使城市在任何一种风向下受到工业排放的有害气体的污染，而且城市的发展受到限制，因而这种布置方式是不恰当的。

(4)在多个居住区组群之中建立一个大工业区结合现状和地形条件，有时也可布置得较为合理。

(5)将工业区布置在居住用地的一边。这是一种比较好的布置方式，适宜于中、小城市的工业区布局。

(6)将工业区和居住用地综合布置。这种将工业区和居住用地布置成综合区的形式适宜于在大城市和特大城市中采用。

(7)工业区和居住区呈线条状平行布置。从城市规划的观点看，这是较合理的布置方式，它允许城市的工业区和居住区朝三个方向发展，城市规模可以发展得相当大，由于居住区沿快速路交通线布置，居民可以从居住点迅速到达工业区。

3.城市工业区的规模及布置形式

(1)城市工业区的规模

由于工业区的规模随城市的性质、工业的性质以及工业区在城市中的布置不同而有较大差别。因此，目前，还没有确定城市工业区规模的标准。但从城市交通及总体规划角度出发，也必须为工业区规定一个合理的用地限度，工业企业过分集中于一个工业区，不但会导致工业区的规模过大，而且也易招致交通阻塞，有害物大量浓集，并使城市的市政工程负担过大。如果工业区规模过小，则无法提高各种设施的协作程度和使用效率。

根据实践经验，以下分析几种城市工业区的规模。

①布置在居住用地范围内的工业区规模一般以 50～100hm^2 为宜，最大不应超过 400hm^2。职工 10000 人左右，这样才有可能在职工的居住点和工厂之间建立方便的联系，使职工可以步行上下班。

②远离居住用地的工业区，可以布置占地较大的工业区，但工业区用地以不超过 1000hm^2，职工人数不超过 5 万～6 万人为宜。

在确定城市工业区用地规模时，必须为工业区的发展留有余地。最好应考虑到 20～30 年的远景期建设。

(2)城市工业区的布局形式

城市工业区的工业企业布置形式主要单列长方块(矩形)形式、双列长方块形式、多列长方块形式，如图 3-4 所示。

图 3-4 城市工业区工业企业的布置形式

①单列长方块(矩形)布置适用于排放有害物情况比较一致的工业，它们所需卫生防护带宽度相近。

②双列长方块布置适用于排放有害情况相同但运输方式不同的企业。

③多列长方块布置适宜于排放有害物程度不同的企业，采用这种形式可以将最有害的企业配置在离居住地最远的那列长方块中。

4. 城市工业用地的绿化

(1)城市工业用地的绿化特征

工业用地绿化在改善工厂环境，保护工厂周围地区免受污染，提高员工的工作效率等方面都有非常重要的作用。

城市工业用地的绿化特征主要体现在以下几个方面。

①工业用地绿地规划应与工厂总体规划同步进行，应保证有足够的面积，并形成系统以确保绿地防止污染，保护环境的效益得以有效的发挥。

②由于工业用地一般以工厂车间为主，其四周经常有自来水管道、煤气管道、蒸汽管道等各种管线在地上、地下及高空纵横交错，给工厂的绿化造成很大的困难，而生产车间的周围，往往又是原料、半成品或废料的堆积场

地,无法绿化,因此工厂绿化要求必须解决好这些矛盾。首先建筑密度高的可以垂直绿化、立体绿化的方式来扩大覆盖面积,丰富绿化的层次和景观。

(2)工业用地的树种和种植形式

由于不同的生产性质和卫生条件的工厂周围的环境条件对绿化的要求的不同,在树种以及种植形式的选择上应根据具体情况作出不同的决定。如在一些有精密仪器设备的车间,对防尘、降温、美观的要求较高,宜在车间周围种植不带毛絮,对噪声、尘土有较强吸附力的植物。如在污染大的车间周围,绿化应达到防烟、防尘、防毒的作用,应选择一些对污染物有较强抗性的植物(图 3-5)。

图 3-5　某工业用地的绿化效果图

(3)工业用地的道路绿化

道路是工业区的动脉,因此道路绿化在满足工业区生产要求的同时还要保证工业区内交通运输的通畅(图 3-6)。道路两旁的绿化应充分发挥绿化的阻挡灰尘、吸收废气和减弱噪声的防护功能,结合实地环境选择遮荫、速生、观赏效果较好的高大乔木作为主树种。

由于高密林带对污浊气流有滞留作用,因而在道路两旁不宜种植成片过密过高的林带,而以疏林草地为佳。一般在道路两侧各种一行乔木,如受条件限制只能在道路的一侧种植树木时,则尽可能种在南北向道路的西侧或东西向道路的南侧,以达到庇荫的效果。

图 3-6　某工业区用地的道路绿化图

5. 城市工业用地规划实例分析

图 3-7 所示为捷克某中型机械厂的厂前区规划。该厂位于城市郊区，厂区前为城市干道，紧靠湖畔。设计时除解决了步行、车行等交通问题外，还要合理规划前区空间和利用水面。八层办公楼和一层的传达室、保卫、变电所等的入口建筑呈丁字形布置，入口处北向为厂区食堂，相互组成了厂区入口的主要建筑群：两层的保健中心处在环境幽静的绿树丛中，这种利用水面及垂直布置的对比手法，结合绿化布置，能较好地控制较大的面积，又能和大片水面取得有机联系，空间组合效果是很好的。

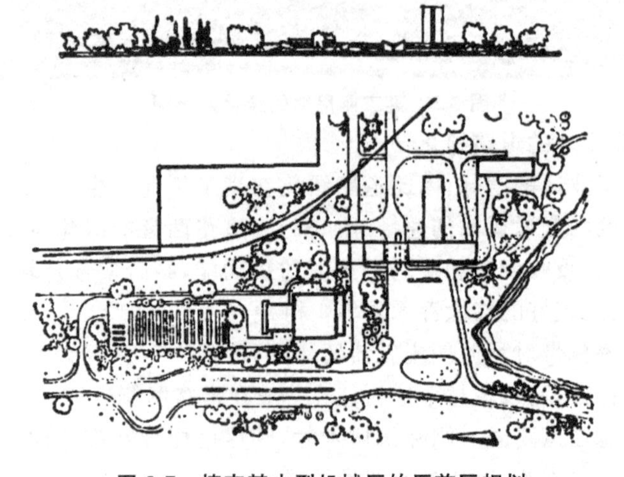

图 3-7　捷克某中型机械厂的厂前区规划

(二)仓储用地规划

1.城市仓储用地概述

仓储(图 3-8)用地是城市用地组成部分之一,与城市其他用地如工业用地、生活居住用地、交通用地关系密切。[①]

图 3-8 中国轻纺城仓储物流中心鸟瞰图

仓储用地内部也存在着必要的功能分区。除了用于短期或长期存放物资的用地外,还应包括行政管理用地、后勤设施用地和库内道路用地,有的还包括自身的运输队用地和附属的物资包装、分装和加工用地等。

仓储用地可分为:普通仓储用地,即对环境基本无干扰和污染的仓储用地;特殊仓储用地,即对环境有一定干扰和污染的仓储用地,包括危险品仓库、对环境有影响的堆场等用地。

2.影响城市仓储用地规模的因素

仓储用地规模一般是指城市中仓储用地的总面积和某一独立仓储用地的合理面积两个方面。由于影响因素很多,很难直接确定城市仓储用地的总体规模。

---

① 它具体是指用于物资储备、中转、配送、批发、交易等的用地,包括货运公司车队的站场等用地,但不包括加工,包括大型批发市场。

城市仓储用地规模，要根据各城市的具体情况分析估算确定。估算仓储用地规模时应考虑以下几个方面的因素。

(1)仓储设施和储存方式。不同的仓储设施和储存方式，如露天堆场、低层仓库和多层仓库对仓储用地的规模都有直接影响。

(2)城市规模的大小因素。城市规模大，城市日常生产和生活所需物资和消费水平比小城市高，物资储备量大，因此，仓储用地规模应该大一些。同理，小城市的仓储用地规模就要小一些。

(3)城市经济和居民生活水平。同等规模的城市，若城市经济和居民生活水平不同，则所需的仓储用地规模也不相同。一般来说，随着社会经济的发展和人们生活水平的提高，其生活所消耗的物资的品种和数量也会增多，相应的物资储备量也会增加，仓储用地的需求就相应增大。

(4)城市的性质。铁路、港口枢纽城市，除了城市的生产资料和生活资料仓储用地外，还需要设置不直接为本市服务的转运仓库。转运仓库规模应根据对外交通枢纽的货物吞吐量和经营管理水平来酌情确定。工业城市要求生产资料供应仓储用地的规模要大一些；风景旅游城市对小型生产资料供应仓储用地的需求要大一些。

(5)仓储物品的性质与特点。仓储物品的性质与特点影响每处独立设置仓储用地的用地规模。如粮食仓库需要大面积的露天堆晒场，且储量大，因而所需用地规模也大；国家和地区储备仓库、中转仓库均以储存大宗货物为主，仓库用地规模也很大；而为日常居民生活服务的日用商品仓库，规模就可小一些。

3. 城市仓储用地规模的确定步骤

当仓储设施确定后，可参考下述步骤确定每处仓储用地的规模。

(1)确定参数和指标，包括仓储货物的规划年吞吐量、货物的年周转次数、库房和堆场利用率、单位面积容量、货物进仓系数、库房建筑层数和建筑密度等。

(2)计算仓储用地规模。其公式如下：

$$\text{库房用地面积}=\frac{\text{年吞吐量}\times\text{货物进仓系数}}{\text{单位面积容量}\times\text{仓库面积利用率}\times\text{层数}\times\text{年周转次数}\times\text{建筑密度}}$$

$$\text{堆场面积}=\frac{\text{年吞吐量}\times(1-\text{货物进仓系数})}{\text{单位面积容量}\times\text{堆场面积利用率}\times\text{年周转次数}}$$

物流仓库用地规模＝库房用地面积＋堆场面积

4. 仓储用地规划的要求

(1)交通便利

仓储用地要与城市综合交通系统有便捷可靠的衔接,大规模仓储用地要有铁路专用线直接进入库区,有条件的城市还要设置货运专用干道或铁路、水运和汽车联运系统。需要注意的是,在布置仓储用地之前,应首先在规划区内进行货源点分布调查,使仓储用地尽量接近吞吐量较大的那些货源点,尽可能降低综合货运周转里程,方便生产。

(2)用地合理

为居民日常生活服务的生活资料仓库,可相对于生活居住用地均匀分布,以接近商业服务设施,方便居民生活,但也应满足卫生、安全等国家和地方有关规范、规定的要求,以防止污染,保护城市环境,保证城市安全;不为居民日常生活所需的生产资料仓库,应与生活居住用地保持一定的安全卫生间距。

(3)注意环保

仓储用地布置中,既要注意节约用地,又要注意留足未来发展用地。因此,城市的仓储用地的布置应采取集中与分散相结合的方法,按照仓储用地的类别与性质布设,并设置公用或专用的设备与设施,方便经营与管理,以达到环保的目的。

(4)用地规范

仓储用地,其规范主要体现在以下几个方面。

第一,不应在低洼潮湿地段或溢洪区内布置仓储用地,以防储存物资受淹、受潮,造成霉变损坏。

第二,仓储用地应靠近城市供水系统,无法与城市供水系统可靠连接的用地,应有足够水量的自备水源和贮水设备,其水源或贮水设备容量应符合消防规范的规定。

第三,仓储用地的坡度适宜,以保证良好的自然排水条件。仓储用地坡度一般控制在0.3%~3%范围内。

第四,在回填土形成的台地上或沿河岸布置仓储用地时,应保证用地边缘的土壤稳定和整个用地内土壤压力符合要求。

5. 不同类型城市仓储用地规划的布置

不同类型城市仓储用地规划的布置也不同。港口城市和铁路枢纽城市的仓储用地的布置,应结合对外交通枢纽在城市中的分布特点,恰当地安排转运仓库和城市供应仓库的位置,处理好与交通枢纽设施和城市其他用地的关系。

小城市特别是县城，用地范围小，城市性质单纯，辖区内产业结构中第一产业的比重较大，乡镇工业地域分布较广。因此，此类规模城市的仓储用地宜在城市用地边缘靠近水路、铁路、公路、港站附近集中布置，以方便城乡物资交流。实际规划中还应注意此类城市的发展方向和规模，尽量保证现在的仓储用地与城市未来发展用地之间仍能维持比较合理的关系。

大、中城市用地规模大，城市性质复杂，产业结构中第二、三产业比重较高。因此，仓储用地不宜集中布置在一处。应按照仓储用地的类别和服务对象在城市的适当位置上相对分散布置。一般来说，大、中城市中用于相对集中布置仓储用地不宜少于3处。直接为居民日常生活服务的仓储用地可均匀布置在生活居住用地的附近并与商业用地统筹考虑。

第二节 城乡区域规划

一、区域概述

(一)区域的界定

由于研究的对象不同，不同学科对“区域”的概念有不同的界定。20世纪50年代，美国地理学家惠特尔西(D. Whittlesey)主持的国际区域地理学委员会研究小组在探讨了区域研究的历史及其哲学基础后，对区域作了比较全面和本质化的界定，提出“区域是选取并研究地球上存在的复杂现象的地区分类的一种方法”，认为“地球表面的任何部分，如果它在某种指标的地区分类中是均质的话，即为一个区域”，并认为“这种分类指标，是选取出来阐明一系列在地区上紧密结合的多种因素的特殊组合”。[①]

(二)区域的分类

1. 按照区域的内在结构特征来分

按照区域的内在结构特征，即根据区域内部各组成部分之间在特性上

① 吴志强，李德华. 城市规划原理(第四版)[M]. 北京：中国建筑工业出版社，2010.

存在的相关性来划分，区域可以分成均质区和枢纽（结节）区两大类。其中均质区具有单一的面貌，是根据内部的一致性和外部的差异性来划分的，其特征在区内各部分都同样表现出来，气候区即是均质区，农业区也具有均质区的特性，城市内部根据职能划分而出现的与周围毗邻地域存在着明显职能差别的区域如城市中成片的居住区、工业区、商业区、文教区等，都可看成是均质区。枢纽（结节）区的形成取决于区域内部结构或组织的协调，这种结构或组织包括一个或多个核（中心），以及围绕核（中心）的区域。枢纽（结节）区的内部靠核向外引发流通线路来连接周围一定的地域，起到功能一体化的作用，如城市内商业中心和其服务范围共同形成的区域即可看成是枢纽（结节）区。枢纽（结节）区应该具备三个主要的特性，即核心、结节性和影响范围。核心即在区域中能够产生聚集性能的特殊地段，结节性即该核心能在一定地域范围内对人口、物质、能量、信息等要素的交换产生聚集作用的程度，这些要素聚集的地域范围即为影响范围。

美国地理学家惠特尔西根据区域功能和内在联系程度等的不同，将区域划分为三大类。第一类是单一特征的区域，如坡度区。第二类是多种特征的综合区域，其中又可分为几个亚区。第一亚区是产生于同类过程、形成高度内在联系的区域，如气候区、土壤区、农业土地利用区等。第二亚区是由不同类过程作用、形成较少内在联系的区域，如根据资源基础及其综合利用而划出的经济区。第三亚区是仅具有松散的内在联系的区域，如按地理环境要素的结合划分的传统自然区。第三类是根据人类对地域开发利用的全部内容而分异的总体区。

2. 按照区域的物质内容来

按照区域的物质内容来划分，区域可以分成自然区域和社会经济区域两大类。在自然区域中，有综合自然区、地貌区、土壤区、气候区、水文区、植物区、动物区等，是根据自然地理环境的地域要素组合规律，依照一定的目的去揭示自然地理环境结构的特定性质而划分出来的自然地理综合体。社会经济区域包括社会区域和经济区域，前者是指根据人类社会活动的特征，由人口、民族、宗教、语言、政治等要素交互影响并形成特定文化景观而划分的地域单元，如宗教区、语言区、文化区等；后者是指人类运用科学技术、工程措施和管理手段等对自然环境进行利用、改造和开发建设过程中形成的具有特定特征的经济地域单元，如行政区、各类经济区等。

(三)区域的特征

1. 区域的系统性特征

区域是有系统的,区域的系统性反映在区域类型的系统性、区域层次的系统性和区域内部要素的系统性三个方面。

区域的性质取决于具体客体的性质,具体客体的多样性决定区域类型的多样性,地表上的任何自然客体、社会经济客体都要落实到一定的区域。而且,这些自然和社会经济客体存在着相互联系、相互制约的关系,只有综合协调社会、经济、生态、环境等各个方面,才能获得最佳的整体性能。

任何一类空间范围较大的区域都可以分解成若干空间范围较小、等级较低的区域。以行政区域为例,我国分成省、自治区、直辖市,它们可分成市、州、地区,以下又可分成县、旗,县、旗以下又再分成乡、镇。每一个区域都是上一级区域的局部,除了最基层的区域,每一个区域都由若干个下一级区域组成。若干个下一级区域在构成上一级区域时,不是简单的组合,而是会发生质的变化,出现新的特征。

每一个区域都是内部要素按照一定秩序、一定方式和一定比例组合成的有机整体,不是各要素的简单相加。例如,每一个自然区域都是自然要素的有机组合,每一个经济区域都是经济要素的有机组合。

2. 区域的可度量性和空间性特征

每一个区域都是地球表壳的一个具体部分,并占有一定的空间,可以在地图上被画出来。它有一定面积,有明确的范围和边界,可以度量。区域的范围有大有小,是依据不同要求、不同指标体系而划分出来的,其边界可以用经纬线和其他地物控制。例如,我国的国界有着明确的经纬度范围,国界线用界碑来控制。

与可度量性紧密联系的是区域的空间性,即区域和区域之间在位置上的排列关系、方位关系和距离关系。如我国位于亚洲东部,与俄罗斯、蒙古、印度等国相邻;上海在我国的东部沿海,西与江苏、浙江两省接壤。同样是平原地区,在大中城市周围的地区因受到较强的经济辐射作用,经济发展水平、发展速度就较远离大中城市的地区为高。

3. 区域的不重复性特征

按同一原则、同一指标划分的区域体系,同一层次的区域不应该重复,也不应该遗漏。行政区的区域划分如有重叠，就会引起不必要的纠纷，行政区划如果不能覆盖全地域，出现遗漏，出现“三不管”的“独立王国”，那就会后患无穷。

4.区域的动态性特征

随着时间的变化，区域所处的环境会不断变化，按照相同的区域划分的标准，区域的边界也会不断变化。此外，由于研究目的不同，区域划分的角度、指标不同，区域的划分方案也会不同。如我国学术界在研究长江三角洲时将该地域界定为包括上海市和江苏省沿江地区 8 市(南京、苏州、无锡、常州、扬州、镇江、南通、泰州以及浙江省环杭州湾 7 市(杭州、宁波、湖州、嘉兴、绍兴、舟山、台州)共 16 个城市的地域，该地域的国土面积约为 11 万 km^2，占全国的 1.1%。2007 年 5 月，国务院召开长江三角洲地区经济社会发展座谈会，在会上提出了长江三角洲的概念，即江苏、浙江和上海“两省一市”，成为中央政策对“长江三角洲”的新注解。根据该种划分方法，长江三角洲地区的国土面积约为 21 万 km^2，占全国的 2.2%。

二、区域规划的类型

区域规划是为了实现某一地区一定时期内社会经济发展的总目标而制定发展蓝图。其类型主要有以下两种。

(一)根据区域的行政管理属性来划分

按区域的行政管理属性来划分，可分为按行政管理区域划分的区域规划和按区域发展轴线编制的跨行政区域的区域规划。前者如省域规划、地级市或地区规划、县域或县级市域规划等。有些由于不在单一行政区的区域，其空间资源不合理开发、重复建设、生态环境破坏以及建设项目空间布局失控等，需要开展跨行政区的区域规划，也可归入此类。例如湖南长株潭城市群区域规划的规划范围包括了长沙、株洲和湘潭三市的市域范围，江苏苏锡常都市圈规划的范围包括了苏州、无锡、常州三市的市域范围。后者中比较常见的规划类型有以流域为规划范围、以河流为发展轴的规划，如以长江为轴线的江苏沿江区域规划；以交通轴线为发展轴的区域规划，如陇海兰新地带城镇体系规划。

(二)按规划地域的结构特征来划分

1. 枢纽区的区域规划

此类区域规划的最主要类型即为城市地区的区域规划。城市地区区域规划的范围主要包括以大城市或特大城市为中心,包括周围若干中小城市或城镇的区域。这类规划主要以大城市或特大城市的发展战略性问题为核心,全面协调区域发展和合理配置区域空间,同时解决好区域内各城市(镇)的合理分工与协作,尤其以提升大城市或特大城市的核心竞争力、提高大城市发展质量为首要目标。

2. 均质区的区域规划

均质区内部结构的主要特征指标基本一致,可根据其内部结构的特征来进一步细分为工业地区区域规划、农业地区区域规划、风景旅游区区域规划、大中河流流域综合开发利用规划等,并根据其特征确定规划的重点内容。

三、区域规划的内容

根据对我国自 20 世纪 80 年代以来的区域规划实践的概括,基本可以归纳出区域规划的以下主要内容。

(一)区域发展战略

区域发展战略包括战略方针、战略模式、战略阶段、战略重点和战略措施等,它是区域规划的关键性内容。它对区域整体发展的分析、判断而作出的重大的、具有决定全局意义的谋划。

传统区域规划的区域发展战略侧重在区域经济发展战略,过多强调区域经济总体发展和部门的、行业的发展战略。而当前的区域发展战略则包含了经济发展、社会发展、城镇发展、生态发展等内容.并明确具体的发展战略目标。尤其是应突出区域空间规划作为区域规划的核心,将区域发展战略目标在空间上予以落实,制定明确的区域空间发展战略。

(二)经济结构与产业布局

区域经济结构包括生产结构、消费结构、就业结构等多方面的内容。我国现阶段的区域规划多侧重于产业结构研究,即研究区域内部各种产业之间的比例关系与组合形式,包括产业的部门结构和空间结构。通常对产业的分类按照三次产业的分类方法.即按照生产力发展变化过程进行划分。[①]

一个区域的经济发展与其产业结构有密切的关系,人类的经济活动最终都要落实在产业部门和具体地域上。对区域产业结构的现状、存在的问题、影响和决定区域产业结构的主要因素进行分析研究,根据区域在更高层次区域乃至国家及全球的产业分工及市场变化的趋势,明确区域产业结构的发展趋势、确定区域内各主要产业之间的比例关系、确定区域的主导产业及产业链等,是区域规划的重要内容之一。同时,区域规划要考虑各产业部门在地域空间上的相互关系与地域上的组合形式,协调好各产业部门的空间布局。除了传统的工农业生产部门的空间布局外,近年来各地编制的区域规划已更多关注新兴的第二产业和第三产业的发展与空间布局,如高新技术产业、创意产业、物流产业、旅游产业等。

(三)区域基础设施布局规划

区域基础设施是用以保证区域经济发展和人民生活正常进行的必要的物质条件,也是衡量社会经济发展现代化水平的重要标志,具有公共性、系统性、超前性等特点。区域基础设施对生产力和城乡地域的发展与空间布局有着重要影响,应与社会经济发展同步或者超前发展。

基础设施可分为生产性基础设施和社会性基础设施两大类。[②] 区域规划要在对各类基础设施发展现状进行分析的基础上.根据区域人口和社会经济发展的要求,预测未来对各种基础设施的需求量,确定各类基础设施的数量、等级、规模、建设项目及空间布局。区域基础设施规划应考虑永续发展、生态环境优先、适当超前和讲求效益等原则。

(四)城镇化与城乡居民点体系规划

城镇化与城乡居民点体系规划是区域规划的相对传统和成熟的内容,但传统区域规划相对而言更关注区域城镇体系的发展,而对乡村居民点体系则相对忽视。近年的区域规划更关注城乡统筹,将城乡居民点体系作为

---

① 第一产业包括农业、林业、畜牧业、渔业等;第二产业包括加工工业、建筑业和采掘业等;第三产业包括交通运输、邮电、商业、金融、信息、饮食服务、公用事业、科研、教育、文化、卫生等各种服务业。

② 生产性基础设施是为生产力系统的运行直接提供条件的设施,包括交通运输、能源、邮电、通信、供水、排水、供电、供热、供气、仓储以及防灾设施等。社会性基础设施是为生产力系统运行间接提供条件的设施,又称为社会服务事业或福利事业设施.包括教育、文化、体育,医疗、商业、金融、贸易、旅游、园林、绿化等设施。

区域人居环境体系加以整体考虑。

城镇化水平预测是预测规划期内区域城镇人口占总人口的比重，其中包括对区域总人口的预测、区域城镇化水平的预测。区域总人口预测通常从区域人口的自然增长和机械增长两方面加以考虑，人口自然增长一般与区域内计划生育的要求与执行情况密切相关，机械人口的变化则取决于区域的发展活力和发展水平，可参照近10年人口的迁移情况进行趋势分析，并应考虑规划期内的区域经济社会发展变化因素。区域总人口不仅应包括户籍人口，还应该包括非户籍的常住人口。城镇化水平预测可采用时间序列趋势预测法、剩余劳动力转化预测法、城镇人口预测转换法等方法。

城乡居民点体系规划是社会生产力和人口在地域空间组合上的具体落实，重点是建立完善的城乡居民生活和生产网络，集聚空间和资源、设施区域共享，培育重点城镇和乡村居民点，成为区域城乡社会经济发展的节点和人口集聚的核心，促进资源环境的保护及区域生产生活水准的整体提升。区域城乡居民点体系规划包括城镇体系规划和乡村居民点体系规划两部分，两者在功能定位、人口空间配置、建设标准以及设施共享等方面有着密切的联系。其中城镇体系规划要研究其演变过程和规律，分析现状特征和存在问题，并据此开展城镇体系规划。

城镇体系规划的基本内容包括：确定区域城镇发展战略和总体布局；确定城镇体系等级规模结构、职能组合结构和地域分布结构以及城镇体系网络系统（三结构一网络）；提出重点发展城镇及其近期建设的建议。

乡村居民点体系是指县城（县级市政府所在地）以下的乡村居民点所构成的体系（一般不含县城或县级市政府所在地），从乡村居民点的行政等级和作用的层次来划分，一般可分为城镇、集镇、中心村、基层村等，重点为集镇及以下的居民点。

乡村居民点体系规划的基本内容包括：依据区域城镇化发展的目标，明确区域内的农村人口容量，确定各级乡村居民点的人口配置及空间布局：确定各等级乡村居民点的功能定位：配置相应的社会服务设施和市政基础设施：确定乡村居民点发展和完善的策略等。乡村居民点体系规划必须统筹城乡体系，并纳入到区域城镇化的大背景下进行整体的规划。

（五）区域生态与环境保护规划

区域生态系统是区域内的人口、资源、环境通过各种相生相克的关系建立起来的人类聚居地或社会、经济、自然的复合体。区域的社会经济发展必须保持这个复合体内部各类要素的平衡关系不被打破，自然环境不遭到破坏，一个部门的经济活动不对另一个部门造成损害，因此，需要在区域规划中应用生态学的原理，计算并合理安排天然资源的利用及组织地域的利用。

区域规划中的生态环境保护规划内容主要体现在以下几个方面。

(1)区域空间的生态适宜性评价。即对区域内各项经济社会活动及其空间安排对区域土地的要求与土地质量实际供给之间匹配程度的评价。生态适宜性评价工作包括明确区域内各项活动对土地质量的要求，分析影响土地质量的自然和社会经济因素，抓住主导因素并选取评价因子，确定各因素分析评价的标准等。该评价结果可以为区域空间开发潜力评价和空间管治提供依据。

(2)制定区域生态环境保护目标和总量控制规划。根据区域经济和社会发展的总体目标，预测环境状况，制定区域各阶段生态环境保护规划目标，包括环境污染控制目标和自然生态保护目标。

(3)调查分析区域生态环境质量现状与存在问题。重点是人类活动与自然环境的长期影响和相互作用的关系和结果，包括经济、社会、自然生态方面，并关注其在空间上的反映，如资源枯竭、土地退化、水体和大气污染、自然生境破坏等生态环境问题。

(4)进行生态环境功能分区。根据区域生态系统结构及其功能特点.划分不同的类型单元，研究其结构、特点、环境污染、环境负荷以及承载力等，分别对各功能区提出所要达到的质量标准。

(5)分析生态环境对区域经济社会发展可能的承载能力，即主要针对区域内土地可能达到最大的生产利用水平或某项资源最大可能承载的人口规模、空间开发规模以及开发强度的分析等。区域规划中的承载能力主要表现为土地资源、水资源，以及针对人口适宜规模的生态环境承载力。

(6)提出生态环境保护、治理和优化的对策。

(六)区域政策与实施措施

区域政策是运用相关干预，解决区域发展中出现的各种问题.推动区域协调发展而实施的政策与政策体系。从层次上看，区域政策可以是宏观政策，也可以是微观政策。前者通过改变投入和产出的区域格局来体现，后者则主要是通过影响区域发展要素如劳动力、资本以及资源的区域配置。区域规划中的发展政策研究主要侧重于微观政策的研究。从性质上看，区域政策可以是支持性政策.也可以是限制性之策。

区域规划中的政策研究应注意与国家其他政策之间的相互协调一致。

(七)空间管制与协调规划

主要明确区域社会经济活动在空间上的落实与上一层次空间、周边区域空间的协调.以及区域空间内部的次区域空间之间的协调。协调的重点是区域功能分区、基础设施的共建共享和生态环境建设等。一般使管制要求落实到区域空间上,将区域整体分成优化开发区、重点开发区、限制开发区和禁止开发区等4种类型。区域空间管制的主要依据是区域生态环境保护规划,尤其是区域空间生态适宜性的评价结果。

(八)区域规划中其他内容的探索和创新

近年来的区域规划实践中,大多在区域规划实施和深化方面进行了更多的探索。如在规划中按照区域空间的差异性和相似性,将规划的区域空间划分为若干个次区域空间,提出次区域空间的空间发展战略和空间布局框架,明确区域重点空间,对区域重点空间提出进一步的规划引导.作为对下一层次规划的具体指导。

此外,对区域规划目标分期实施的策略,也是近期区域规划探讨的一个重点内容。规划中对区域空间发展的目标进行合理分解,确定近、中、远期和远景不同时段的发展范围和开发重点,以保证区域规划的实施性和操作性。其中,近期建设规划是区域规划分期规划的重要环节,一般明确未来3～5年的期间,明确阶段性的区域发展目标、区域空间开发的基本格局、区域建设的重点项目和开发的重点地区,并提出可行的策略建议。同时,近期建设规划最好和国民经济与社会发展五年规划保持同步和协调。

四、国土规划

(一)国土规划的主要内容

我国新一轮国土规划刚刚开始,对国土规划的认识与内容还没有统一的规定和取得共识。一般认为我国编制新一轮国土规划必须在思路方面实现四个转变,其具体如下。

第一,从资源开发利用转向开发、利用与保护相结合。通过国土规划,从全局的利益出发,为政府提供对国民生计最重要的资源(如水资源、土地资源、关键性矿种等)的开发利用与保护方案(包括开发时序、强度及资源开发中的生态保护与污染治理等),实现经济效益、社会效益和生态效益的统一。

第二,以行政手段为主的计划型向市场经济的引导型转变。在保持国土规划原有的综合性、地域性和战略性的同时,规划目标着重解决国土开发整治中带有长远性和方向性的问题,通过实施引导产生的政策措施(如以优惠政策引导资源、人力、物力、财力的有效流动),使规划从过去为各部门被动执行型转变为主动参考型,真正成为政府加强宏观调控的有效手段。

第三,规划重点从产业规划转向协调地区经济社会建设的空间布局规划。根据国土规划的性质及功能,新一轮国土规划的内容应具有长期性和相对稳定性,并同地区经济社会发展规划的侧重点有明显不同。规划的重点应从产业规划转向协调地区经济社会建设空间布局的有关问题,如地区生产力的总体布局框架,地区的分工与区际协调,产业布局的协调,地区人口流动、城镇化与城镇体系建设,地区公用基础设施的空间布局,水土资源的合理开发利用,生态建设与环境保护,经济、社会发展与人口、资源、环境的综合协调,以及制定同地区国土开发整治配套的空间政策和地方性法规。

第四,从主要追求经济发展目标转向经济、社会同人口、资源、环境多目标持续协调发展。新一轮的国土规划必须以永续发展战略为指导,遵循公平性、持续性和共同性原则,在不断提高人类的生活质量、又不超越资源环境承载能力的条件下,既满足当代人和本区域发展的需要,又不对后代人和其他区域满足其需求的能力构成危害。从这个意义上讲,国土规划实质上就是区域永续发展规划。在新一轮国土规划中,从规划目标到指标体系的设置都要体现区域永续发展的思想,并通过国土空间布局规划、资源环境的合理供给和重大基础设施的优化配置,使永续发展战略具体化和空间化。

通过国土规划的试点工作,有学者总结了新一轮国土规划的内容主要应包括以下几个方面。一是确定国土开发利用战略,包括明确区域的战略地位、目标和重点等。要避免不切实际或模糊、抽象地定位、定目标。二是搞好区域功能划分。规划不可能对发展指标和项目等一一作出安排,但可以规定可以开发、限制开发和禁止开发的地区,并作出明确的刚性约束。三是城镇和各类园区规模与布局。要按照区位、资源和环境条件,合理确定城镇和各类园区发展的规模、结构和布局,保障城镇和各类园区健康有序发展。四是战略性资源的开发、利用、整治和保护规划。五是重大基础设施工程布局。

(二)国土规划实践

广东省国土规划是省部合作开展国土规划编制的试点省之一,从2004年底启动到2008年底编制完成。广东省国土规划的最终成果包括项目设计书、顶层设计报告、国土规划基本思路、15个专题研究报告、专题研究初步观点。广东省国土规划文本和国土规划纲要、图集、国土规划空间分析和数据上报系统及用户手册等。

广东省国土规划的基本定位集中在“为省域国土资源开发和国土空间

利用的综合性空间规划”，一是有利于把重点放在解决当前广东省国土开发与利用中存在的秩序混乱等主要问题上；二是有限目标，一次规划，一个重点——统筹安排省域国土资源开发和合理布局国土空间利用；三是立足于国土资源管理部门的职能范围。有利于国土规划的尽快实施，也有利于节约行政协调成本。

广东省国土规划在借鉴国内外空间规划经验的基础上，针对广东省率先实现现代化的战略和转型升级的紧迫需求，整合和充分利用了相关规划成果。形成了系统、完整的规划报告。规划明确了以国土资源合理开发利用和国土空间的整体部署为主线。阐述了国土功能区划、点轴系统总体布局、海陆统筹与区域协调途径。规划以优化空间结构为目标导向，把调整生产空间、优化生活空间和整治生态空间作为国土规划的核心内容。同时，把土地资源的统筹配置等作为规划目标和主要内容的引导和支撑。

广东省深圳市国土规划定位为以人地和谐为主线的综合战略规划，以资源承载力与环境容量研究为支撑，以综合发展策略为指导，以空间利用和布局为规划的落脚点，对深圳市域国土资源与国土环境及其开发利用保护进行了比较系统的研究。尤其把有限资源环境制约下的城市空间结构、功能布局、分区管制等作为重点研究内容，把人口、经济、环境、资源和发展的协调问题统一到空间部署上来，为实现永续发展提供保障。规划在分析深圳市现状国土条件的基础上，提出四大发展策略——国际化策略、环境领先策略、集约均衡发展策略、产业升级引导策略，提出了全市三级节点构成的网络体系结构，并将全市划分为五个功能区——城市中心功能区、西部产业功能区、东部产业功能区、中部服务功能区和东部沿海港口旅游功能区。

深圳市国土规划的主要内容包括了资源承载力与环境容量、城市发展现状与趋势、发展目标与策略、空间开发与管理、环境建设与资源利用等。图 3-9 所示为深圳市土地利用总规划图(1997—2010)。

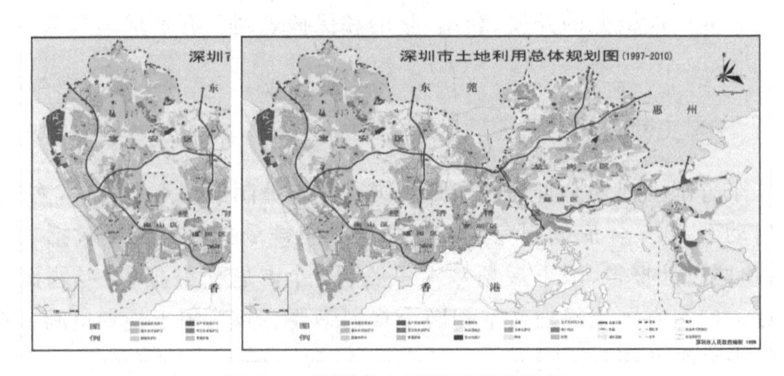

图 3-9 深圳市土地利用总规划图

五、都市区规划

（一）都市区规划的主要内容

大都市区规划应在对区域社会经济发展条件分析的基础上，侧重大都市区的空间发展规划。大都市区规划应当包括下列内容。

（1）大都市区社会经济发展的空间需求。包括大都市区产业发展前景分析、产业发展对大都市区空间的需求、产业发展的空间优化。

（2）大都市区发展的背景。包括大都市区所处的区域背景分析、大都市区形成和发展的诱导因素分析。

（3）大都市区综合交通网络规划。包括大都市区机场、铁路、高速公路、航运等对外交通及大都市区公共交通网络综合规划、大都市区道路交通网络系统与城市内部道路交通系统的衔接。

（4）大都市区规划实施的制度保障和政策措施。包括大都市区管理的组织结构体系、实施大都市区规划的措施和政策建议。

（5）大都市区基础设施规划。包括大都市区水源保护、供水、排水、防洪、供电、通信、燃气、供热、消防、环保、环卫等设施的发展目标与规划。

（6）大都市区生态系统规划。包括大都市区生态系统发展目标、生态功能区划分、各类生态功能区开发管制。

（7）大都市区空间结构规划。包括大都市区空间发展规模预测、大都市区总体空间结构、大都市区各功能区空间管制、大都市区空间布局规划。

（8）大都市区空间构成要素及空间发展条件。包括大都市区空间层次分析、大都市区功能地域范围界定、大都市区空间发展条件评价。

（二）都市区规划实践

目前的大都市区规划主要有两种模式。一种是团体和战略规划模式。这种模式强调大都市区的竞争战略，其核心是通过提升竞争力使区域在全球竞争中处于强势地位，如美国纽约大都市区规划。另一种是环境和社会规划模式。这种模式强调适宜居住性、社会凝聚力以及区域差异性的保持，核心是适宜居住性，即营造优美宜人的环境，如加拿大大温哥华地区规划。以下以加拿大温哥华为例进行分析。

大温哥华地区规划（图 3-10）主要包括三个方面的内容：

第一，多中心体系规划。以温哥华市中心为核心，瑟瑞（Surrey）、本那比（Burnaby）、里士满（Richmond）等市中心为区域中心及多个次级中心的居民点空间体系。

第二，绿色地带规划。具体制定三种需要保护的绿地：社区健康发展用地，即对社区的生存和发展有重要意义的陆地和水面，如水源保护区、容易产生和引发自然灾害的地段等；生态保护区，即保持生态系统完整和稳定的地段以及重要物种保护区等；户外休闲和具有景观价值的陆地和水面可再生资源用地，即可以为区域带来收入、增加就业机会的农业用地。到 1999 年，大温哥华地区的绿色地带区域面积为 $2055km^2$，占大温哥华地区总面积的 62.4%。

第三，交通规划。包括交通设施布局（主要是陆路交通）、交通需求管理等诸方面的综合性规划，其目的在于支持绿色地带规划及多中心体系规划，包括适应增长变化的人口需求，防止城市土地的蔓延对绿地的侵蚀，减少交通拥挤及其对居住区的空气和噪声污染等。具体而言，交通设施的布局和建设主要集中在接纳人口增长的温哥华市区及周围地带，发展连接区域核心和区域中心的高架铁路和轻轨，修建巴士和多乘客车辆优先行驶的车道，鼓励使用公共汽车、自行车和步行，抑制小汽车的发展。

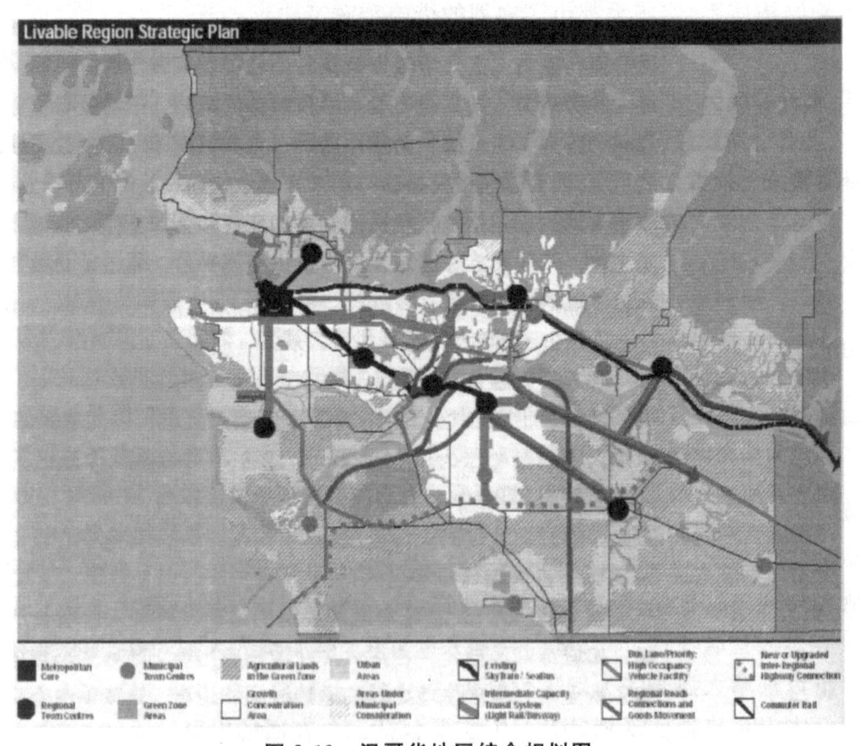

图 3-10　温哥华地区综合规划图

规划提出了四个基本策略：

第一,增加交通选择。交通的重点依次放在步行、自行车、公交系统和货物运输方面,最后才是私人小汽车。鼓励人们使用公交系统而限制对私人小汽车的依赖,通过交通需求管理改变人们的出行习惯。

第二,创建布局紧凑的大都市区。把将来的发展集中到温哥华市区及周围地带,尤其是各市市区,以使更多的人就近工作地点居住,同时节约用地.防止对土地的进一步侵蚀。

第三,建立设施完善的社区。以区域次级中心为核心来发展,以促进住房和就业地点平衡。提供更多样化的、容易负担得起的住房,同时改善公共设施的布局和提供更有效的交通服务。

第四,保护绿色地带。旨在保护大温哥华地区的自然资源,包括主要公园、供水区、自然保护区和农业用地。

六、城市群规划

(一)城市群规划的主要内容

城市群规划是在区域层面的总体发展战略性部署与调控,以协调城市空间发展为重点,以城市(镇)群体空间管治为主要调控手段,强调局部与整体的协调。兼顾眼前利益与长远利益,处理好人口适度增长、社会经济发展、资源合理开发利用与配置和保护生态环境之间的关系,以增强区域综合竞争力。

城市群规划的主要内容可包括:①基础设施建设;②城市群经济社会整体发展策略;③产业发展与就业;④土地利用与区域空间管制;⑤城市群空间组织;⑥生态建设与环境保护;⑦区域协调措施与政策建议等。

规划的重点可以城市群内各城市(地区)需共同解决的问题为主,如城市群的快速交通体系建设、严格控制城市群内城市发展的无序蔓延、加强区域生态环境保护等。

也有研究者提出城市群规划应包括研究城市群形成演化的动力机制;确定城市群的功能定位和产业发展方向,并进一步明确城市(镇)间的联系网络;基于区域空间资源保护、生态环境保护和永续发展的城市群空间规划,在更高的空间层次上构建城市网络的空间组织,构建跨行政区的区域性协调发展机制;城市群支撑体系规划;城市群区域管治及营造良好的区域发展政策环境和制度环境等内容。

(二)城市群规划实践

1. 长江三角洲城镇群协调发展规划

长江三角洲城镇群协调发展规划(图 3-11)的范围为上海市、江苏省、浙江省和安徽省全部行政辖区,陆地面积约 35 万 km^2,2005 年现状总人口约 2.0 亿人,占全国总人口的 15.4%。

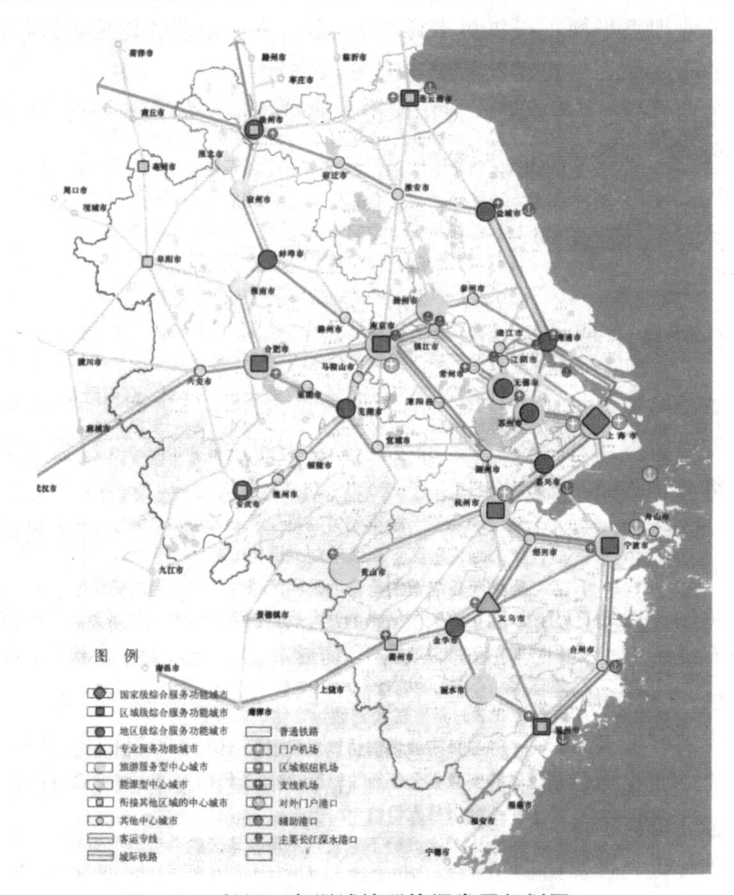

图 3-11 长江三角洲城镇群协调发展规划图

规划以国家战略下对长江三角洲地区的总体定位为导向,围绕国际化、创新能力、区域一体化程度、资源与人居环境、社会文化发展、综合交通支撑等方面的差距与问题,提出了创新发展的五大功能体系和“3+8”整体协调发展框架。为全面落实中央政府对长江三角洲地区“提升、融合、率先、带动”的发展要求,顺应产业全面升级和发展海洋经济、文化经济等新兴经济的趋势,提出“建设具有国际竞争力的世界级城市群、承载国家综合实力的核心区域、率先实现区域一体化的示范地区以及资源节约、环境友好、文化特色鲜明的城乡体系”的目标。

规划明确了三省一市的区域功能体系，如城镇功能、生态与农业保障、资源保障、文化旅游休闲等功能体系等方面；明确了门户枢纽、区域枢纽以及都市区交通系统等不同层次的交通设施支撑体系；确立了沪—苏—锡、沪—杭—甬—金(义)和宁—合—芜三大重点推进地区，并提出了环太湖、上海港及宁波—舟山港等八大协调区域；划定了环太湖地区、沿江地区、杭州湾地区等七大环境综合治理地区；明确了促进区域提升与融合发展的行动计划。

2.珠江三角洲城镇群协调发展规划

以下以珠江三角洲城镇群协调发展规划(2004—2020)为例进行分析。

(1)规划背景

自我国改革开放以来，珠江三角洲地区成为我国经济最发达的地区之一。

1995 年，广东省政府编制了珠江三角洲经济区城市群规划，包括了 25 个城市和 3 个县的 4.16 万 km^2 国土面积，现在人口 2065 万人。该规划以广州为珠江三角洲经济区的核心城市，深圳和珠海为副核心城市。佛山、江门、惠州、肇庆、中山、东莞为次中心城市，其他包括县级市、县城和有实力的镇为地方性城市，划定了以广州为中心的中部都市区、珠江口东岸都市区和珠江口西岸都市区等三大都市区，并确定了都会区、市镇密集区、开敞区和生态敏感区等四类用地发展模式。

该规划经过数年的实施，三大都市区的格局已基本形成。广东省根据城市群规划，对该区域内城市总体规划的城市性质、规模、发展方向及重大基础设施布局、对外交通网络等提出了相应的意见，也为该地区内各城市的总体规划调整完善及其他地区性的协调规划提供了依据。对用地模式中的开敞区和生态敏感区普遍接受和认同。但是，该规划在实施过程中还存在着不少问题，如规划内容还停留在“远景蓝图”的概念上，缺乏对规划实施动态过程的研究；用地模式特别是开敞区、生态敏感区的确定和划分仍停留在概念阶段，没有具体落实到空间上，也没有切实的保障手段；对珠江三角洲外来人口的关注较少，对港澳地区与珠江三角洲的关系考虑还不够深入；缺乏对区域性重大项目的研究和统一部署，如区域交通、垃圾及污水处理设施等重复建设、各自为政的问题。此外，由于外部环境的制约，规划立法工作滞后，实施规划缺乏依据，实施规划的手段也不足。

进入到 21 世纪，珠江三角洲地区已成为高度连绵的城镇密集地区，在经济高速增长的同时,区域发展表现出以下特征:三角洲内外圈和珠江口东西岸的发展存在明显差异;城市型和产业聚集型两种模式并存,在政府建设投资、外资、民间产业投资推动下,区域城镇化发展表现出政府主导与地区自发增长相结合的特征;区域发展中明显存在外延扩张的粗放发展模式,对于珠三角大部分地区来说,经济的发展意味着土地消耗和外来劳工的进入;区域基础设施出现结构性失衡,生产型与环保型基础设施建设不平衡,地区间基础设施建设不协调,交通基础设施结构性矛盾突出;人居环境建设滞后,生态环境问题日趋严重,存在生态隐患,公共服务设施供给滞后于经济发展水平,城乡规划建设水平滞后于经济发展水平。

2004 年,建设部和广东省联合开展了《珠江三角洲城镇群协调发展规划(2004—2020)》。规划范围为珠江三角洲经济区范围,包括广州、深圳、珠海、佛山、东莞、中山、江门七个市和肇庆市的端州区、鼎湖区、高要市、四会市以及惠州市的惠城区、惠阳区、惠东县、博罗县,现状总人口 4230 万人,土地面积 4.16 万 km^2,其中建设用地面积 6640km^2。

(2)规划目标控制

规划提出珠江三角洲城镇群协调发展总的战略目标是:抓住机遇期,加快发展、率先发展、协调发展.全面提升区域整体竞争力,进一步优化人居环境,建设成为世界级的制造业基地和充满生机与活力的城镇群。具体落实为五大发展目标,即中国参与国际合作与竞争的“排头兵”、国家经济发展的“发动机”、文明发展的“示范区”、深化改革与制度创新的“试验场”、区域和城乡协调统筹发展的“先行地区”。

规划提出合理控制人口规模,优化人口结构,提高人口素质。预测至 2020 年,人口规模按 6500 万人控制:基础设施规划按 8000 万人口规模进行预留。合理控制建设用地规模,集约利用,优化布局。至 2020 年,建设用地总面积控制在 9300km^2 以内,占土地总面积的 22.3%,其中新增建设用地 2660km^2。大力推行区域绿地建设,保障区域生态安全,改善城乡环境质量。至 2020 年,生态保育用地规模达到 8300km^2,占土地总面积的 20%左右。

(3)空间发展战略

规划提出珠江三角洲城镇群空间发展的五大战略。即:①强化中心,打造“脊梁”,增强区域核心竞争力;②拓展内陆,培育滨海,开辟更广阔的发展空间;③提升西岸,优化东岸,提升整体发展水平;④扶持外圈,整合内圈,推动区域均衡发展:⑤保育生态,改善环境,实现人与自然和谐发展。

未来珠江三角洲城镇群的空间结构为“一脊三带五轴”(图 3-9)。

“一脊”——聚合区域核心功能的区域发展”脊梁”。连通广州、深圳、珠海中心区，衔接香港、澳门并沿京广大动脉向北延伸；沟通轴线上重要城镇节点和产业功能区，聚合区域高端服务功能、交通枢纽功能和高新技术产业，形成连接东西、辐射南北的区域性服务与创新中心，提升区域核心竞争力。

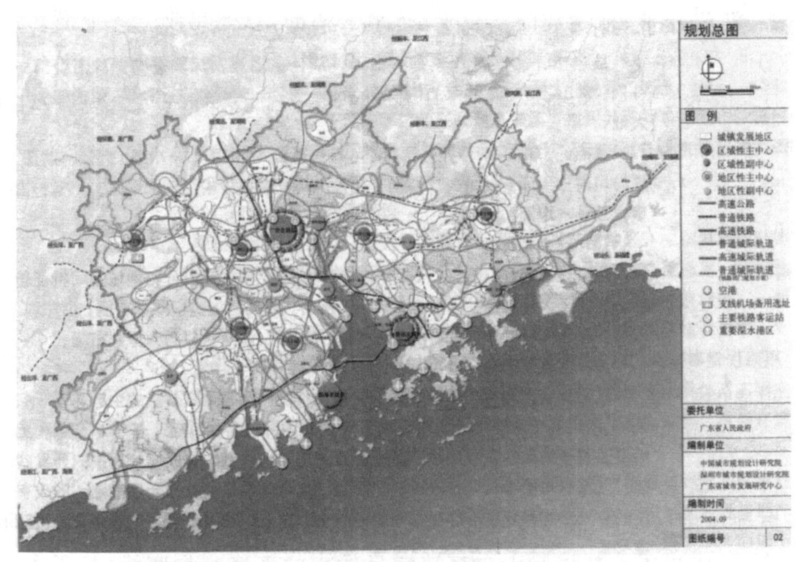

图 3-12　珠江三角洲城镇群协调发展规划图(2004—2020)

“三带”——增强区域对外辐射的三大功能拓展带。

①北部城市功能拓展带。

②南部滨海功能拓展带。

③中部产业功能拓展带。

“五轴”——整合地区功能的五大“城镇—产业”轴。

①莞深高速公路沿线“城镇—产业”轴。

②广深铁路沿线“城镇—产业”轴。

③惠澳大道沿线“城镇—产业”轴。

④105 国道沿线“城镇—产业”轴。

⑤江肇、江珠高速公路沿线“城镇—产业“轴。

(4)中心等级体系

规划提出“两核三级”的中心等级体系。

①两大核心都会区

广佛都会区和港深都会区。

②区域性中心

主中心：广州、深圳。

副中心：珠海。

③地区性中心

主中心：佛山、江门、东莞、中山、惠州、肇庆。

副中心：广州东部地区、广州南沙、深圳前海—宝安、珠海西部地区、佛山顺德、江门开平、东莞虎门—长安、常平—横沥，惠州惠阳—大亚湾。

④地方性中心

县(市、区)：广州花都—白云、从化、增城，深圳龙岗，珠海金湾—斗门，佛山三水、高明，江门鹤山、台山、恩平，惠州惠东、博罗，肇庆四会—大旺。

重点区、镇深圳沙井—松岗、龙华—观澜，佛山狮山—小塘、九江—龙江，江门司前—大泽、斗山—广海，东莞樟木头—塘厦，中山东部地区、小榄—古镇、三乡—坦洲。

(5)三大都市圈

规划提出东江、西江经珠江口入海．将珠三角城镇群分为地域空间特征差异明显的三大都市圈，分别为由广州、佛山、肇庆组成的中部都市圈，由深圳、东莞、惠州组成的东岸都市圈，由珠海、中山、江门组成的西岸都市圈。

(6)区域生态环境发展

规划提出区域生态环境发展的目标为：确保区域永续发展的生态环境“底线”，包括基于水环境和大气环境容量约束的环境容量底线、基于水资源和土地资源容量约束的发展底线、基于区域生态结构的基本要素充分保护的开发底线，区域绿地能够长久有效控制，防止出现环境衰退和城市无序蔓延，形成有序的空间结构和建设形态；构建安全的生态体系，提高资源利用效率与城镇环境品质；加强生态恢复和环境重育，切实预防和治理环境污染。

规划根据珠江三角洲自然格局及城镇分布特点，基于区域与城乡生态环境自然本底、资源环境条件及承载能力，提出以珠江水系为主骨架，以自然因素为基本要素，形成“一环一带三核网状廊道”的生态体系结构。

规划划分了区域生态功能分区，包括外围山林生态屏障区、中部平原城镇密集区和南部近海沿海生态防护区，并明确生态控制要求。

(7)八大行动计划

行动一：强化“外联”。推进“泛珠三角”区域合作进程，在拓展珠江三角洲城镇群自身发展空间的同时，带动“泛珠三角”地区的整体发展。

行动二：发展“湾区”。打造成国际级的新兴产业基地、高端服务中心和环境优美的新型社区。

行动三：实施“绿线管制”。确保生态保护有“线”可依，有“线”必依，坚守珠三角区域的自然生态“底线”，维护区域自然生态格局，优化城乡发展空间结构。

行动四：推进“产业重型化”。为将珠三角地区打造成“世界制造业基地”提供长远支撑。

行动五：实现“交通一体化”。在交通需求的引导下，提高主要城市之间的交通可达性，缩短时空距离，增强交通运输能力，建立引导城镇群一体化的综合交通运输网络。

行动六：营造“阳光海岸”。塑造风貌独特、内涵丰富的“蓝色”滨海生活旅游岸线和珠三角地区的“阳光地带”。

行动七：建设“新市镇”。通过调整行政区划及其他手段，走以城市(区)为基本单元的新型城市化道路. 提高其规划建设标准，改善村镇风貌，把小城镇建设成为人居环境良好、服务功能完善的新型市镇。

行动八：构筑“区域空间信息平台”。整合国土、规划、交通、环保、水利、农业、海洋、林业等各政府部门的空间信息资源，按照共建共享原则，依据统一的技术标准，共建“区域空间信息平台”，为珠江三角洲各级政府沟通协调和重大决策提供更可靠的空间信息保障。

(8)政策分区与空间管制

规划确定的政策分区包括区域绿地、经济振兴扶持地区、城镇发展提升地区、区域性临港基础产业与重型装备制造业聚集区、区域性交通通道、区域性重大交通枢纽地区、城际规划建设协调地区、粤港澳跨界合作发展地区、一般性政策地区。每一类政策分区均明确了其空间范围和具体的政策指引要求。

规划确定了四级空间管制，遵循依法行政、有限干预、明晰事权的原则，在对各类政策分区进行分类管制的同时，进一步将各类管制要求具体落实到空间上，对不同地区提出相应的分级管制要求，以实现优化空间结构、改善环境质量的目的。

规划确定的一级管制为监督型管制，包括政策分区中的区域绿地和区域性重大交通通道地区；二级管制为调控型管制，包括政策分区中的区域性基础产业与重型装备制造业集聚地区和区域性重大交通枢纽地区；三级管制为协调型管制，包括政策分区中的城际规划建设协调地区和粤港澳跨界合作发展地区；四级管制为指引型管制，包括政策分区中的经济振兴扶持地区、城镇发展提升地区和一般性政策地区。

第四章　城市总体规划

城市是由经济、社会等各项活动构成的空间有机体，是一个复杂的大系统，因此，城市规划工作必须着眼于对城市整体和全局进行协调与平衡。总体规划是对一定时期内城市性质、发展目标、发展规模、土地利用、空间布局以及各项建设的综合部署和实施措施。由此可以认为，城市总体规划是城市规划工作体系中的高层次规划，是城市规划综合性、整体性、政策性和法制性的集中体现。

本章从总体规划和战略性规划的作用与特点着手，阐述了城市发展战略研究以及城市总体布局的主要内容、原则和方法，重点描述了总体规划的法定编制程序、技术要求、主要内容和关注重点，指出城市总体规划的战略性特点贯穿于总体规划整个编制过程中。在总体规划的城市战略研究阶段，需要研究城市职能，确定城市性质和预测城市规模。在总体布局阶段，要求综合协调城市功能、结构、形态的关系，依据不同功能要素的布局要求合理规划不同的用地性质，在此基础上，进行多方案比较，选择最佳方案。最后的成果编制阶段，要严格按照法定的编制要求和制定程序，在做好前期资料的收集整理和分析研究的基础上，形成总体规划的成果。

第一节　城市总体规划的作用及特征

一、总体规划作为战略性规划

（一）战略性规划的特点

城市发展战略是指，对城市整体的发展所作的全局性、长远性和纲领性的谋划。其核心是要解决一定时期的城市发展目标和实现这一目标的途径，一般包括战略目标、战略重点、战略措施等内容。比如，2009 年国务院在批复上海建设“两个中心”战略的文件中提出：到 2020 年，将上海基本建成国际金融中心、国际航运中心。这就是上海城市未来 10 年的战略发展目标，要求上海形成以服务经济为主的产业结构，同时也要加快发展现代服务业和先进制造业。围绕这一战略目标的实现,需要上海的城市规划在物质空间上针对功能开发要求相应作出全局性的、长期性的、决定全局的谋划和安排。

从本质上说,城市总体规划就是对城市发展的战略安排,是战略性的发展规划。总体规划工作是以空间部署为核心制定城市发展战略的过程,是推动整个城市发展战略目标实现的组成部分。

(二)战略性规划的形成

战略性规划(Strategy Plan)并没有统一的定义,各国战略性规划的名称、目的、内容和作用也不尽相同[①],战略性规划大多着眼于城市和地区的长远发展与宏观战略部署,以及指导当前的整体空间政策框架。

20 世纪,城市人口与经济活动的空间迅速扩展,规划逐步认识到需要从更大的范围和更长远的角度对城市发展进行控制和引导。第二次世界大战后,更加注重区域整体的空间规划与经济发展规划相结合,战略性规划扩展到更大的范围和不同的空间层次[②]。

战略规划的发展经历了一个起伏涨落的历程。20 世纪 70 年代末 80 年代初,由于欧美保守主义和新自由主义盛行,空间规划处于瓦解的边缘。随着世界经济发展进程加快,城市竞争越来越激烈,城市面对快速多变和日益严峻的挑战,为了谋求更加有利的生存环境和发展机遇,针对城市、区域、国家甚至跨国界的空间战略规划受到更加广泛和空前的重视,不仅关注提出未来发展的理想蓝图,更关注可能的实施途径。

1983 年《欧洲区域/空间规划宪章》正式发表,之后逐渐掀起一轮战略规划编制的热潮,并在世纪末通过了《欧洲空间发展展望》。这对欧洲的城市发展的意义和影响是深远的。

---

① 例如英国的空间发展战略、美国的综合规划、德国的城市土地利用规划、日本的地域区划、新加坡的概念规划和香港的全港/次区域发展策略都是战略性发展规划。

② 英国是世界上最早开展城市与区域规划的国家,也是最早开展战略规划研究与实践的国家之一。第二次世界大战后,英国的城市规划主要依据 1947 年颁布的城乡规划法,以编制土地使用规划(Land Use Plan)为主,但由于这种规划缺乏机动性而受到多方质疑。结构规划(structure Plan)从 1965 年开始酝酿,1968 年形成法律,最后于 1971 年修订城乡规划法时肯定了结构规划。据 1971 年的城乡规划法,英国的城市规划分为两个层次,一是结构规划,二是地方规划(Local Plan)。2005 年,英国通过《规划与强制购买法》,对城乡规划体系作了较大的调整。原结构规划被空间发展战略所取代,地方规划则变为地方发展框架,在编制要求中,更强调规划的战略性和实施性。虽然名称改变了,但仍旧保留了这两层次规划的体系。在其他如美国、澳大利亚等国家也有类似的发展,澳大利亚首都规划委员会于 1965—1970 年完成了《明日堪培拉》(Tomorrow's Canberra)的战略性发展规划研究。

几乎与西方国家战略规划的复兴同步，我国也开始了对城市发展战略规划的研究实践及讨论。自 2001 年广州开展战略规划研究之后，国内许多城市也相继开展了战略规划的研究工作。需要指出，目前国内开展的战略规划工作主要针对的是城市总体发展需要的战略性指导研究。许多城市将战略研究的成果用于指导总体规划，这对于体现总体规划的战略性具有非常重要的作用。因此，现行版城市规划编制办法中，充分肯定了这项工作的意义，并要求在城市总体规划编制的前期必须开展战略研究工作。

二、新时期对总体规划的要求

著名的城市学家刘易斯·芒福德指出“真正影响城市规划的是深刻的政治和经济的转变”。回顾现代城市发展，不同的城市发展理念包含和反映了一定时期社会发展的价值导向，对城市总体规划思想、处理各种问题的思路和方法以及规划的工作重点和内容产生很大的影响和差异。当前我国总体规划正面临新宏观发展环境，必须树立引导城市科学理性发展的思想和理念，这不仅是正确制定城市发展战略的核心，也是指导总体规划工作开展的前提。

（一）可持续发展的理念

促进可持续发展是城市发展的一项基本战略，也是城市规划应当遵循的基本战略思想。城市是人类经济和社会活动最为集中的地域，城市的可持续发展对实现全人类可持续发展关系重大。必须从人类住区可持续发展的角度，在住房、环境与土地资源、能源结构与利用效率、消费模式、建筑节能、文化背景与社会发展、科技发展与教育发展等诸多领域谋划未来的协调发展。

（二）建设和谐社会的理想

和谐城乡是建设和谐社会的重要载体，城乡规划作为实现城乡经济和社会发展目标的重要手段，具有非常重要的地位和作用。当前，我国城乡发展遇到了诸多问题，表现在居住分化、耕地占用、城乡差距、环境问题、资源耗竭等方面。规划应更加注重城乡统筹和区域协调发展；加强科学编制，探索研究集约、合理的城市发展布局；加强城市绿地、自然地貌、植被、水系、湿地等生态敏感地区的保护；加强城市的历史文化遗产和风景名胜资源的保护；加强规划编制的公开性和规划实施的舆论监督等等。

(三)科学发展观对新时期总体规划工作的要求

科学发展观是在总结长期以来我国发展实践经验的基础上提出来的。总体规划体现科学发展观就是要从系统角度建构城市经济、社会、生态、空间、制度等要素之间的协调,时间与空间的协调,落实社会经济发展的科学目标,统筹安排城市经济社会发展的空间。在总体规划编制方法和编制内容上适应指导城市科学发展的要求。

在编制方法上,要加强区域研究、城市问题研究,城市政策研究,增强编制方法的科学性。在我国经济体制转轨过程中的城市规划,除了更有效地发挥市场在资源配置中的基础性作用外,还应看到市场作用的局限性,发挥城市规划,尤其是总体规划在资源要素配置上的全局性、综合性和战略性作用,推动经济社会的全面、协调和持续发展。

在编制内容上,体现资源节约、环境友好、高效低耗、社会和谐要求,促进社会、经济和环境的协调发展,建设节约型城市。城市的发展必须结合资源能源短缺的国情特点,将节地、节水及能源资源综合利用作为城市发展的前提;城市发展必须积极应对我国社会经济快速发展与生态环境脆弱的矛盾,树立生态文明、可持续发展的理念,以环境友好作为城市发展的基本要求充分认识我国社会经济发展所处的阶段特点,城市发展路径必须适应走新型工业化道路的要求,积极发展循环经济,促进经济高效低耗的发展;促进社会和谐是城市发展的一项基本原则,对教育、医疗、住房、就业等要全面考虑。

三、总体规划与相关规划的关系

(一)总体规划与区域规划

区域规划和城市总体规划的关系十分密切,两者在发展方向和发展目标上基本一致,但在地域范围、规划内容的重点与深度方面有所不同。

区域规划是城市总体规划的重要依据。一个城市总是和它对应的一定区域范围相联系。反之,亦然。因此,在尚未编制区域规划的地区编制城市总体规划时,首先必须进行城市发展的区域分析,为城市性质、规模以及布局结构的确定提供科学的基本依据。

区域规划应与总体规划相互配合协同进行。从区域的角度,确定产业布局、基础设施和人口布局等总体框架。总体规划中的交通、动力、供排水等基础设施的布局应与区域规划的布局骨架相互衔接协调,并通过总体规划使其进一步具体化。另外,在具体落实过程中可能还需必要的修订和补充。

(二)总体规划与国民经济和社会发展规划

我国国民经济和社会发展规划包括短期的年度计划、中期的5～10年规划和10年以上的长期规划,主要由发改委负责组织编制,是国家和地方从宏观层面指导和调控社会经济发展的综合性规划。

国民经济和社会发展规划源于计划经济时期的"发展计划",自"十一五"开始,首次将"计划"改为"规划",使之从具体、微观、指标性的产业发展计划向宏观、综合的规划转变。内容包括从生产、流通、消费到积累,从发展指标到基本建设投资,从部门到地区发展,从资源开发利用到生产力布局等。

国民经济和社会发展规划是制定城市总体规划的依据,是编制和调整总体规划的指导性文件。国民经济和社会发展规划注重城市近期、中长期宏观目标和政策的研究与制定,总体规划强调规划期内的空间部署,两者相辅相成,共同指导城市发展。尤其是近期建设规划,原则上应当与城市国民经济和社会发展规划的期限一致。合理确定城市发展的规模、速度和重大发展项目等方面,应在国民经济和社会发展规划做出轮廓性安排基础上,落实到城市近期的土地资源配置和空间布局中。

(三)城市总体规划与土地利用总体规划

土地利用总体规划是在一定区域内,根据国家社会经济可持续发展的要求和当地自然、经济和社会条件,对土地的开发、利用、治理和保护在空间上、时间上所做的总体安排和布局,是国家实行土地用途管制的基础。

土地利用总体规划属于宏观土地利用规划,是各级人民政府依法组织对辖区内全部土地的利用以及土地开发、整治和保护所作的综合部署和统筹安排,是在我国土地管理法颁布以后,由国土资源部主持的由上而下逐级开展的一项规划工作,它正逐渐走向规范化。根据我国行政区划,土地利用总体规划分为全国、省(自治区、直辖市)、市(地)、县(市)和乡(镇)五个层次。上下级规划必须紧密衔接,上一级规划是下级规划的依据,并指导下一级规划,下级规划是上级规划的基础和落实。

《中华人民共和国土地管理法》规定土地利用总体规划编制的原则为:严格保护基本农田,控制非农业建设占用农用地;提高土地利用率;统筹安排各类各区域用地;保护和改善生态环境,保障土地的可持续利用:占用耕地与开发复垦耕地相平衡。

总体规划和土地利用总体规划有着共同的规划对象,都是针对一定时期、一定行政区范围内的土地使用或利用进行的规划，但在内容和作用上是不同的。

土地利用总体规划是从土地开发、利用和保护的角度制定的土地用途的规划和部署，其中保护耕地是一项重要任务。而总体规划则是从城市功能与结构完善的角度对土地使用做出的安排。因此在规划目标、内容、方法以及土地使用类型的划分等方面存在差异。

总体规划应与土地利用规划相协调。总体规划为土地利用总体规划确定区域土地利用结构提供宏观依据，土地利用总体规划通过对土地用途的控制保证城市的发展空间。总体规划中的建设用地规模不得超过土地利用总体规划确定的建设用地规模。总体规划应建立耕地保护的观念，尤其是保护基本农田。

第二节　城市的构成要素与结构

一、研究城市总体布局的意义

城市是人类繁衍生息、创造财富、变革求新的重要场所。安全、稳定、便于交换的外部条件和便捷、有序、高效的内部环境是实现人类自身发展的重要前提条件。一个城市从诞生到发展通常要经历数百年甚至上千年的漫长过程。城市发展的趋势和整体结构一旦形成往往难以改变，甚至局部的改造也要付出巨大的代价，耗费冗长的时间。在工业革命之前，由于城市发展缓慢，城市规模较小，城市布局形态的形成多半通过社会主导意志的统一整体设计确定或依靠城市在其缓慢发展过程中逐渐自然形成。但工业革命后，近现代城市以前所未有的速度不断扩张，其过程中充满种种不确定因素，导致传统的依靠某种权威的一次性设计或放任城市自然发展的做法无法满足城市发展的需求，而必须寻求一个可以从长远发展角度审视、分析、预测城市发展方向与结构，并通过一定的途径引导城市按照既定方向和结构发展的手段。这种手段就是城市规划，其具体体现就是对城市总体布局的分析、研究和方案制定。

研究城市总体布局的根本意义就在于城市的主要结构与布局一旦形成难以改变，如果改变则需要付出极大的代价。如果说城市中的某座建筑或者某个局部在发展过程中出现问题，产生严重矛盾时还可以推倒重来，那么城市的总体布局结构则很难从根本上改变。所以，城市规划通常被看作是恒常久远的事情。另一方面，由于工业革命后出现的近现代城市的历史与整个人类历史相比较还非常短暂，城市发展的规律并没有被完全发现和掌握。对于城市发展的未来预测，尤其是长期预测(50 年甚至是更长的时期)在一定程度上存在着局限性，甚至是不可知性。因此，城市总体布局的确定，尤其是在城市以规模的外延为主要发展特征的时期，对城市规划工作至关重要。

可以毫不夸张地说：对城市总体布局的分析、研究与确定需要真正的远见卓识和全局观。所谓远见是指不但要照顾到当前的城市发展、建设需要，还要对城市未来发展的趋势和可能出现的问题有所预见，更要能够提出两者兼顾的具体措施；而所谓全局观或称大局观是指不应拘泥一时一事的得失权衡，而是把城市的发展放在整个社会发展的大背景下进行审视，决定取舍。有许多实例可以证明，这种远见和全局观绝不是凭空产生的，更不能通过主观臆断，而是应基于对历史、现实、已有理论与实例的充分掌握以及对科学方法论的熟练运用。

在城市总体布局的规划与实施实例中，既有成功的案例也有失败的教训，值得深思。在我国的城市规划实践中，可以充分说明这一问题的恐怕非20 世纪 50 年代北京市总体规划中有关中央人民政府行政中心选址的争论莫属了。在那场最终上升至意识形态的争论中，主张将中央人民政府行政中心迁至旧城以外，缓解旧城压力，形成“多中心”的“梁陈方案”被否定[①]。从此奠定了在此之后半个世纪中，北京的城市总体布局以旧城为中心向周围呈同心圆状发展的基础[②]。当年梁陈二位对以北京旧城为中心发展城市所带来弊病的论述不幸成为谶语。虽然近年来的北京市总体规划试图改变这种单一中心的结构，但目前效果尚不明显。

近年来，出现了我国各大城市纷纷编制城市空间发展战略规划的趋势，这也从实践角度证明了研究城市总体布局的重要性正逐渐被认识。

二、城市的构成要素与系统

城市如同一个有机生命体，由不同的部分所组成，各自承担着复杂的城

① “梁陈方案”指 1949 年 9 月起北京都市计划委员会邀请国内外专家所作的总体规划方案中，由梁思成、陈占祥二人所提出的方案。

② 有关这次争论，可参见下列文献：梁思成，陈占祥. 关于中央人民政府行政中心位置的建议. 载于：梁思成文集(第 4 卷). 北京：中国建筑工业出版社，1986；北京建设史书编辑委员会. 建国以来的北京城市建设. 内部资料，1986；高亦兰，王蒙徽. 梁思成的古城保护及城市规划思想研究. 世界建筑，1991 年第 1～5 期。

市功能，并维持相互之间的联系和整体的不间断运转。在探讨城市总体布局和结构时，首先要明确构成城市的主要组成部分以及影响城市总体布局的主要因素。通常，城市的构成要素与系统可大致分为以下几个方面。

(一)城市功能与土地利用

人类在城市中占用相应的空间，并形成不同类型的用地。因此，著名的《雅典宪章》倡导的城市功能分区是："居住、工作、游憩和交通。"城市中的各类功能用地，特别是建筑用地成为城市活动的主要载体和主要的城市构成要素。城市中的土地利用状况，决定了该土地的使用性质。一定规模的相同或相近类型的用地集合在一起所构成的地区形成了城市中的功能分区，成为城市构成要素的重要组成部分；另一方面，与性质相同或相近的土地利用构成城市的功能分区相同，具有相同或相似土地利用密度的地区(例如独立式住宅区、高层建筑密集地区等)也可以看作是城市构成的基本要素。

在城市活动中，建筑产生并汇集交通流、信息流；维持建筑物的正常运转需要资源、能源供给，并排出废物；同时，建筑也在很大程度上形成城市空间和城市的印象。因此，从城市功能方面考虑城市总体布局与结构时，更多的注意力被集中在以建筑为主的土地利用形态上，并将以非建筑为主的土地利用形态作为相关的城市开敞空间系统考虑。通常，以建筑为主的城市土地利用除维持城市正常运转所必需的各类设施用地外，可大致分为居住用地、工业产业用地及商业商务用地。这也是在确定城市总体布局时应考虑的主要城市功能区。此外，还应看到，不同类型的城市功能区在城市总体布局与结构中所起到的作用是不同的。

(二)城市道路交通系统

城市中的各功能区并不是独立存在的，它们之间需要有便捷的通道来保障大量的人与物的交流。城市中的干道系统以及大城市中的有轨交通系统在担负起这种通道功能的同时也构成了城市的骨架(Frame)。不仅如此，城市中的干道系统，除形成城市骨架外，还提供了各种地上、地下交通方式行进的空间以及各种城市基础设施的埋设空间；同时也为建筑物的采光、通风、到达提供了必不可少的条件。通常，一个城市的整体形态在很大程度上取决于道路网的结构形式。常见的城市道路网形态的类型有(图 4-1)：

①放射环状(见于东京、巴黎、伦敦、柏林等以旧城为中心发展起来的大城市)；

②方格网状(见于古希腊城市、我国古代城市、美国纽约曼哈顿岛、英国新城密尔顿凯恩斯等)；

③方格网、放射环状混合型(见于北京、芝加哥、大阪等城市。通常位于城市中心的旧城部分为方格网型道路系统,并随着城市的发展在其外围的新区形成放射环状的道路系统);

④方格网加斜线型(可见于18至19世纪的欧洲城市以及美国首都华盛顿等城市)。

在一些主要依靠有轨交通发展起来的大城市中,城市有轨交通系统起到与城市干道系统相同的作用,成为构成城市骨架、影响城市形态的另一个重要因素。

此外,维持城市正常运转的城市工程系统(城市基础设施)将城市所需要的资源和能源输入城市,又将城市的各种废弃物输出城市,这也是重要的城市构成要素与系统之一,但由于其干线主要沿城市干道铺设,因此,通常并不对城市形态产生额外的影响。

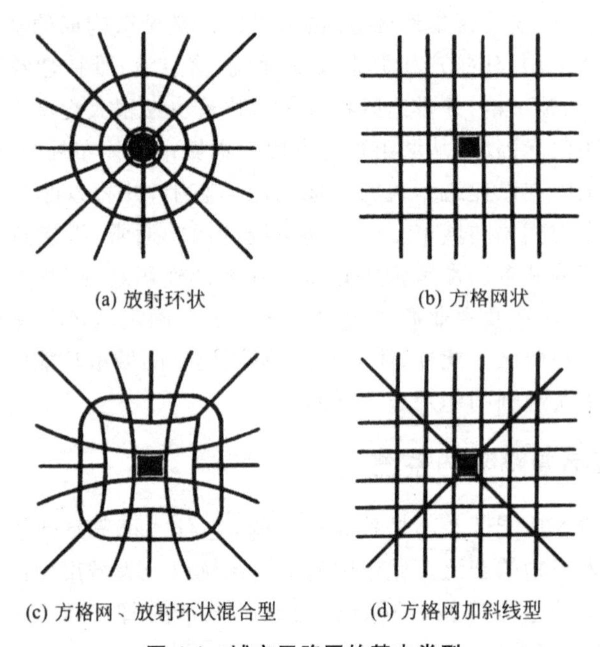

(a) 放射环状　(b) 方格网状

(c) 方格网、放射环状混合型　(d) 方格网加斜线型

图4-1　城市干路网的基本类型

(三)城市开敞空间系统

城市中的大小公园、各种绿地、水面、广场、林荫道构成了城市的开敞空间系统(Open Space)。城市开敞空间系统不仅是城市中保留自然环境、调节城市小气候、缓解城市过度密集所带弊病的必不可少的空间,同时也是为市民提供游憩空间,美化城市景观,阻隔、缓解各类城市污染的功能性用地。

在城市布局中如果将以建筑为主的土地利用形态与城市开敞空间系统

看作是一对“图”“底”对应关系的话，那么前者就是其中的“图”，而后者则是前者的“底”。即城市开敞空间系统与城市周围的自然构成了城市功能区的大背景。通常，在城市总体布局与结构中，城市开敞空间穿插于城市功能区之间，两者的布局恰好形成互补的关系。相对于城市道路交通系统对快速、高效、便捷的追求，城市开放空间系统中“点”（街心绿地、小广场等）、“线”（河流、林荫道等）、“面”（大型公园、绿地等）等形态要素的多样性和多呈不规则自然形状的特点则体现出该系统收放、张弛、蜿蜒、迂回的特征。

（四）城市构成要素间的关系

将城市构成要素分项论述仅仅是为了对其特点认识和把握上的方便。现实中，各个城市构成要素相互联系共同组成一个维持城市运转的整体。例如，城市各类建筑和用地与道路交通、城市基础设施形成互为依赖的关系，即各类建筑、用地（实质上是各种城市活动）依赖城市道路、基础设施为其提供必要的支持；而道路与基础设施则通过这一过程实现其自身的功能和价值。又如城市的各类以建筑为主的用地与开敞空间形成“图”“底”互补的关系。而城市道路与埋设在其地下的城市基础设施则是一对共存共生的关系。

如果从生物形态学（morphology）的角度将城市看作生命有机体时，城市的各个功能区就好像生命体中的各种器官，担负着维持生命体存在与进化的不同职能；城市干道等好像生命体的骨骼，支撑起整个生命体的形态；而各项城市基础设施则如同生命体的血液循环、神经网络等能量与信息的传递系统。因此，在城市总体布局与结构的分析研究和确定过程中，不但要注意到各个构成要素与系统的合理性，更重要的是要实现各个构成要素与系统之间的协调与统一，实现整体最优的目标。

三、城市结构

（一）城市布局与城市结构

城市中的各类活动按照一定规律展开。居住、生产等一般性活动占据较大的城市空间，形成相对单一化的片区；而商业、商务等活动相对集中，虽占用较少的城市空间，但往往集中于交通方便的城市中心地区，或沿主要交通通道以及交通通道上的节点形成轴向发展的态势。这种由于城市功能而产生的各种地区（面状要素）、核心（点状要素）、主要交通通道（线状要素）以及相互之间的关系构成了通常被称为城市结构的城市形态的构架。也就是说，城市结构所反映的是城市功能活动的分布及其内在联系，是城市、经济、社会、环境及空间各组成部分的高度概括，是它们之间的相互关系和作用的抽象写照，是城市布局要素的概念化表示和抽象表达。因此，对城市结构的探讨常常作为研究城市总体布局时首先要探讨的内容。

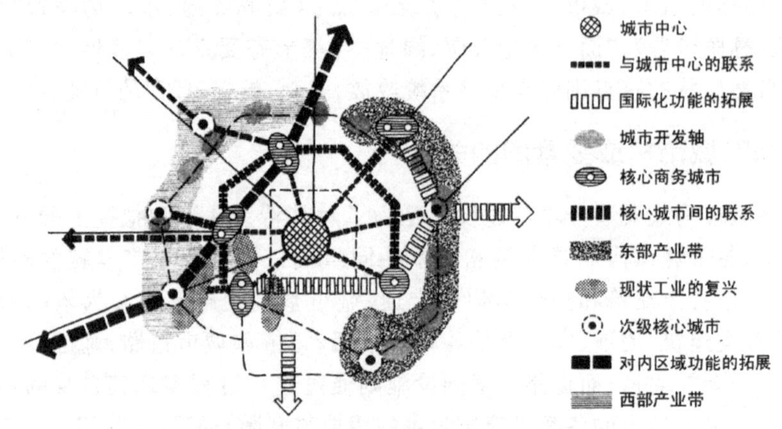

图 4-2　城市结构示意图实例(日本东京)

此外，城市结构还将城市发展的战略性内容，特别是空间发展战略的内容通过形象的方式表达出来，起到由抽象的城市发展战略向具象的城市空间布局规划过渡的桥梁作用。因此，科学合理的城市结构可以起到从战略上把握全局、从技术上形象表达规划意图的作用(图 4-2)。

(二)城市结构理论

由于城市结构对城市的形成与发展至关重要，所以，有关城市形态结构的研究历来受到城市与城市规划理论研究的重视，并得出从不同角度出发看待城市结构的研究成果。伯杰斯的同心圆理论(Concentric－zone concept，1925，by Ernest W. Burgess)、惠特的扇形理论(Sector concept，1938，by Homer Hoyt)以及哈里斯与乌尔曼的多核心理论(Multiple－nuclei concept，1945，by Chauncy D. Harris&Edward L. Ullman)就是从城市土地利用形态研究入手所归纳出的城市结构理论(图 4-3)。这三个有关城市土地利用形态的理论分别从市场环境下城市的生长过程、特定种类的土地利用(居住用地)沿交通轴定向发展、大城市中多中心与副中心的形成等方面揭示了城市土地利用形态结构的形成与发展规律。

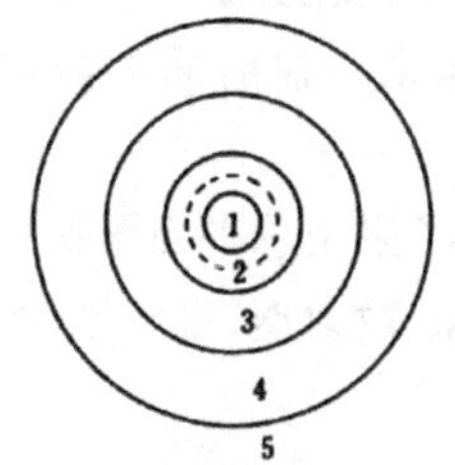

1.中央商务区
2.过渡地区
3.工人住宅区
4.中产阶层住宅区
5.郊外住宅区

(a) Ernest W. Burgess 的同心圆理论

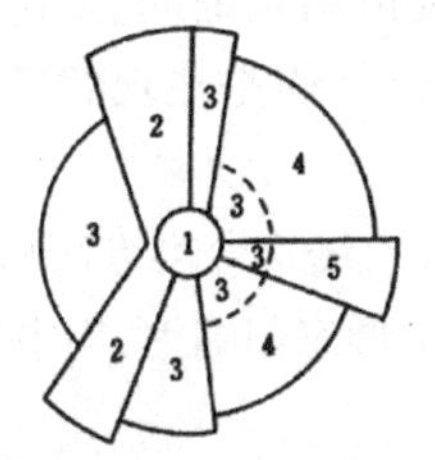

1.中心商务区
2.批发业、轻工业区
3.低级居住区
4.中产阶层居住区
5.高级居住区

(b) Homer Hoyt的扇形理论

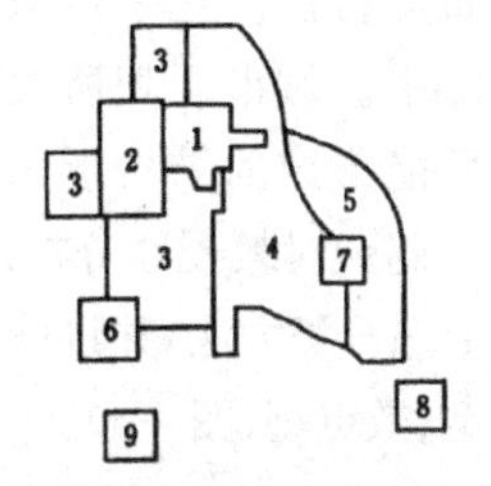

1.中心商务区　2.批发业、轻工业区
3.低级居住区　4.中产阶层居住区
5.高级居住区　6.重工业区
7.周边商务区　8.郊外居住区
9.郊外工业区

(c) R. D. Mckenzie的多核心理论

图 4-3　土地利用形态理论

汤姆逊在《城市布局与交通规划》(Great Cities and Their Traffic)中基于他对世界各地 30 个城市的调查研究，提出了采用不同交通方式时，所形成的城市布局结构：①充分发展小汽车；②限制市中心的战略；③保持市中心强大的战略；④少花钱的战略；⑤限制交通的战略。

考斯托夫(Spiro Kostof)则在《城市形态——历史中的城市模式与含义》(The City Shaped, Urban Patterns and Meanings Through History)中，通过对历史城市结构的分析，将城市的形态分为：①有机自然模式；②格网城市；③图案化的城市；④庄重风格的城市。

而林奇(Kevin Lynch)在《城市形态》(Good City Form)中试图从城市空间分布模式的角度，将城市形态归纳为 10 种类型：①星形；②卫星城；③线形城市；④方格网形城市；⑤其他格网形；⑥巴洛克轴线系统；⑦花边城市；⑧“内敛式”城市；⑨巢状城市；⑩想象中的城市。

胡俊在对我国 176 个人口规模在 20 万人以上的城市空间结构进行分析后，将我国的城市空间结构归纳为：7 种城市空间结构类型①集中块状；②连片放射状；③连片带状；④双城；⑤分散型城镇；⑥一城多镇；⑦带卫星城的大城市。

(三)城市结构类型

从以上不同的城市结构形态理论及类型化分析中可以看出：从不同研究角度出发所归纳出的城市结构类型不尽相同，并不存在一个普遍适用的分类标准。同时，现实中的城市结构受城市所处地形条件、经济发展水平、现状城市形态等客观条件的制约，以及不同时期的城市发展政策、土地利用管理体制的变化、城市规划内容的变化等主观因素的影响，呈现出多样化的趋势。所谓城市结构的类型也只是指城市在某一特定阶段中所呈现出的空间布局特征。在一定条件下，城市结构有可能出现在不同类型之间转换的情况中。城市规划所关注的城市结构是在现状基础上未来一段时间内城市有可能形成的结构形态。

赵炳时教授在分析国内外城市结构分类方法后，提出了采用总平面图解式的形态分类方法，并将城市的结构形态归纳为：集中型、带型、放射型、星座型、组团型、散点型(图 4-4)。

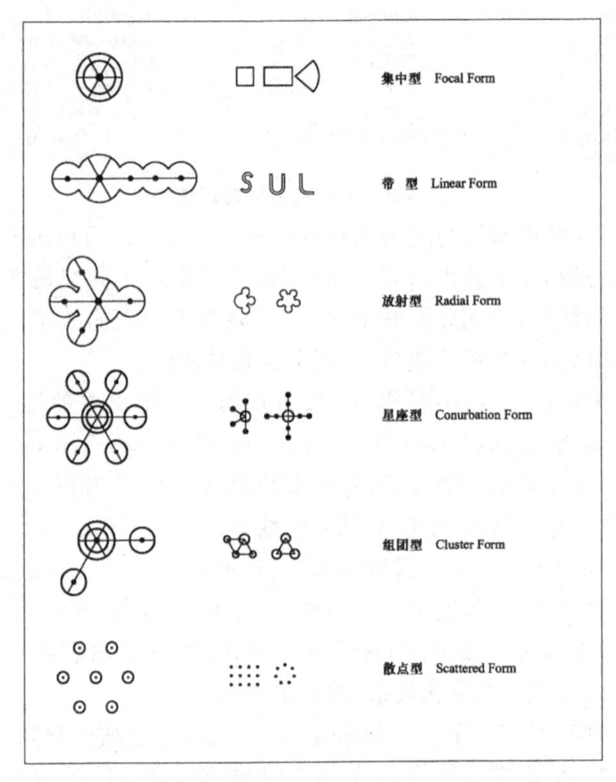

图 4-4　城市形态图解式分类示意

事实上，在上述城市形态结构中，除集中型外，其他的各个类型中均存在不同程度的分散因素。当城市位于平原等城市发展限制条件较少，且城市规模不大的情况时，城市的结构趋于集中型，城市用地呈同心圆状，由城市中心向外围各个方向均等、连续地扩展；而当城市所处地区地形等自然条件复杂，或者城市迁就分布在较大范围内的产业资源中，抑或城市规模达到一定程度、可成为数个相对独立的部分时，就会形成或采用相对分散的城市结构形态。分散型城市结构中的不同类型往往取决于导致分散的原因和因素的不同。

此外，在城市发展的不同阶段，不同规模的城市，甚至在研究大都市圈的城市结构时所选择的空间范围不同，均有可能归纳出不同的形态结构。

(四)城市发展阶段、规模与城市结构

城市是一个动态发展的过程。尤其是在城市化高速发展时期，城市的人口与用地规模迅速扩展，城市的结构形态也在发生不断的变化。例如，最初呈集中型的小城市在城市用地快速发展的初期往往沿放射型城市交通干线两侧向外发展，逐渐形成放射型的城市结构，而伴随着城市进一步的发展，放射型城市交通干线之间被环状交通干线连接，城市又在更大的范围内形成集中型的城市结构。城市主城区周围的城市卫星城等相对独立地区(甚至是独立的小城市)的建设以及连接二者的高速轨道交通系统又在整个城市圈的范围内构成了星座型的城市结构。甚至，如果大城市圈地区发生进一步无节制膨胀的情况时，卫星城被主城区吸收，就会出现道亚迪斯所描述的动态城市群(dynapolis)。城市结构又在某种程度上回归至集中型的形态。

从英国首都伦敦在城市化过程中(1840—1929)，可以清楚地看到城市结构形态随不同城市发展阶段变化的状况(图4-5)。

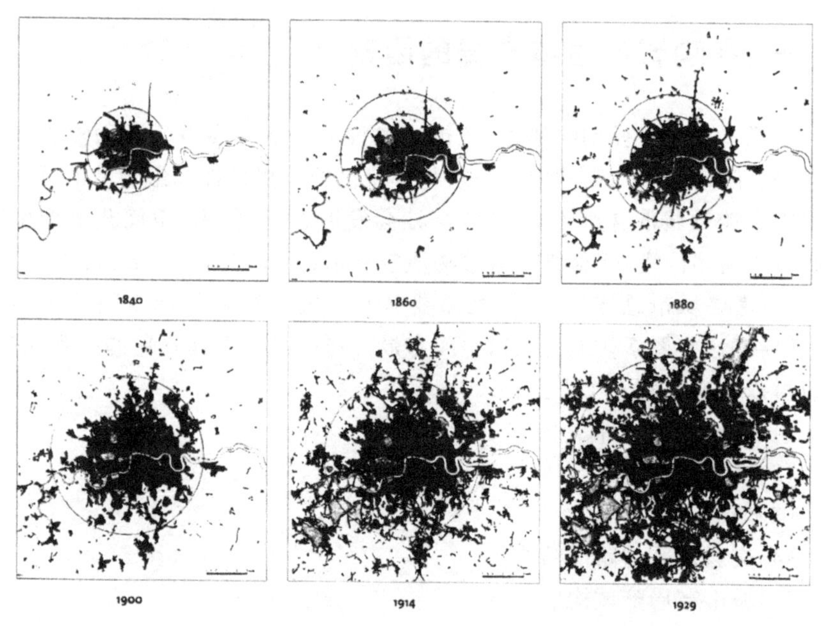

图4-5　城市发展与城市形态①(伦敦，1840—1929)

① Koos Bosma and Helma Hellinga. Mastering the City, North—European City Planning 1900—2000 NAI Publishers. 1997

第三节　城市的总体布局规划

对城市形态结构的研究及其理论的形成主要是对过去城市发展过程中所出现的不同形态结构的归纳和总结。其目的是为了从中找出规律性的内容，揭示城市形态结构产生与演变的原因、过程与规律，并通过类型化的方法为城市规划中研究和确定城市总体布局提供参考。而城市总体布局则是对特定城市未来形态结构的研究、预测、直至最终确定。因此，城市形态结构研究与城市总体布局之间是总结过去与预测未来的关系，是类型化归纳与个体应用的关系。

城市总体布局的任务是结合实地情况，参照有关城市结构的理论与规律，将城市构成要素具体落实在特定的地理空间中。由于城市总体布局的具体对象城市不同，虽然不同城市最终所确定的总体布局可能千差万别，不会出现完全相同的布局形态，但其中也包含有某些普遍规律。

一、影响城市总体布局的因素

正像本书反复强调的那样，城市是各种城市活动在空间上的投影。城市布局反映了城市活动的内在需求与可获得的外部条件。影响城市总体布局的因素涉及城市自然环境、经济与社会发展、工程技术、空间艺术构思以及政策等诸多因素，但最终要通过物质空间形态(physical form)反映出来。因此，在考虑城市总体布局时，既需要认真研究对待非物质空间的影响要素，又要将这些要素体现为城市空间布局。影响城市总体布局的因素众多，一般可以分成以下几个方面：

(1)自然环境条件。

(2)区域条件。

(3)城市功能布局。

(4)交通体系与路网结构。

(5)城市布局整体构思。

二、城市布局的原则

虽然具体到某个城市时，其形态结构各异、总体布局千差万别，但城市规划中，在考虑城市总体布局时需要遵循的基本原则是相通的，可大致分为以下几个方面。

(一)着眼全局和长远利益

由于城市总体布局一旦确定并实施，难以再改变和修正，因此，在考虑城市总体布局时的全局观非常重要。所谓全局观就是在充分掌握城市现状情况的基础上，对内处理好各城市功能之间的关系，对城市的各项功能用地、交通、开敞空间以及基础设施作出统一的部署；对外从区域角度审视与处理好城市与周围地区的关系，尽可能地避免因解决某一类型的问题而产生出新的问题，而取得城市整体发展上的平衡和最优。例如，处理发展工业与生态环境保护的关系，与市民生活居住的关系等。我国在 20 世纪 90 年代前后大量出现的各种开发区中，有一部分就存在着自成体系、局部合理，但与城市整体发展产生矛盾的现象。

全局观的另一种体现就是要用长远的眼光，对未来城市发展趋势作出科学、合理和较为准确的预测。本章开头所举的北京市总体规划“梁陈方案”即是一个很好的实例。如果北京市的总体布局从 20 世纪 50 年代起，就按照“梁陈方案”所提出的那样，将中央人民政府行政中心设在旧城之外，形成多中心的城市结构，或许今天围绕北京旧城开发与保护的矛盾就不会如此尖锐。与此相对应的是，上海市的城市总体布局自“上海都市计划三稿”以来，虽经过短暂的曲折，但沿黄浦江两岸发展的格局基本上被 20 世纪 50 年代末和 20 世纪 80 年代初的城市总体规划所继承，并通过 20 世纪 90 年代初浦东新区的开发而得以实现和进一步的发展①。

城市总体布局的全局观还体现在对城市主要问题和矛盾的把握上。例如，对于我国处于山区和丘陵地区的城市而言，寻求足够的城市建设用地往往是城市总体布局中的主要矛盾；而对于大多数位于北方平原地区的城市而言，如何利用绿地等开敞空间的分隔，使城市形成相对独立的片区或组团，防止“摊大饼”现象的出现则是城市总体布局的首要任务。

总之，从城市发展的全局和长远眼光研究确定城市总体布局，不拘泥于一时一事的取舍，是城市健康、合理、稳定和可持续发展的关键。

(二)保护自然资源与生态环境

城市的发展必然会对原有的生态环境产生影响，打破原有的生态平衡状态。城市规划的任务就是要在保证城市发展的同时，尽可能地减少对生态环境的影响。在进行城市总体布局时，这一问题显得尤为突出，通常应注

---

① 上海城市规划志编纂委员会编. 上海城市规划志[M]. 上海：上海社会科学院出版社，1999

意以下几个方面的问题。

首先，是对土地资源的合理利用。城市建设对用地条件的要求往往与农业用地相重叠，在城市建设与农田保护方面产生矛盾。通常，解决这一问题的思路是：一方面从总量上控制城市建设用地的规模，提高土地的使用效率；另一方面有意识地避开一些农田，特别是高产农田和菜地等。

其次，城市总体布局中还应注意到对林地、湿地、草地等自然生态系统重要组成要素的保护，并有意识地将其与城市绿化及开敞空间系统相结合，甚至直接作为其中的一部分。城市总体布局不仅要研究确定城市建设用地的布局，同时也要确定非城市建设用地（控制城市建设活动的地区）的结构和布局，达到减少城市对生态环境影响、提高城市内部环境质量的目的。

此外，减少城市污染，营造良好人居环境也是城市总体布局的重要原则。根据城市主导风向、河流流向等合理安排工业用地与居住用地的方位关系；通过在城市中设置“风廊”或布置楔形绿地等手法，充分利用自然因素减缓城市大气污染；合理分配城市滨水地区的功能，创造市民亲水环境等，这些都是从城市总体布局入手减少污染、营造良好人居环境的具体手段。

（三）采用合理的功能布局与清晰的结构

处理好城市主要功能在城市中的分布及相互之间的关系是城市总体布局的主要任务之一。《雅典宪章》将城市功能定位在“工作、居住、游憩和交通”四大领域中，并提出通过功能分区的方式来解决城市问题，体现了现代城市规划早期对城市功能以及相互之间关系的理解。之后的《马丘比丘宪章》对上述观点作出了修正，提出避免机械的功能分区和在城市中创造多功能综合环境的观点。事实上，由于经济发展水平和产业结构的不同以及城市性质、规模和特点的不同，对现代城市而言已很难采用一个普遍的标准来处理城市功能之间的“分”与“和”的问题。但通常的一种看法是，对于城市整体而言，将不同的城市功能相对集中布置有利于提高城市运转效率，防止产业污染对生活居住的影响；而从城市局部来看，对一些无污染或污染较少的产业，以及大量生活性的商业服务设施可以容许与生活居住功能存在一定程度上的“混在”，并通过控制用地兼容性的手段调控“混在”的程度。对于一些特殊的功能，例如有可能对其他功能产生不良影响的工业，或西方国家城市中的性产业，以及某些需要受到保护的功能，如美国的低密度纯居住地区多采用集中布局，并避免与其他功能混合布置；而对于一些既不对其他功能产生严重的不良影响，又具有一定抗干扰能力的功能则采用适当混合的方式进行布局。

在城市总体布局中，除功能布局合理外，还需要建立一个明晰的城市结构，使城市各个功能区、中心区、交通干道、开敞空间系统等各个系统较为完整明确，系统之间的关系有机、合理，并体现出规划在城市整体空间与景观风貌上的明确构思。例如，合肥市的城市总体布局就较好地体现了这一点。围绕合肥旧城中心，城市北部与东部主要安排了工业用地，城市西南部主要是居住及教育科研和体育卫生用地，而城市的东南、东北、西北方向保留了大量农田和绿地，形成了以旧城为中心的风车型平面布局结构（图 4-6）。当然在实践中也要注意到防止过分注重平面形式和构图，脱离实际的倾向。

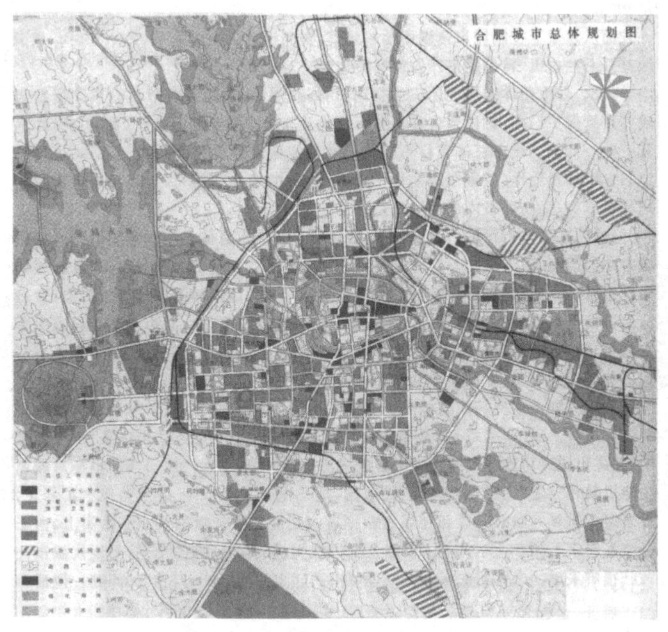

图 4-6　合肥市城市总体规划图

（四）兼顾城市发展理想与现实

在进行城市总体布局时，还应充分考虑到城市的建设与发展是一个动态的过程。城市总体布局不仅要使城市在达到或接近规划目标时形成较为完整的布局结构，而且在城市的发展过程中也可以达到阶段性的平衡，实现有序发展。具体而言，首先城市总体布局要为城市长远发展留出充分的余地。由于城市发展规律的复杂性和不确定因素较多，在某一时点进行的城市规划难以对城市未来发展做出准确的预测，因此，城市规划实践中多在对城市所在地区环境容量（或称城市发展极限规模）做出科学分析的基础上，按照城市远期的发展规模进行布局，同时照顾到城市在近期发展的连续性和受当前经济发展水平的制约，并对城市在规划期末之后的远景发展做出方向性的分析，留出必要的空间。如果城市布局对远期或远景考虑不足，就会导致城市总体布局整体性和连续性下降,并内含隐性问题,进而影响城市长远的运行效率,造成城市长远发展中的结构性问题;而城市总体布局一味追求远期的理想状态,又可能导致城市近期建设无所适从,或城市构架过于庞大,造成城市建设投资的浪费。如何兼顾城市远期发展理想与近期建设现实,并在两者之间取得平衡是问题的关键。此外,除少数城市在建设初期基本没有任何基础外,大部分城市都是在现有城市基础上发展起来的。城市总体布局也要解决城市发展中如何依托旧城区中的商业服务等城市中心功能与发展新城区的问题。

城市总体布局通常采用具体落实近期建设内容、控制远期建设用地和城市骨架的方法,在理想与现实之间、长远利益与当前效益之间取得相对的平衡(图 4-7)。

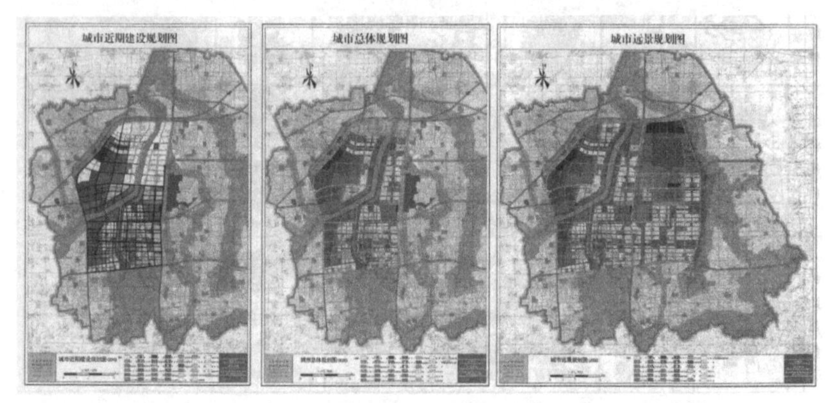

图 4-7　华北某中等城市规划中的近期、远期与远景布局示意图

第五章　城市交通规划

城市交通与城市布局密切相关，是为满足城市交通需求、土地利用及其他要求而形成的。强调城市交通规划，需要与用地规划协调统一。本章节主要研究城市交通规划的相关内容。

第一节　城市交通

一、城市交通构成概述

交通是实现城市功能正常运转的重要基础。现代城市交通是个组织庞大、复杂、严密而又精细的体系，它由多方面的因素构成，如空间分布、运输方式、运行组织形式、输送对象等。[①]

当今，随着经济的不断发展，运输市场已经出现各种运输方式之间的竞争局面。因此，经济、快捷、合理充分利用交通是城市规划的一项重要工作。也就是说，现代城市规划需要高效率（图 5-1）。

图 5-1　城市交通

---

① 就其空间分布来说，有城市对外的市际与城乡间的交通，有城市范围内的市区与市郊间的交通；就其运输方式来说，有轨道交通、道路交通（机动车、非机动车与步行）、水上交通、空中交通、管道运输与传送带等；就其运行组织形式来说，有公共交通、准公共交通和个体交通；就其输送对象来说，有客运交通与货运交通。

为了克服各城市空间距离的制约，高速公路、高速铁路等交通工具不断地完善和发展。例如长距离的出行，适合选用快速交通工具，如高铁、火车；而慢速交通工具在现代城市交通体系中依然起着非常重要的作用，如公交车等。因此，城市交通是由多种速度构成的一个体系，必须建立一种多模式集成的交通体系。

二、城市交通的基本特征

由于交通运输具有不间断性、连续性特征，因此，在城市交通规划设计中，相应地减少内外交通的中转点，可以增加某一运输的工作效率。例如高速公路一般与城区的快速路网（高架路）相衔接（图 5-2）；有些城市，如广州已将国有铁路、市郊铁路与市区轻轨电车、地铁等线路连通；水运方面，运河引进城市港区，成为港区的组成部分。

图 5-2　城市高架路

在城市交通规划中，不仅需要提高城市交通的效率，而且还要减少交通对城市生活的干扰。现代城市趋向于按不同功能要求组织城市的各类（交通性与生活性等）交通，并使它们成为各自独立的系统，或者互不干扰，或者在界面处相互协调。例如在设计一条城市主干道穿越中心区的部分时，就应适当考虑降低车速因素，以保证行人穿越的安全。

当交通量大到一定程度时，平面交通组织是复杂的，因此必须采取交通分层的办法。例如广州的高架道路系统对解决长距离出行起到了积极的作用。[①] 此外，为了加强运输效能，采取相关功能的联合，即按货流的方向在城市外围的出入口附近或在城市的消费中心分别组织“货物流通中心”，这样不仅提高了运转的效能，而且还减少了不必要的迂回交通。在客运方面，充分发挥各类运输方式的长处，以车站为结点，将轨道交通与道路交通、公共交通与个体交通，机动交通与非机动交通紧密衔接，组织方便的客运转乘也是现代交通运输的重要方法。

三、城市交通对城市的影响

城市交通对城市的影响主要体现在以下几个方面。

(1)影响城市的规模。城市交通对城市规模影响较大，它是发展因素与制约因素并存。特别是城市对外交通联系的方便程度，在很大程度上会影响到城市人口的规模。

(2)影响城市的发展与形成。交通是城市形成、发展的重要条件，交通运输方式配备的完善程度与城市规模、经济、政治地位有着密切的关系。绝大多数城市都具有水陆交通条件，大部分特大城市是水陆空交通枢纽。

(3)影响城市的布局。城市交通对城市布局有重要的影响，城市的交通走廊一般也是城市空间布局发展的走廊，哥本哈根的指状结构空间形态与支撑这一结构的轨道交通密切相关。

第二节　城市道路交通规划

一、城市道路交通的特征

城市交通是城市用地空间联系的体现，而道路系统则联系着城市各功

① 当然，如果这个高架道路系统能够考虑公共交通的便捷性就更好。厦门和日本名古屋的高架公共交通系统，在提高公交车行驶速度方面效果明显。另一种分离的方法是平面分离，如北京、杭州和常州的快速公共交通体系(BRT)与其他机动车道的分离，以及在许多城市中自行车道与机动车道的分离。

能用地。[1]。城市道路交通的特征主要体现在以下几个方面。

(1)不同种类的交通的流动路线、发生的强度随时间而变化,而且具有一定规律性。

(2)在吸引点之间的车辆行人交通从其运输对象来说可以分为客流与物流两类,且各具特色。就城市客流交通可以分为必要性交通和其他交通,其中必要性交通主要包括上班和上学的交通,这类交通调节的灵活性小。

(3)城市道路交通由于交通工具(方式)的不同,而对道路系统提出不同的要求,如三块板道路方便了自行车的使用;为了提高公共汽车的行驶速度,必须设置公共交通专用的通道等。

二、城市道路网络的主要结构形式

(一)方格网式

方格网式是一种应用较广泛的道路系统形式(图 5-3),一般用在地形平坦,地貌完整、连续的平原地区城市。例如中国古代的长安、明清时期的北京,美国纽约的曼哈顿地区都是方格网式道路系统。方格网式道路网系统的优点在于:易于开发,且道路的整体布局较为整齐,有利于形成规整的建设用地;平行道路较多,交通路径适用性强,有利于分散拥挤的交通,以便于机动灵活地组织交通。缺点在于:对角线方向的交通联系不方便,易造成部分车辆的绕行。此外,有可能形成呆板、可识别性差的道路景观的代表实例。

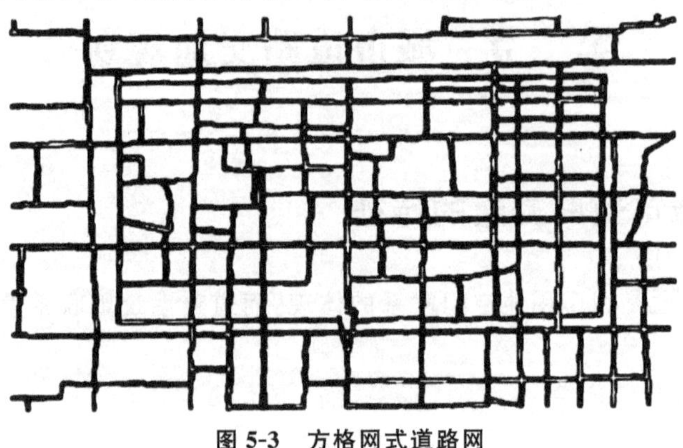

图 5-3　方格网式道路网

[1] 城市各组成部分对交通运输各有不同的需求,如工业企业、住宅区、公共服务区、车站、码头、仓库等是城市交通客、货流的吸引点,由此引起城市交通的发生、流向、流量,并形成了在城市内的全局分布,城市的道路系统使这种联系成为可能。

(二)环形放射式

环形放射式道路网(图 5-4)在中国各大城市采用此种类型的道路系统,通常是由中心区逐步向外发展,自中心区向四周引出的放射性道路[①]逐步演变过来。环形放射式道路系统可以加强市中心同外围地区的沟通;但是容易将外围交通引入中心区,造成交通堵塞。因此,环线道路与放射型道路应该合体调配。[②] 中国采用环形放射式道路网的城市有成都、沈阳等。

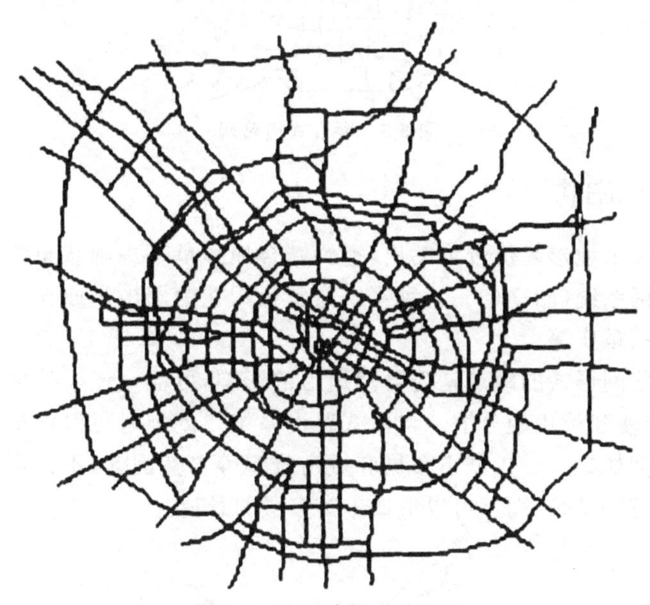

图 5-4　环形放射式道路网

(三)混合式

混合式是指方格网与环形放射,混合式又称混合式道路网系统(图 5-5)。它的特点是能扬长避短,充分发挥各种形式路网的优势。在城市内部,方格网道路系统可以有效地避免交通向城市中心聚集。城市外围的道路环状系统又可以保证各地区与中心城区及各地区之间的便捷联系。美国的芝加哥、日本的大阪和中国的北京等城市均属于这种道路系统。

---

① 放射性道路在加强市郊联系的同时,也将城市外围交通引入了城市中心区域。

② 调配时需要考虑:环线道路要起到保护中心区不被过境交通穿越的功能,必须提高环线道路的等级,形成快速环路系统。

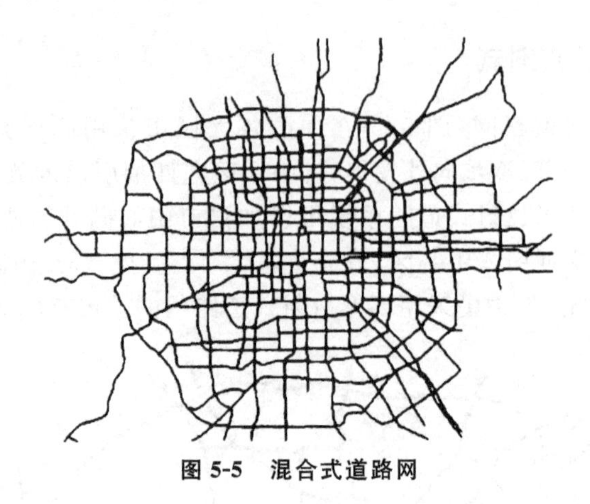

图 5-5　混合式道路网

(四)自由式

由于城市地形起伏较为突出,道路结合地形呈不规则状布置而形成自由式道路网系统(图 5-6)。这种系统通常运用在中国山区或丘陵地区的城市,如青岛、重庆等。

该种路网形式的缺点是受自然地形的影响,可能会产生较多的不规则街坊,从而使建设用地分散。自由式路网系统在规划时可以根据实际地形而设计。例如综合分析城市布局和城市景观等自然因素,不仅可以建成高效运行的道路系统,而且可以形成丰富多彩的景观。

图 5-6　自由式道路网

(五)组团式

由于河流或其他天然屏障的存在使城市用地分成若干系统,组团式道路系统是适应此类城市布局的多中心系统。对于大城市,宜从单中心向多中心发展,以适应改善中的城区交通拥堵战略的要求。例如图 5-7 所示为佛山市中心组团道路网规划。

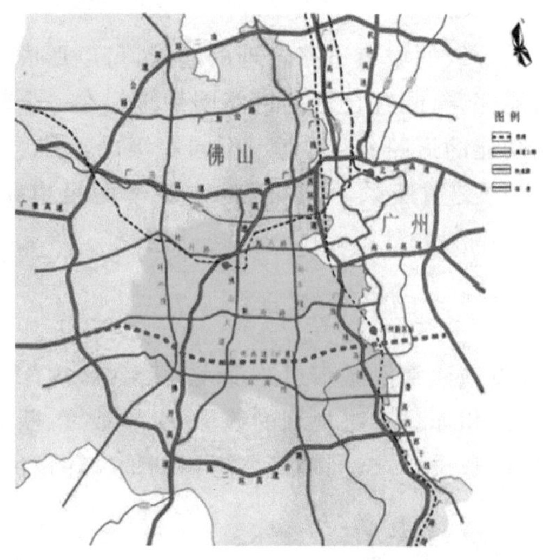

图 5-7　广东佛山骨干道路连接图

三、城市道路系统规划要求与步骤

(一)城市道路系统规划要求

1. 与土地利用规划相互协调

由于城市交通与土地利用密切相关,城市道路系统的规划与土地利用规划形成了需要相互协调的互动关系。即道路系统要结合土地利用规划中的功能布局,土地利用规划要照顾到各种城市活动引起的交通需求对道路系统所产生的影响。

2. 道路线形要结合地形

从交通工程的合理性出发,城市道路的线形宜采用平直的形状,以满足交通尤其是机动车快速交通的需求。但在地形起伏较大的山区或丘陵地区的城市,过分追求道路线形的平直不但会因开挖填埋所增加的土方工程量使工程造价提高、自然环境受到破坏,而且过分僵直的道路也会使城市景观单调乏味。所以,在山区或丘陵城市,可结合自然地形使道路适当折转、起伏,不单纯追求宽阔、平直。这样不但可以降低工程造价,而且可以使城市景观更加富有变化。

3.不同道路相连接要形成有机的网络系统

不同性质、不同等级的城市道路合理的连接,可以形成一个有机的网络系统,从而形成功能完善、配置合理的道路网系统。在一个较为完善合理的道路系统中,不同功能的道路分工明确,不同等级的道路层次清晰,间距均匀、合理,没有明显的交通瓶颈,可以满足或基本满足道路客货运交通的需求。

4.要满足工程管线的敷设要求

各项城市基础设施通常沿城市道路埋设,其管径、埋深、压力各异,且设置大量检修井与地面相连。道路规划的线形、纵坡坡度、断面形式等要满足各种城市基础设施的敷设要求,同时还要考虑到地铁建设的可能。

5.满足城市环境的要求

城市道路网的规划不但要结合地形条件,而且还要考虑到对城市环境的影响。例如,道路是一种狭长的开敞空间,如果与城市主导风向平行,就很容易形成街道风。街道风有利于城市的通风和大气污染物的扩散,但不利于对风沙、风雪的防范。道路网的规划应根据各个城市的情况具体选择道路的走向,做到趋利避害。再如,道路交通所产生的废气、噪声等对城市环境会造成一定的影响,规划中应从建筑布局、绿化、工程措施(遮音栅)等方面采用多种措施缓解其影响。

6.与自然环境相协调

道路规划在满足其交通功能要求的基础上,应有意识地考虑城市道路景观风貌的形成。宏观上将视野所及范围内的自然景色(大型山体、水面、绿地等)、标志性物体(历史遗迹、大型公共建筑、高层建筑、高耸构筑物等)贯穿一体,形成城市的景观序列;微观上注意道路宽度与两侧建筑物高度的比例、道路对景等。可按照不同性质的城市道路或不同路段,形成以绿化为主的道路景观和以建筑物为主的街道景观。

7.考虑城市安全方面的要求

城市道路网规划还要考虑城市安全方面的要求。在组团式布局中,城市各组团之间的联系道路不能少于两条。当一条道路因事故造成拥堵时,可选择另一条道路通行。城市在每个方向上的对外联系道路也不应少于两条。对于山区或湖区较容易受洪水影响的城市,在设置通向高地的防灾疏散道路的同时，适当增加道路网的密度。

（二）城市道路系统规划的步骤

日本松下胜二先生等在著作《城市道路规划与设计》中，把城市道路网规划的步骤归纳如下。

（1）认识制定规划的必要性，即明确规划的背景和目标。这是后续阶段所不可或缺的。

（2）确定规划范围和对象。需要调查的内容和范围：道路规划、交通规划和交通工具的使用对象；进行道路网规划的地理条件。

（3）确定规划方案的方法。可参考已有的各种城市交通规划方法，再考虑地区特点、时间、费用等条件来选择。

（4）资料的调查与分析。用以明确现状及存在的问题，为规划提供必要的依据。

（5）预测。根据调查的数据和资料，预测未来的交通现象或道路各种功能的发挥程度。主要的预测工作是交通量的生成和分布及对交通工具分阶段进行分配。

（6）确定规划建设水平。根据预测的需求，确定城市道路设施提供的数量和质量，主要控制指标为路网密度、道路负荷度、交通事故数量减少的比率、出行时间缩短率等。建设水平可根据地区性质、财政能力、居民要求等制订，同时，应注意建设水平随社会发展而变化。

（7）提出比较方案。根据规划目的，提出比较方案，但所提的方案应具有特色。

（8）评价。根据预测和比较方案的对应关系，判断是否符合规定的建设水平。除考虑交通因素外，还应从环境、防灾、城市公用设施和财政等方面予以评价。评价过程需要反复，直到达到规定的建设水平。

四、不同城市道路类型的具体规划

（一）城市主干路的规划

1. 主干路的作用

主干路（图 5-8）以交通功能为主，它连接着城市各主要分区的交通，与快速干道分担城市的主要流通量。除交通功能外，城市主十道还应有以下一些功能。

图 5-8　某城市主干道路效果图

(1)布设地上、地下管线的公共空间。城市主干道也是城市的主要开阔地,其沿线还布设电力、燃气、暖气、上下水管道干线等设施。因此城市主干道的规划应同以上各种管线的规划及大城市的地铁线路规划综合进行。

(2)防灾。灾害发生时,城市主干道可起到疏散人群和财产、运送救援物资及提供避难空间的作用,还可以阻止火灾的蔓延。

(3)构成城市各种功能区。城市主干道的修建,使周围土地的可达性增强,有利于各种功能区开发利用。另外,由主干道围成的地区,形成相对完整的生活区,可能是某些人如老人、主妇、小孩等一日的生活范围。

2. 主干路的规划要求

主干路规划应符合下列要求:

(1)尽量不在主干道两侧设置公共建筑物出入口。

(2)主干道与主干道相交时,通常选用立交方式。①

(3)主干道上机动车与非机动车的分流状况要规划好。

(4)主干道与次干道、支路相交时,可规划信号灯控制分流。

3. 主干路的规划步骤

不同的城市,应根据本身的特点和问题,制定出适合本市的主干道规划。城市主干道应与城市的自然环境、历史环境、社会经济环境、交通特征和城市总体规划相适应。主干路的具体规划步骤如下。

① 需要注意的是近期采用信号控制时,应为以后修建立交留出足够的用地、空间。

(1)调查。调查可分为前期综合调查与线路调查。前期综合调查包括人口、产业调查,交通现状调查,用地现状调查及城市规划调查,依此确定规划的基本方针,提出若干比较线路。线路调查是指根据前期综合调查的分析结果,对不同比较线路进行深入调查,掌握拆迁的难度和拆迁量,土地征购面积等,同时还要掌握建设费用、投资效益和道路周围用地环境。再根据线路调查结果,对不同线路进行比较,制定出规划方案。

(2)分析。城市主干道是城市交通的动脉,在规划定线时一定要突出其交通功能,应拟订较高的建设标准。由于城市主干道一般较宽,道路上车速高,主干道之间多采用立体交叉,因此对城市用地有较强的分割作用。主干道的布置应避免穿过完整的功能区,以减少城市生活中的不便和横过主干道人流和车流对主干道交通的干扰。如主干道不应从居住区和小学校间通过,更应避免穿过学校、医院、公园和古迹建筑群等。

(3)思考。城市主干道还应与自然地形相协调,在路线工程上与周围用地相配合,减少道路填、挖方量。否则,不但会因土方工程量的增加而耗资,也不利于道路两侧用地开发,视觉上也不美观。在城市主干道的规划设计中,要使线路尽量避开难以迁移的结构物,充分利用原有道路系统,减少工程造价。

4. 主干道的交通环境要求

由于主干道沿线所连接的交通源的性质不一样,对主干道的交通环境也提出了不同的要求。如与旅游点相连,则道路周围的环境应更加注意美观,沿线建筑物和绿化应经过认真的规划设计。

另外,由于城市人口密集,出行强度高,道路两侧土地使用率较高,车辆的进出和横过道路的行人比较多,如果主干道两侧有交通集散量很大的公共设施和商业设施,过多的行人和进出车辆就会干扰主干道的交通,削弱其交通功能,因此,主干道两侧不要直接面对大的交通源。

(二)城市次干道与支路的规划

1. 城市次干道的规划

由于城市次干(图 5-9)路介于城市主干路与支路间的车流、人流主要交通集散道路,因此它较为适合设置大量的公交线路,使城内各区紧密相连。

次干路与次干路、支路相交时,可采用平面交叉口。它的两侧在设置时,可以综合考虑设置吸引人流与车流的公共建筑、机动车和非机动车的停车场地、公交车站和出租车服务站。

图 5-9 某城市次干路效果图

2. 城市支路的规划

在城市道路规划中，次干路与街坊内部道路的连接线就是城市支路（图5-10）。[①] 由于服务功能是它的主要功能，因此可设置公交线路。支路在城市道路中的比重较大，因此在城市分区规划时必须保证支路的路网密度。

图 5-10 某城市支路

综上所述，次干道和支路主要解决分区内部的生产和生活活动需要，交通功能没有主干道那样突出，在它们两侧可布置为城市生活服务的大型公共设施，如商店、剧院、体育场等。城市次干道和支路与主干道一样为城市提供公共空间，起着各种管线的公共走廊和防灾、通风等作用。

虽然城市次干道和支路不是城市交通的主动脉，但它们起着类似人体的支脉和毛细血管的作用，只有通过它们，主干道上的客、货流才能真正到

① 支路还包括非机动车道路和步行道路。

达城市不同区域的每一个角落;主干道上的交通流也靠它们汇集、疏散。因此,在城市道路网规划中,决不能因为重视主干道的规划建设而忽视了次干道和支路。

(三)城市快速路、环路及出入口道路的规划

1.城市快速路的规划

城市快速路(图 5-11)是为流量大、车速高、行程长的汽车交通连续通行设置的重要道路,形成城市主要的交通走廊,承担大部分的中长距离出行。快速路规划应符合下列要求:(1)规划人口在 200 万以上的大城市应设置快速路,快速路应与其他干路构成系统,与城市对外公路有便捷的联系;(2)快速路应设置中央分隔带,以分离对向车流,并限制非机动车进入;(3)与快速路交汇的道路数量应严格控制;(4)快速干道两侧不应设置吸引大量人流和车流的公共建筑物出入口;(5)原则上支路不能与快速干道直接相接。

图 5-11　某城市快速路效果图

2.城市环路的规划

当穿越市中心的流量过多,造成市中心区道路超负荷时,应在道路网络中设置环路。环路的设置应根据交通流量与流向而定,可为全环,也可为半环,不应套用固定的模式。为了吸引车流,环路的等级不宜低于主干道,环路规划应与对外放射的干线规划相结合。例如美国亚特兰大城市环路是一个长达 35km 的城市廊道改建项目(图 5-12),该项目将通过运输线、开放空

间和布道连接45个社区。[①]

图5-12 美国亚特兰大城市某环路效果图

3.城市出入口道路的规划

城市出入口道路具有城市道路与公路双重功能(图5-13),考虑到城市用地发展,城市出入口道路两侧的永久性建筑物至少退后道路红线20～25m。城市每个方向应有两条以上出入口道路。有地震设防的城市,尤其要重视出入口的数量。

图5-13 某城市出入口道路设计

① 作为对穿越皮德蒙特高原地区的山谷和山脊之间的废弃铁路的再利用,环路的设计主动契合了其文脉中的地形和文化多样性,该项目是一个有助于组织、参与和引导美国发展最快的大都市地区未来的发展的综合性的景观基础设施范例。

五、城市道路视觉景观的规划

城市道路视觉景观凸显着该城市的仪容，因此其规划也十分重要(图5-14)。当城市道路与城市公共道路、步行街区和运输换乘体系连接时，可直接形成并驾驭城市的活动格局及相关的城市形态特征。

图 5-14　某城市道路视觉景观图

城市设计对此的要求一般包括下列因素：

(1)道路是直接反映城市环境的视觉要素，因此，当提升道路环境的景观因素，从而能使城市环境质量上升。例如，在林荫道和植物以及强化道路中所能看到的自然景观；对多余的视觉要素的屏隔和景观处理；道路所要求的开发高度和建筑红线。

(2)道路应使驾驶员方便识别空间方位和环境特征。常见手法有：沿道路提供强化环境特征的景观；街道小品与照明构蓝成街景的交织；城市整体的道路设计中的景观体系和标志物的视觉参考；因街景、土地使用而形成的不同道路等级的重要性。

(3)在获得上述目标中，各种投资渠道及其投资者应协调一致，要综合考虑经济和社会效益，这在集资修路时问题会比较突出。纽约市布鲁克林路更新设计时采用了“联合开发”途径，获得成功。其经验是建立一个共同的价值尺度，经过协商达成共识，最后由主管部门、专家和官员决策，我国南京市则尝试运用了“以地补路”的城市道路开发方式，并取得一定成效。

六、城市道路交通规划实例

以下以城市交通广场为例进行分析。城市交通广场一般都起着交通换乘连接的作用，不同方向的交通线路、不同的交通方式都可能在交通广场进行连接。如图5-15所示，北京铁路站前广场平面布置示意图，其道路交通规划主要有如下特点。

(1)排除不必要的过境交通，尽量使不参与换乘的交通线路不经过交通广场。

(2)明确行人流动路线，根据行人的目的地，规定恰当的路线，减少步行距离，排除由于行人到处乱走引起交通秩序混乱。

(3)人流与车流线路分离及客流与货流线路分离，此项措施同时起着保障交通通畅与安全的作用。

(4)各种交通方式之间衔接顺畅。不同交通方式之间换乘方便，不仅提高了交通设施的利用率，也方便了乘客，减少了交通广场的混乱程度。

(5)要配以必要的交通指示标志及问询处，提高服务质量。

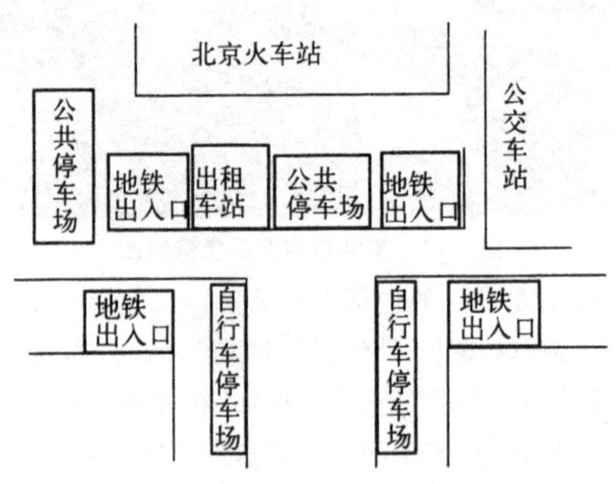

图5-15 北京铁路站前广场平面布置示意图

第三节 城市公共交通规划

一、城市公共交通的特征

在现代城市中，在市场经济环境下，公共交通不仅为市民的出入提供了有效保障，还能为市民节约经济。城市公共交通它以非特定人群为服务对象、按照一定路线和时刻表行驶，并定点停靠。公共交通虽然没有自行车、私家车那样方便，但是个人交通方式所无法代替的。其特征主要体现在以下几个方面。

第一，在现代城市中，尤其是大城市，早晚下班高峰期间，机动车交通堵塞十分严重。而对于公共交通来说，该期间则可以拥有专用通道，因此它是提高交通效率、解决城市交通拥堵的有效途径。这种效果在人口高度密集的城市中心区采用有轨公共交通系统时尤为明显。然而，值得注意的是，如今许多私家车司机欠缺文明，经常占用公共交通专用通道，从而增加了拥堵。因此，这对于普通群众及交通管理部门来说是值得深思的地方。

第二，公共交通相对于的士及其他私家车来说，更经济、更环保。公共交通的乘车费用教低，因此，对于大众群里来说，更适合出行选用。

第三，城市公共交通具有方向性。由于城市活动集中在市中心进行，所以城市中心的发生集中交通居多，通常呈现向心的形态。

二、城市公共交通的分类

（一）按交通设施来分

如图 5-16 所示，是按照交通设施的运送规模来分：

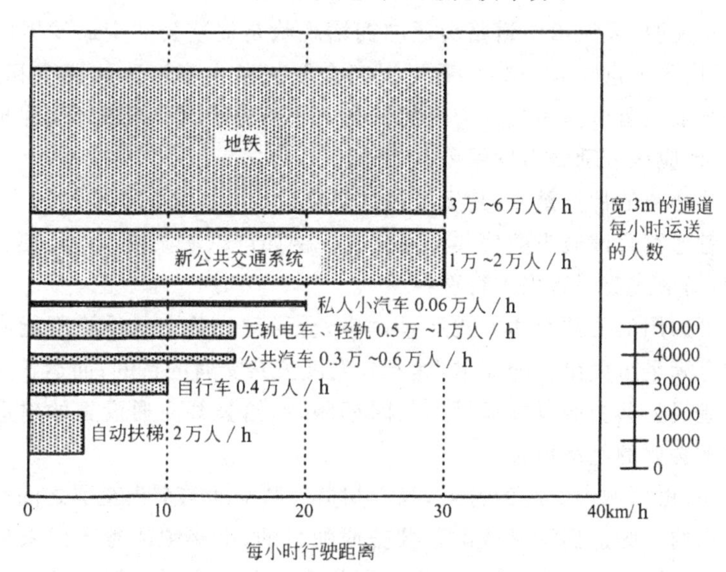

图 5-16　各种交通工具的运送能力与平均速度

（1）个人运输系统。这类系统通常以出租汽车为主。其特点是每次运输大约为 1～5 人。

（2）中运量运输系统。这类系统通常以公共汽车、有轨电车、轻轨以及单轨等新交通系统为主。其特点是通常每小时单向单线运送乘客数在 0.3 万～2 万人次之间。

（3）大运量运输系统。这类系统如地铁、地面或高架的城市铁路为主。

其特点是通常每小时单向单线运送乘客数在3万～6万人次，高峰时段可超过10万人次。

（二）按交通系统特点来分

按交通系统特点来分又可以分为以下几类。

（1）路面行驶系统。这类系统主要以公共汽车、有轨电车、轻轨、出租车为主。其特征是公共交通车辆与汽车混行，其结果是速度较低，定时性较差，但线路设置灵活，建设费用较低。

（2）专用轨道系统。这类系统主要以地铁、城市铁路、新交通系统、带导向轨的公共汽车高架专用线等为主。其特点是车辆行驶在专用的轨道中，与城市道路系统完全立交或优先行驶，具有运量大、速度快、准时的优点，但建设费用较高。①

三、城市公共交通规划的要点

现实证明，大城市中道路交通的拥堵现状是促使公共交通发展的根本原因，但这并不意味着公共交通可以完全取代私人小汽车的拥有和出行。私人汽车依然可以作为公共交通的补充。从节约能源和城市环境保护的角度来看，也应该鼓励城市发展公共交通。

公共交通的种类繁多，其运量往往与造价成正比。在不同的城市中，要多方面考虑符合该城市的公共交通方式。例如可以从该城市的规模、结构、性质、布局形式等因素来进行选择。

如果选用的公共交通方式运量过小，会导致公共交通设施不能满足或不能完全满足市民出行的需求，达不到发展公共交通的目的；而运量过大则有可能造成公共交通设施运量的长时期闲置，给公共交通设施的建造和运营带来不必要的经济负担。

此外，根据城市交通的特点，我们知道公共交通与个人交通之间是可以相互替代的。为达到发展城市公共交通的目的，就必须改善市民乘坐公共交通时的便捷、舒适程度，例如，将不同类型的公共交通设施有机地组织在一起，形成公共交通的网络，使之覆盖城市中大多数地区。公共交通系统的改善可以提高其吸引力，促进私人小汽车的利用者转为利用公共交通，最终形成良性循环。

---

① 此外，在允许民间资本进入城市公共交通运营的城市，还可以按照经营主体分为公营交通和民营交通（含公私合营）。

四、城市公共交通不同类型的规划

(一)公共汽车系统

1.公共汽车系统的优缺点

公共汽车可以方便人民的出行,具有票价成本低、安全性高、方便的特点。但是它的速度常常受交通畅通状况的限制。

当城市道路系统中机动车辆较少,行驶顺畅时,公共汽车可充分发挥其特点。但当城市道路系统发生拥堵时,不但公共汽车的行驶速度下降,准时性受到影响,而且在不新增车辆的情况下,对在公共汽车站点等候的乘客而言,车辆到达的时间间隔变长,导致服务水平下降。乘客也因此选择或考虑选择其他的交通手段,并形成乘客减少与公共汽车公司收益下降的恶性循环。因此,降低城市道路交通状况对公共汽车的影响,改善乘车环境是提高公共汽车服务水平的两大侧面。

2.公共汽车系统的改善措施

从国内外的实践来看,可以采取的改善措施有以下几种。

(1)完善公共汽车专业车道。例如在道路上使用交通标线或物理隔离方法划出的专供公共汽车通行的车道,在全天或规定的时段内,不允许公共汽车以外的其他车辆使用。公交专用路是指仅供公共汽车通行的道路,禁止或限制其他车辆通行。国外有的城市还在城市中心地区修建公共汽车专用的高架道路,并对公共汽车加装侧向导向系统,使公共汽车既可以在普通城市道路中行驶,也可以在城市中心的专用高架道路上行驶,利用较少的投资重点解决了公共汽车行驶受影响的问题。例如,日本名古屋市、德国埃森市等。

(2)改善公共汽车专用道的宽度。公共汽车专用道的宽度在路段上与路段车道宽度相同,在交叉口渠化范围内,可按照用地条件和渠化设计要求适当压缩公共汽车专用道宽度,但不得小于3m。公共汽车专用道需设置港湾式车站。

(3)路口公交优先措施。该项措施是在路口让公交车优先于其他车辆通过或者转弯,采取交通工程设计和交通信号控制措施,进行公交优先。这类优先措施的条件是:公交车辆较繁忙的路口;有交通信号控制的范围较大的路口。具体方法是:采用感应式信号灯,让公交车优先通行;设置专用进口道和专用相位以供公交车转弯。

3. 公共汽车系统的规划

(1)公共汽车专用道的规划

如图,5-17 所示,公交专用车道规划形式,可分为“内侧式”公交专用车道和“外侧式”公交专用车道。[①]

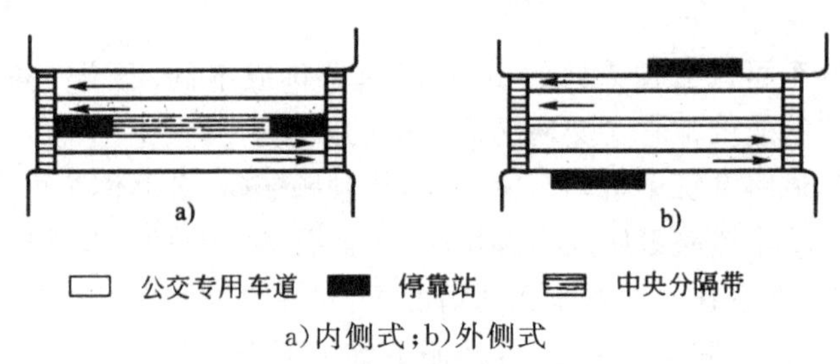

a)内侧式;b)外侧式

图 5-17　公交专用车道的形式

①如图 5-17a)所示为“内侧式”公交专用车道。它通常是沿中央车道设置的。该种专用车道形式适用于道路中央设有分隔带,或高架道路下面的干线道路条件。

②如图 5-17b)所示为“外侧式”公交专用车道。它通常沿路侧车道设置的。

(2)中途站的设置形式

中途站在道路上的设置形式主要取决于道路横断面型式。中途站的设置形式分为港湾式车站和非港湾式车站。港湾式车站采用凹进式设计,车辆停靠不占用道路车道,对道路车辆行驶干扰小;非港湾式车站占用靠近停车站台的车道停靠,在道路交通量比较大的路段,对道路车辆行驶干扰比较大。

城市市区规划新建单向机动车车道数量大于或等于 3 条的道路时,中途站不应占用车道,应采用港湾式车站,港湾式车站长度应至少有两个停车位。城市快速路和主干路应设港湾式车站。

城市原有道路改造时,中途站设置形式应考虑路段与交叉口通行能力的协调,可参照表 5-1 进行选择。

① 有关公交专用车道的使用时间有两种情况:一是,在城市的客流高峰期间使用,其他时间为公交优先;全天性使用。二是,为了最大限度地减少公共交通系统对其他交通的影响,一般采用前者。

表 5-1 中途站类型选择

路段车道数	交叉进口道车道数	车站形式选择
1	—	人行道宽度足够时设港湾式车站
2	2	尽量创造条件设置港湾式车站
2	3,4	设港湾式车站
3	3,4	路段交通负荷较大时设港湾式车站
3	5,6	设港湾式车站

下述条件之一应考虑设置港湾式车站：

①非混行的道路，且机动车只有一条车道，高峰期非机动车的流量大于1000 辆/m·h，人行道宽度大于或等于 7m。

②机动车专用道路，外侧车道流量大于该条车道通行能力的 50%，外侧机动车车道宽度与人行道宽度之和大于或等于 8.25m。

③机非混行的道路，高峰期间机动车、非机动车交通饱和度均大于 0.6，人行道宽度大于或等于 7m。

④沿分隔带设置的车站，最外侧机动车车道宽度与分隔带宽度之和大于或等于 7m。

如图 5-18 所示为港湾式车站设计的几何构造，各部分尺寸如表 5-2 所示。车站出入口路缘石应圆顺，可采用半径为 25m 的平曲线。停车道纵坡度应小于或等于 2%，地形困难地段应小于或等于 3%。

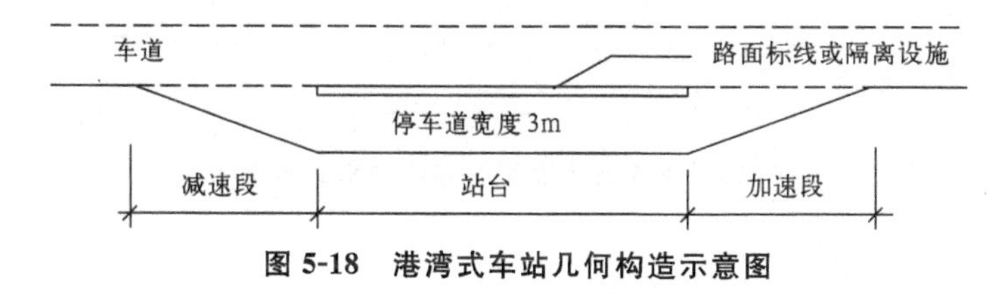

图 5-18 港湾式车站几何构造示意图

表 5-2 港湾式车站各部分尺寸①

主线计算行车速度(km/h)	80	60	50	40	30	20
计算加减速段长度采用速度(km/h)	60	50	40	35	30	20
减速段长度(m)	90	65	40	30	25	10

① 注：表中“站台长度”系按停靠铰接车计算，若停靠单节公共汽车时，长度可缩短为 15m；多条线路合设站点时，站台长度需按实际停靠车辆数计算。

续表

主线计算行车速度(km/h)	80	60	50	40	30	20
站台长度(m)	20	20	20	20	20	20
加速段长度(m)	140	95	60	45	35	15
总长度(m)	250	180	120	95	80	45

如图 5-19 所示,港湾式车站设置可分为以下几种形式:

①机非混行道路或机动车专用道路,可以局部压缩人行道沿人行道设置车站,如图 5-19a 所示。

②机非混行道路,利用人行道在机动车道与非机动车道间设置车站,如图 5-19b 所示。

③沿外侧分隔带设置车站,在外侧分隔带宽度大于或等于 4m 时,设置方式如图 5-19c 所示;如外侧分隔带宽度小于 4m,设置方式如图 5-19d 所示。

④当人行道或者外侧分隔带宽度不足,而机动车车行道宽度较大时,可以通过适当压缩机动车道、偏移道路中心线设置外凸式车站,如图 5-19e 所示。

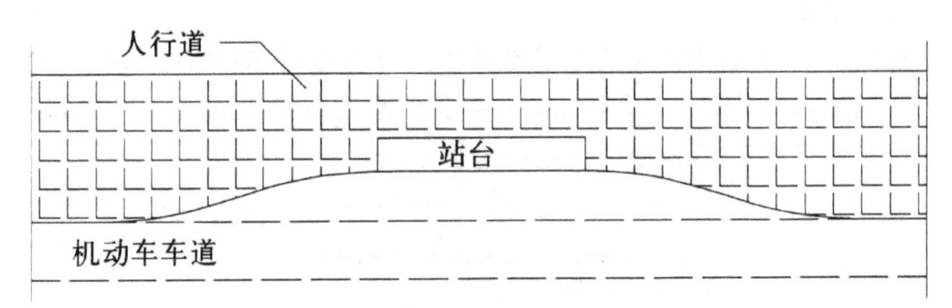

图 5-19a　沿人行道设置的港湾式车站示意图

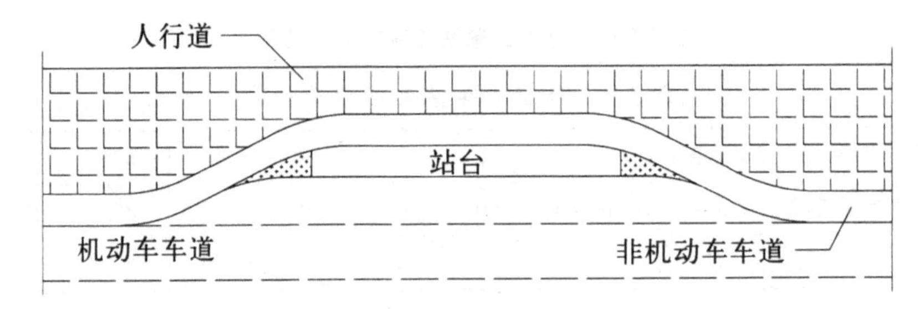

图 5-19b　在机动车道与非机动车道间设置的港湾式车站示意图

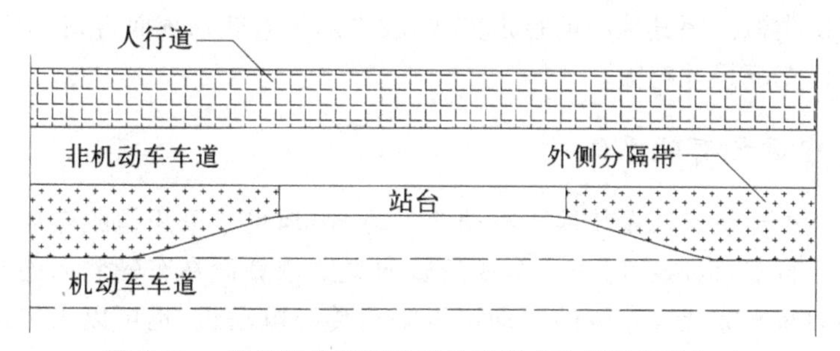

图 5-19c 沿外侧分隔带设置的港湾式车站示意图(一)

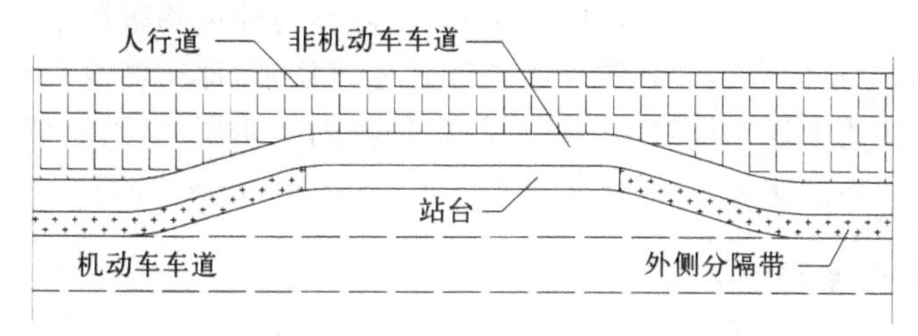

图 5-19d 沿外侧分隔带设置的港湾式车站示意图(二)

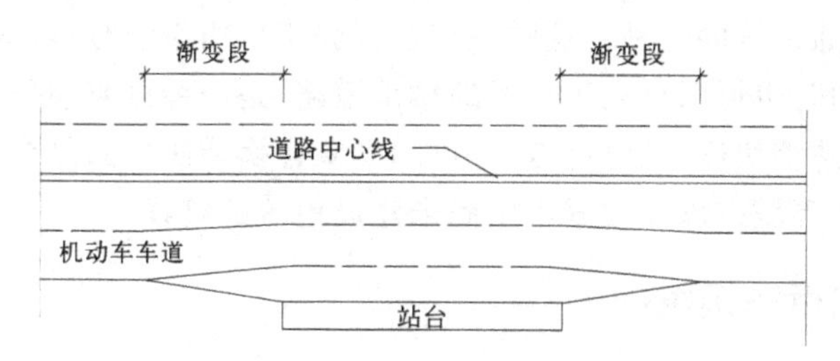

图 5-19e 外凸式港湾式车站示意图

(二)新公共交通系统

新公共交通系统是指在车辆、轨道等方面采用新的技术而发展起来的公共交通设施的总称。难以将其归入某种传统公共交通方式,而称之为新公共交通系统。新公共交通系统除采用了大量新技术外,从其运量上看属于中运量的轨道交通系统,其乘客运送能力及造价恰好处于铁路与公共汽车之间。新公共交通系统的乘客运送能力一般在每小时 1 万～2 万人次之间,其造价通常相当于地铁的 40%～70%,适于人口规模在 30 万～50 万人的中等城市以及大城市中的支线。新公共交通系统的种类繁多,所采用的技术也各不相同,可大致分为以下几种类型。

1. 单轨系统

单轨系统又分骑跨式与悬挂式,其运量、建设费用及其他特征与中运量有轨系统类似。因其独特的行走方式，较中运量有轨系统而言，轨道断面尺寸较小而车辆尺寸略大。

2. 中运量有轨系统

虽然中运量有轨系统属于有轨交通方式，但更多采用橡胶轮胎在混凝土轨道上行走，以减少噪声。车辆的转向主要依靠设在车辆侧面的导向轮配合导向轨来完成。车辆的驱动可以采用传统电动机，也可以采用线性电动机。车辆的运行可依靠计算机自动控制而无须人工错作。每节车辆的乘客数在 30～80 人。日本神户的人工岛、大阪临海地区均采用了这种系统。此外，还有少量的实验性系统采用常温磁悬浮技术，即车辆没有车轮，依靠磁场力在轨道上浮起行驶。其原理与磁悬浮列车相同，但因城市中行驶不需要达到太高的速度，只需浮起很小的距离(10～20mm)即可。

3. 复合系统

在上述公共汽车部分提到的带导向轮的公共汽车专用系统也可以看作是新公共交通系统的一种。这种系统在行驶于专用系统时，可具有高速、定时的特性；同时也可以行驶于普通的城市道路，是一种可兼顾公共车灵活性与有轨交通系统快速、准时特点，并可减少乘客换乘次数的复合公共交通系统，适用于中等城市以及大城市中尚未建设地铁的路线。

(三)自行车系统

1. 自行车系统的特征

自行车交通具的优点是环保、方便，缺点是受气候因素等自然条件限制，行驶速度较慢(10～20km/h)，且出行距离较短。因此，自行车交通只能是城市中短距离个人交通方式的一种补充。我国是自行车交通的大国，但至今还没有哪个城市建立起较为完整的自行车专用系统，因此有待规划和改进。

应该指出的是，自行车交通由于其无公害的特点，正受到发达国家越来越多的关注和政策上的鼓励，尤其对我国这样城市人口密度大、经济尚不发达的情况，更应该将自行车交通专用系统的规划建设摆到一个重要的位置。

2. 自行车道的规划设计

(1)自行车专用道

单独为自行车的行驶建造的道路，有时也包括与人行道合一或利用路面铺装材料、色彩的变化与人行部分区分的道路。这种类型的道路通常采用与机动车立交或利用交通信号或标志进行管制的方法，以确保安全。除以自行车运动为目的的情况外，该类道路通常用以联系自行车交通量较大的地区(如居住区与商业区)，具有较好的绿化环境(图 5-20)所示。

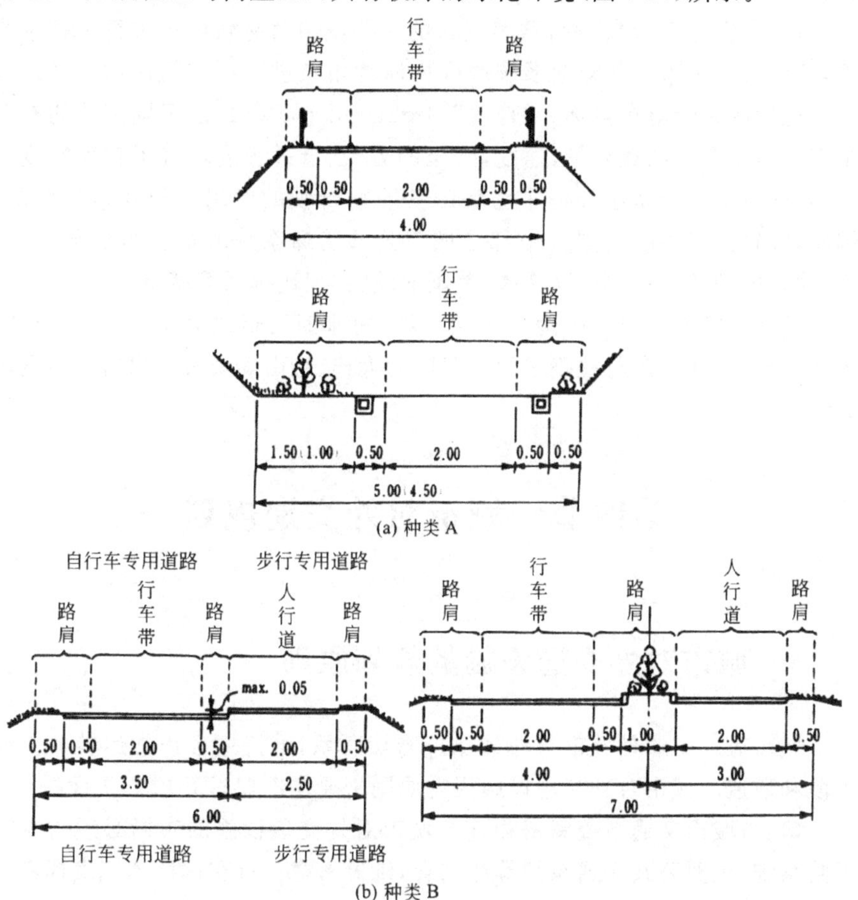

图 5-20　各种自行车专用道路断面图

(2)分离式自行车道

分离式自行车道是我国城市中常见的三块板道路中的非机动车道，或采用简易隔离护栏等设施后的非机动车道。

除此以外，设置在道路断面形式为一块板道路中的非机动车道(有明确的交通标志)也可以看作是自行车专用道的一种，但由于与机动车道在空间上连为一体，在行驶时的安全无法得到充分保障，且在交通高峰时期屡屡被机动车所侵占。自行车的宽度一般在 0.6m 左右，加上为维持平衡所需的空间后，一条自行车道的宽度为 1m。自行车道的宽度一般在 3～6m，其道路纵坡一般控制在2%以内，超过2%时，坡长相应减少(如3%时，坡长应不大于200m)。

(四)有轨电车、轻轨(LRT)

在20世纪70年代后，欧美国家的一些城市对有轨电车进行了技术改造，并对其在城市公共交通系统中应扮演的角色进行了重新评估。经过技术改造后的有轨电车被称为“轻轨”(light rail transit)，以区别传统的有轨电车。由于车辆的载客量，速度，乘坐的方便、舒适程度均有了较大幅度的改善，同时某些线路还开辟了为保障其顺畅行驶的专用空间及信号系统。因此，轻轨已成为欧美国家中部分城市公共交通系统的重要组成部分，例如，德国的柏林、不来梅、汉诺威，美国的波特兰、达拉斯等城市。

轻轨运输系统属于中运量运输系统，每小时可运送乘客3000～11000人次，介于公共汽车与铁路之间。我国的大连、鞍山等城市还保留有轨电车系统。

第四节　城市对外交通规划

一、城市对外交通设施的规划原则

城市对外交通是城市与外部保持密切联系，维持城市正常运转的重要手段和通道。城市对外交通设施规划原则主要体现在以下几个方面。

(1)与城市交通系统紧密相连。城市对外交通设施的布局必须与城市干路系统、主要公共交通系统等相结合，统筹考虑。只有这样才能发挥最大效应。

(2)技术要达到要求。城市规划必须要求设计师们掌握高端的科学技术，并在实际规划中充分利用。例如各项城市对外交通设施对用地规模、布局、周围环境以及对外交通设施之间的联合运输等具有其各自的需求和具体的技术要求。

(3)方便市民使用。城市对外交通设施，尤其是与客运交通相关的设施要注意到作为服务对象的市民的使用方便。例如铁路客运站、公路客运站的位置要靠近城市中人口集中的地区。

(4)把对城市的影响程度缩小到最小化。设计师在城市规划中，可以运用整体布局与局部处理手法相结合的手法，从而降低城市对外交通设施产生的噪声、振动，以及对城市用地的分割等负面影响程度。

二、城市对外公路布局

（一）公路的特征

公路及其相关的客运、货运站场是城市中最常见的对外交通方式。公路按照其设计等级标准可分为高速公路、一级公路、二级公路、三级公路和四级公路；按照其重要程度可以划分为国道、省道和县道；公路在市域内的线路布局主要取决于国道和省道公路网的规划。

公路运输相当于铁路运量来说要小，但其具有投资相对较低、灵活性、适应性强的特点。公路运输与城市的关系主要体现在公路（包括高速公路）在城市段的走向以及客货运站场的位置等方面。

（二）城市对外公路布局的基本图式

如图 5-21 所示，高速公路通过城市时，应根据城市的性质和规模、行驶中车流与城市的关系，采用改图的模式。

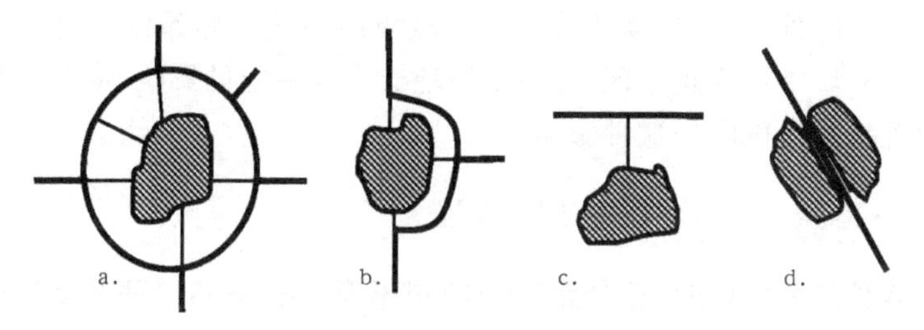

图 5-21　城市对外公路布局基本图式

在图 5-21 中，a 为环形放射布局。该布局形式通常应用于过境交通和出入城交通均比较大，且各方向都有放射公路的枢纽型特大城市。环形放射布局的过境交通由环路绕城而过，入城或出城交通通过与环路相接的城市快速路或主干路实现。

b 为过境交通设置绕行线路。这种布局形式适合于过境交通和出入城交通均比较大、公路辐射方向有所偏重或受地形限制的特大城市和大城市。

c 是公路沿城市一侧布置。这种布局形式一般适合于过境交通为主的中小城市。其特点是城市与公路通过设置联络线进行衔接。

d 是公路穿过城市。各类城市在规划中均应避免采用该种模式。其原因是因为该模式在现有的小城镇比较常见，利用公路承担一部分镇区交通的功能。

(三)公路与城市道路系统的连接方式

1. 公路与城市环状干路相连接

当城市规模达到一定程度,并且在许多方位上设有对外公路时,通常采用沿城市用地外围布置环状公路或城市快速路的方式,连接各个方位上的公路。在某些特大城市中这种环路还会随城市用地的扩展形成两个以上的圈层。通常最外围的环路担负联系各对外公路之间交通的功能,内侧的环路则主要用以联系城市中的各个部分。这种布置形式的最大优点是可以避免大量过境交通进入城市中心区,但同时也带来了过境交通绕行距离过长等问题。

2. 公路在城市组团之间穿过

当城市因地形或历史原因无法形成环路等过境交通专用通道时,也可以采用使公路穿越城市主要组团之间的方法。在这种情况下,公路系统与城市道路系统相互独立,两套系统之间均采用分离式立交,仅在必要的少量地点设置与城市道路系统的连接点。此外,在国外的一些特大城市中,除城市间高速公路外,还设有高架等形式的城市内高速公路系统。过境公路或高速公路从城市中穿越市区,对城市环境会造成一定的影响,应采用绿化或遮音栅等技术措施降低这种影响。

3. 公路沿城市边缘或外围通过

高等级的公路(如高速公路)在通过规模较小的城市时往往采用这种形式。因为,从该城市出发或到达的交通仅占整个公路中交通量的很少一部分,通常采用引入线的方式,在公路与城市干路之间构建联系。这种方式的优点是与城市无关的过境交通不进入市区,公路与城市之间的相互干扰较少。但随着城市用地的扩展,可能一部分城市用地跨越公路发展,并存在将来公路横穿城市的情况。我国目前已逐渐普及的高速公路与通过城市的连接多采用这种方式。

(四)公路站场的布局

公路车站或长途汽车站一般分为:客运站、货运站、技术站以及混合站等类型。在中小城市中,客运站往往结合铁路客运站或客运码头布置,以方便旅客的换乘;而在大城市中为了避免人流的过度集中,公路客运站通常单独布置在靠近对外公路的地点,并通过城市干路以及公共交通系统与城市交通系统相联结。当城市对外公路分布在几个不同方位时，公路客运站也可布置在城市中几个不同的地点，但须注意相互之间的交通联系。货运站可结合城市中的仓储、工业用地以及铁路、港口等其他对外交通设施的布局分别设置，并与城市交通性干路相连。随着城市中集货物运输、仓储、批发等功能于一身的货物流通中心的建设，货运站有被该类综合性储运中心取代的趋势。

三、城市对外铁路布局

（一）铁路在城市中的走向

确定铁路在城市段的走向时，需要考虑两方面的因素：一是要尽可能避免铁路对城市的干扰；二是要满足铁路线路的运营技术要求，如尽量缩短距离、兼顾铁路专用线的布局等。

避免铁路对城市干扰一般可采取的措施有以下几种。

(1)铁路走向结合城市道路网规划，减少城市干路与铁路之间的交叉。同时合理布置与铁路立体交叉（跨越或穿越）的城市干路的位置。

(2)尽可能将铁路路线布置在城市外围，且不影响城市进一步发展的地区。当铁路必须穿过城市时，使其从不同的城市组团之间穿过，并从用地功能布局上减少城市客货流穿越铁路的需求。

(3)伴随城市用地的扩展，适时改造原有的线路。比较简便宜行的方法是将原线路废除，代之以城市外部新建线路。将市区段的线路高架或引入地下也是国外常见的改造方式之一。

(4)在穿越城市的铁路两侧留出足够的空间，用以绿化（车辆边缘距绿化边缘的距离应不小于 10m），减少车辆运行时的噪声、振动影响。

(5)当过境车辆较多时修建专用迂回线路，使过境车流不进入市区。

（二）铁路站场用地位置的选择

铁路站场是人流、货流集中的地点，它城市对外交通的铁路运输与城市交通运输的转换点。铁路站场主要有客运站、货运站、编组站、工业站、港湾站以及铁、路枢纽等种类。其中客运站与部分货运站与城市的关系最为密切。[①]

1. 客运站

客运具有客运功能、客运服务功能、技术作业功能。[②] 在中小城市中，其铁路客运站位于城市边缘，大城市的铁路客运站位于城市中心区的边缘，据城市中心的距离在 2～3km，并与城市交通系统保持密切的联系和顺畅的转换。

客运站宜采用通过式布置，当采用通过式布置工程量巨大或受其他条件限制时，可采用尽端式布置。[③]

2. 编组站

编组站是铁路枢纽的重要组成部分，负责将不同的车辆编成一列车辆。其特点是与城市活动无直接关系，且占地面积较大。所以通常规划中将编组站设在便于各种列车车辆汇集的城市郊区，并避开城市未来的主要发展方向。

3. 货运站

货运站是货物通过装卸转运，在城市对外交通与城市交通体系之间转换的节点。它可分为综合性货站与专业性货站两种，其中以综合性货站最为常见。大城市中通常采用单独布置的方式，并与仓储用地、工业用地的布局相结合；而在小城市中，货运站可结合客运站共同布置形成综合性车站。

货运站的布局与铁路设施布局的总原则相同，与城市关系密切的靠近城市中的货物集散地布置，并与城市干路系统密切结合；而对于与城市无关的站场则尽可能避开市区布置。此外，在条件允许时，货运站应尽可能靠近铁

---

① 城市规划中一般将与城市活动直接相关的站场靠近城市或城市中心布置，例如客运站、零担货运站等；而将与城市活动关系不密切、或者基本无关以及有危险的站场，如编组站、中转货物装卸站、危险品装卸站场等布置在城市边缘地区甚至是城市以外的独立地段中。各类站场的规划布局具有其各自的规律。

② 客运功能包括客票发售、行李、包裹承运、装卸、保管和支付、邮件装卸；服务功能包括旅客上下车、候车、问询、小件行李寄存、旅客文化生活、饮食卫生服务；技术作业包括始发终到列车、通过列车、市郊列车的到发、机车摘挂、列车技术检查。

③ 旅客列车到发线有效长度应按远期旅客列车长度确定。客运站到发线有效长度不应小于650m；当客运站位于Ⅲ级铁路货物列车到发线有效长度的下限地区时，其到发线有效长度不应小于 550m。改建客运站，在特别困难条件下，个别到发线有效长度可采用 500m。对接发短途旅客列车、混合列车和节日代用客车的到发线有效长度，应按其列车长度确定；有货物列车停留的正线和到发线，应按货物列车确定其有效长度。

路编组站布置(图 5-22)。

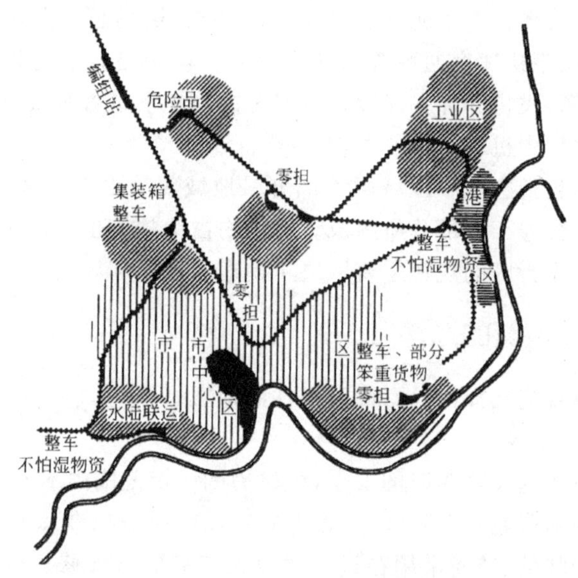

图 5-22 各种铁路货运站场在城市中的位置

4. 各种专业站

在大型工业城市以及港口城市中,通常设有为工业生产、专业仓储以及水路联运而铺设的铁路专用线,以及位于这些专用线上的专业车站,如工业站、港湾站等。

(三)铁路枢纽

铁路枢纽实际上并不是某一铁路设施的名称,而是位于几条铁路干线的交汇点,由各种专业车站和相关线路组成的完整系统的统称。铁路枢纽所在的城市通常也被称为铁路枢纽城市。由于在铁路枢纽城市中汇集了两条以上的铁路干线,因此,城市中铁路系统的复杂程度较一般非铁路枢纽城市要深,铁路设施与城市的矛盾也更加突出,为合理地处理这一矛盾增添了难度。但处理问题的基本原则并不会因此发生改变。

四、城市对外机场的布局

(一)机场的特征

航空运输是以飞机为载体的城市重要的对外交通方式之一。机场是航空运输与其他交通方式衔接的节点，也是飞机起降和停放的场所，与城市发展具有密切的关系。由于航空运输自身的特点，机场必须设在远离城市的郊外，并通过城市快速交通系统与城市相联。机场与城市之间的地面交通是否便捷、顺畅，飞机起降在保障自身安全的前提下是否对城市不造成负面影响是城市规划中机场选址的关键。

机场系统包括空域和地域两大部分。地域部分由飞行区、航站区及进出机场的地面交通三大部分所组成。机场的占地规模也是由这三部分的规模所决定的。飞行区的规模主要取决于跑道的数量和等级。①

(二)机场位置的选择

机场的位置应选择在具有以下条件的地区。

(1)符合净空要求

为保障飞机起飞降落时的安全，机场周围一定范围内不能有建筑物、构筑物等高起的障碍物(图 5-23)。某些滨海城市因难以获得足够面积的符合净空要求的陆地，转而采用在近海建设人工岛的方式修建机场。日本关西国际空港、我国的澳门机场等就是采用的这种方式。

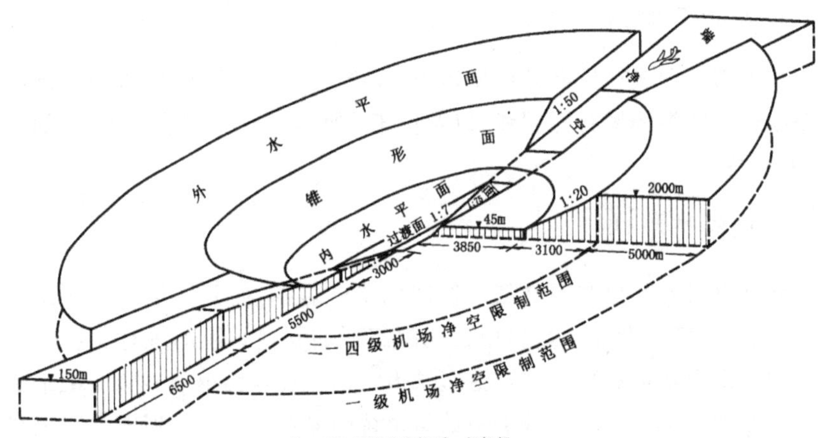

图 5-23 机场对净空的要求

(2)气象条件稳定

规划中需要避开那些气象条件不稳定或易受工业烟雾影响的地区。这

① 例如 3C 级的跑道要求场地长度为 1200～1800m、宽度(翼展)为 24～36m。航站区的规模与年旅客量、高峰小时旅客量以及服务水平相关。总体上国内一般机场的用地规模在 100～500ha，国际机场通常在 700～900ha，但有些洲际枢纽型机场的规模往往更大，例如，法国戴高乐机场的占地规模高达 2995ha。

是因为飞机起降必须迎风，且应该避免侧外风以及其他对飞机起飞干扰的气象条件。①

(3)地质地貌条件良好

机场通常选择用地平坦(纵坡小于10%)、易于排水、工程及水文地质良好的地区。

(4)留有发展余地

当城市用地将机场包围时，不得已只能采取将机场整体搬迁的方法。香港的启德机场、广州的白云机场就是其中的实例。②

(5)其他

机场的选址还应注意飞机的噪声对周围居住市民的影响。因此居住区边缘与跑道侧面的距离最好在5km以上。在特殊情况下，跑道轴线不得穿越居住区(图5-24)。如因其他条件限制无法做到时，应在跑道靠近城市的一端与城市用地之间保持一定的距离，如距居住用地应在30km以上。

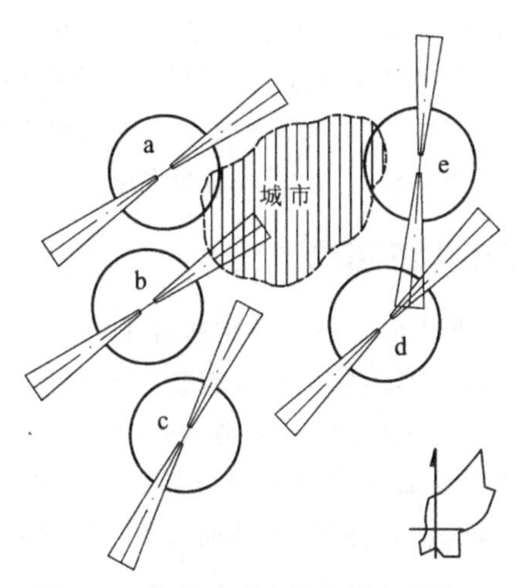

图5-24 机场跑道方位与城市的关系

此外，从区域角度来看，机场位置的选择还应考虑到与其他城市共建共用的问题。一般来说，机场规模越大，其使用效率就越高，服务水平也越高。所以，对于城市密集地区的民用航空机场而言，应考虑打破行政界限，实现城市间机场的共建共用。相反，对于一些特大城市或航空交通枢纽城市而言，就需要安排多个具有不同分工的机场，如国内机场与国际机场，并利用

---

① 气温、雨雾、雷电甚至工业区排放出的烟雾等均可能对飞机的正常起降造成不同程度的影响。

② 随着航空业与城市用地的不断发展，城市规划一方面要为机场的发展留出余地；另一方面也需要尽可能避免城市用地迫近机场，对机场与城市双方造成不便。

城市交通系统解决好相互之间的联络问题。

（三）机场与城市的交通联系

如果机场离城市过远，航空运输的快速优势就会在一定程度上被抵消。尤其当城市间超高速铁路客运交通较为发达的情况下，机场与城市间的距离，尤其是时间距离足以构成影响竞争的重要因素。所以，机场距城市的距离通常控制在30km(时间距离约等于30min)以内。但另一方面，机场距城市的距离过近又不利于降低飞机起降对城市的影响。通常机场距城市用地边缘的距离应保持在10km以上。因此可以看出，机场距城市的理想距离应保持在10～30km的范围内。

当机场客流量不大时，一般机场与城市间通过专用的高速公路或快速路相联结，主要依靠各种汽车，包括机场巴士、出租车及私人小汽车等作为机场与城市间的交通工具，但当客流量达到一定程度，或机场距离城市较远时，则应采用高速有轨公共交通系统作为主要联系手段。对于位于人工岛或滨海的机场，还可以采用高速船舶、直升机等作为连接机场与城市的辅助交通手段。此外，机场或航空公司设在城市内部的可办理登记手续的乘客中心可以实现乘客、行李的分运，也是一种增强机场与城市间联系的方式。

（四）港口在城市中的布局

水运具有运量大、费用低等特点特别适合于货物的长距离、大运量的运输以及带有特殊目的的旅客运输。对城市影响较大的主要是与货运相关的港口设施。通常由船舶的水面航行、货物装卸、仓储以及后方疏运等相关部分组成。港口按照所在位置又可分为内河港口与海港，后者因可停靠大型远洋货轮，并可直接通往世界各地，通常拥有更大规模和更专业化的港区。

1.港口位置的选择

对于港口位置的选择实际上存在着从区域范围进行选择和在城市范围内确定具体地段两方面的工作。城市规划主要与后者相关。港口的位置首选要符合航运自身的技术要求。例如，需要满足包括水深、冲淤、风浪、潮汐、地质条件等在内的对自然条件的要求，满足各种不同类型的码头，如客运码头、件杂货码头、集装箱码头、油轮码头的具体技术要求以及建造港口在技术上的可能性和经济合理性等。其次，港口位置的选择要考虑与城市其他功能的配合。例如，海港与内河、铁路、公路等陆路运输的联运，港口与工业生产的结合，依托城市居住及生活服务设施等。同时，港口位置的选择还要考虑到对城市的影响以及为发展留出余地等问题。例如，煤炭等散装码头不应布置在城市的上风向；油类码头应与其他货区保持一定的防火安全距离，并设置独立的储藏区等。此外，不同类型的港口，如海岸港口，位于河口处的港口，原河流港口，山区河流港口，河网、湖泊、水库港口的位置选择均有其需要特别注意的事项。

2.港口的类型

(1)离岸式码头

码头远离岸边的一种布置形式，海港中的大型油码头或散货码头常采用该形式。随着集装箱运输的发展和船舶的大型化，越来越多的大型深水码头采用该形式。

(2)凸堤式码头

码头自岸边伸入水面，利用两凸堤之间的水面构成比较大的港池。该形式布置紧凑，在海港中常采用。

(3)港池式码头

人工开挖港池，以增加岸线长度，形成相对独立的水域。该形式布置紧凑，占用岸线较短，水域掩护条件较好，但易淤积，工程量较大。

(4)顺岸式码头

顺着天然岸线建造码头，码头前水域比较宽敞。一般河港常用该形式，停泊区位于河道中，但占用岸线较长。在天然防护的水域内有足够的岸线长度时，海港也可采用这种布置形式。

3.港口的布局形式

港口与城市的关系体现在两个方面，一方面港口需要城市的依托，与城市保持密切的关系，例如，客运码头需要靠近城市，以城市为目的地的原材料及产品运输与工业、仓储用地需要保持密切联系等；另一方面，港口大规模占用滨水地区的用地，其作业内容往往又对城市的其他功能造成一定的干扰和影响，需要在城市规划中统筹安排(图 5-25)。

港口的布局形式主要体现在以下几个方面：

(1)客运码头的布局

客运码头，尤其是国际游轮等以旅游休闲为目的的船舶停靠码头要尽可能接近城市中心，与城市交通系统相联系，并与其他货运码头分置，形成良好的城市环境与景观。

(2)港口运输与工业生产

航运具有运量大、费用低等特点，特别适合大量工业原材料及产品的运输。美国、日本等一些发达国家以及我国上海、大连等地在靠近港口的地区

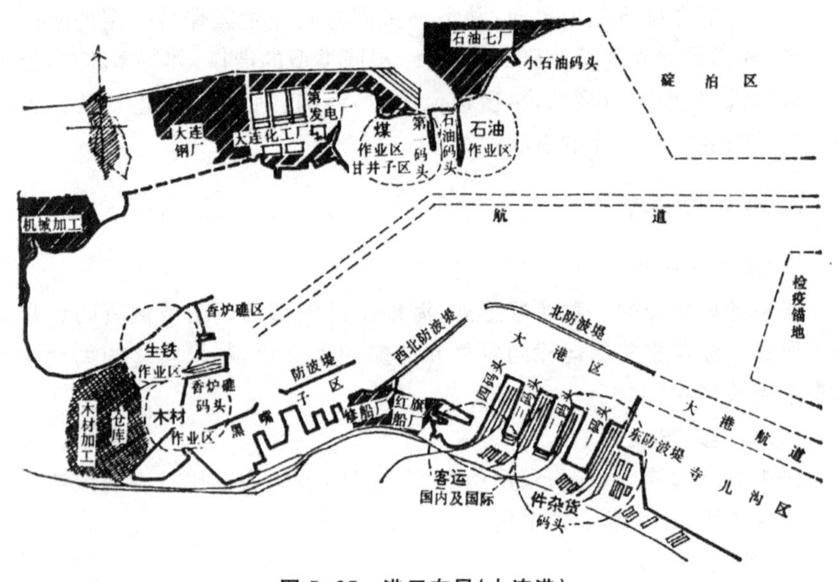

图 5-25　港口布局(大连港)

设置石油化工、钢铁等大型工业生产联合体,使原材料、产品的运输、生产、仓储一体化,大大节省了生产成本。随着我国外向型经济的持续发展,这种集港口与工业生产为一体的综合性地区势必成为我国港口城市布局的发展趋势。

(3)岸线分配

与城市中的土地相同,港口城市中的岸线也是一种宝贵的自然资源。传统上岸线分配更侧重于岸线的生产价值,提倡“深水深用、浅水浅用、避免干扰、各得其所”。但除此之外,滨水空间又是市民活动、休闲娱乐、城市景观形成的重要地区,城市规划中需要合理、妥善地解决市民生活与港口生产对岸线的需求。此外,国外一些城市中,随着制造业向其他地区或国家转移,对靠近城市中心的旧港口地区进行改造,创造出城市中新的商务办公、商业服务以及文化娱乐地区。例如,美国的波士顿、巴尔的摩等城市滨水地区的改造就是其中的代表性实例。

(4)疏港交通的布置

大量以所在城市以外地区为最终目的地的货物需要通过专用的铁路或陆路交通设施迅速运离(或运抵)该城市。疏港交通具有运量大、车辆大型化的特点,应采用专用道路、铁路系统直接与城市对外交通系统相联,避免对城市交通系统造成干扰。

第五节　停车场的规划

一、停车场的种类

如果将停车加以详细区分的话，可以分为“车辆停放”和“临时停车”两类。①

道路交通法规中把“机动车连续停止或是驾驶员离开汽车使汽车处于无法立刻行驶的状态称为车辆停放。”为了停车而在路上或是路外设置的设施称为停车场。世界上许多国家和城市对于停车都有相应的法律，对停车场进行分类，规定了详细指标。比如日本的停车场法把停车场分为六类，即：①路上停车场；②路外停车场；③登记停车场；④城市规划停车场；⑤附加义务停车场；⑥其他停车场。

另外，日本在法律上规定，保有汽车的前提条件是，必须确保车库或是空地等汽车的保管场所。也就是说，购买汽车时，需要出具具有基本停车位的证明，否则无权购买。确保汽车保管场所（基本停车位）的相关法律是其他国家所没有的日本独特的法律，它制定于1962年。这一法律的目的是防止由于停车车辆造成的道路的不正当使用。

停车场还可以按照其构造形式进行分类，其多种多样的形式如图5-26所示。

① “车辆停放”是指停车后不妨碍交通通行，驾驶员可以离开车辆，并且不受停车时间的限制，但是必须在准许停放车辆的地点依次停放，不准在车行道、人行道和其他妨碍交通的地点任意停放。“临时停车”是指行驶途中机动车辆在非禁止停车的路段，驾驶人员在不离开机动车的情况下，靠道路右边按顺行方向作短暂停留。现在对临时停车的时间，法律法规没有相关的规定，但是驾驶人员不得离开机动车辆，否则警察会进行处罚。本文为了表述简洁，把“车辆停放”简称为“停车”。

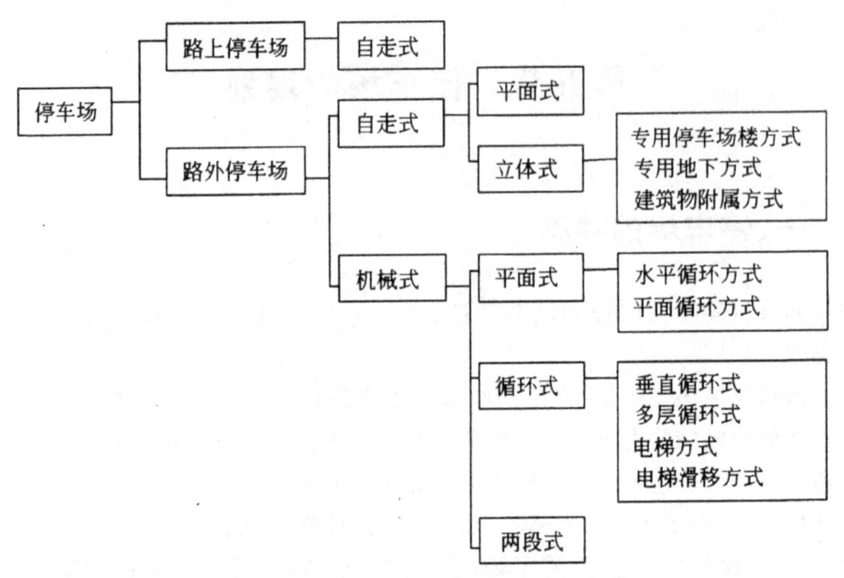

图 5-26　停车场根据造型形式进行分类

图 5-27 所示为平面停车场的停车形式。这一分类取决于停车场用地的形状、汽车出入停车车位的顺畅程度、停车场出入口的位置等条件。

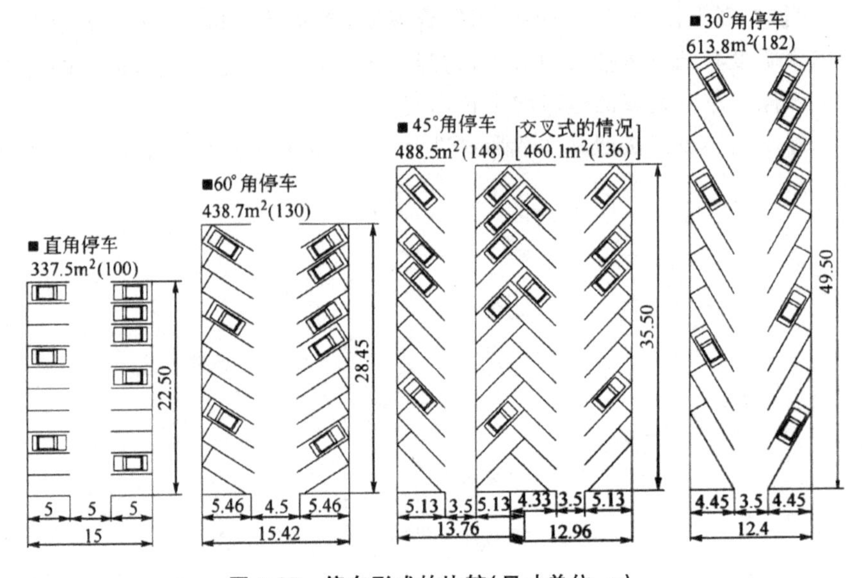

图 5-27　停车形式的比较(尺寸单位:m)

二、公共停车的规划布局原则

公共停车场规划布局应与城市的车辆保有量、停车需求、交通发展政策、城市用地条件等综合研究确定。其布局原则主要体现在以下几个方面。

(1)规划应考虑其周围土地利用与道路交通状况和停车设施供需关系，保证停车设施被充分利用，同时使道路交通与停车拥有状况保持在一个合适的允许水平，使停车容量与路网交通容量保持平衡。

(2)各停车施设在设置时，首先考虑现状的停车问题和远期的需求量两个方面，考虑白天和夜间两种需求。

(3)停车场的设置应配合公共交通站点的布置，包括公交首末站及待建的地铁站，使公共交通与其他交通方式之间顺利衔接。

(4)停车场建设应充分利用城市闲置边角地带，以各种形式加以利用。停车设置布局应尽量小而分散，容量过小不便于管理，平均占地也多，过大则进出不便，受服务范围的限制带来使用率低的缺点。

(5)停车场的形式应因地制宜，充分考虑用地情况，利用建筑物布局的剩余空地进行修建。不同类型的停车场造价相差较大，用地紧张的地方多建地下停车场和停车楼，用地较松的地方建地面停车场；地面停车场与地下停车场相结合，考虑临时停车的需要。

(6)合理配置临时占路停车。

公共停车场的选址一般考虑以下几个因素：停车位短缺及停车需求大的地点；停车设施用地的可得性；停车者到出行目的地的距离；与周围道路系统的关系；停车、取车的便利性。

(7)公共停车场应设置在大型公共建筑和设施附近，如客运枢纽、商场、宾馆饭店、公园和娱乐场所等，停车设施应方便出入和停驻，临近主干道，靠近次干道，并尽量避免穿越道路。

三、停车场规划设计

(一)出入口的规划设计

出入口设计的原则是尽量减少对道路交通的干扰，出入口数量应满足停车高峰小时的需求，一般停车场的出口与入口要分离。

1. 自行车停车场出入口的规划设计

自行车停车场出入口的设置应符合下列规定：

(1)长条形停车场宜分成15～20m长的段，每段应设一个出入口，其宽度不得小于3m。

(2)大型体育设施和大型文娱设施的极大车停车场和自行车停车场应分组布置。其停车场出口的机动车和自行车的流线不应交叉，并应与城市道路顺向衔接。

(3)分场次活动的娱乐场所的自行车公共停车场，宜分成两个场地并各有出入口，交替使用。

(4)500个车位以上的停车场，出入口不得少于两个。

(5)1500个车位以上的停车场，应分组设置，每组应设500个停车位，并应各设有一对出入口。

2. 机动车停车场出入口的规划设计

机动车停车场出入口的设置应符合下列规定：

(1)出入口的缘石转弯曲线切点距铁路道口的最外侧钢轨外缘应大于或等于30m；距人行天桥、交叉口、桥隧坡道起止线应大于或等于50m。

(2)少于50个停车位的停车场，可设一个出入口，其宽度宜采用双车道；50～300个停车位的停车场，应设两个出入口；大于300个停车位的停车场，出口与入口应分开设置，两个出入口之间的距离应大于20m。

(3)停车场的出入口不宜设在主干路上，不得设在人行横道、公共交通停靠站以及桥隧引道处。

(4)出入口应符合行车视距的要求，并应右转出入车行道。

(二)停车位置的规划设计

如图5-28所示，停车场机动车停放方式按车辆纵轴线与通道的夹角关系，可分为平行式、斜列式、平形式三种。

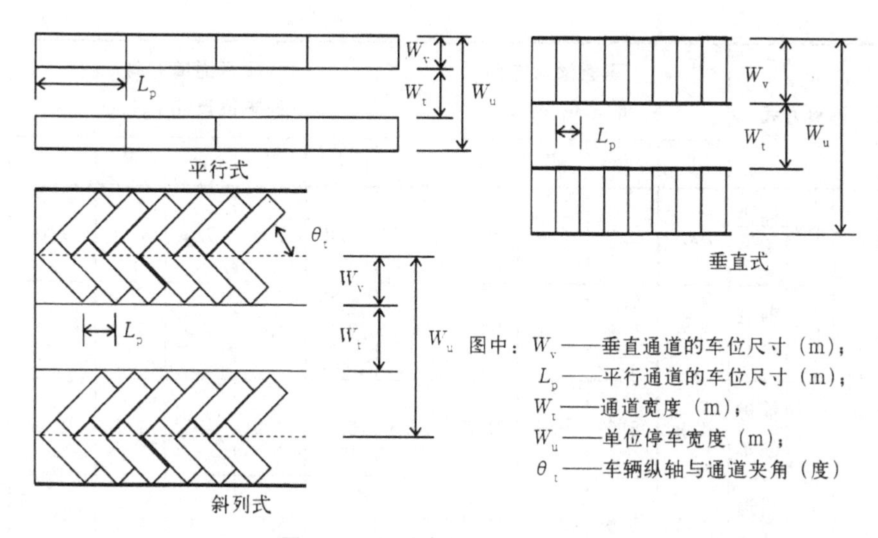

图 5-28　机动车停放方式示意图

按车辆停放方式的不同，有前进停车、前进发车；前进停车、退后发车；后退停车、前进发车等三种。

停车场所需通道宽度、单位停车面积及有关尺寸如表 5-3 所示。

表 5-3　机动车停车场设计参数①

停放方式		垂直通道方向的车位 W_V(m)					平行通道方向的车位尺寸 L_p(m)				
		Ⅰ	Ⅱ	Ⅲ	Ⅳ	Ⅴ	Ⅰ	Ⅱ	Ⅲ	Ⅳ	Ⅴ
平行式	前进停车	2.6	2.8	3.5	3.5	3.5	5.2	7.0	12.7	16.0	22.0

① 注：①表中Ⅰ类为微型汽车，Ⅱ类为小型汽车，Ⅲ类为中型汽车，Ⅳ类为普通汽车，Ⅴ类为铰接车；②计算公式：$W_u = W_t + 2W_v$，$A_u \times L_p/2$；③表列数值系按通道两侧停车计算，单侧停车时应另计算。

续表

停放方式			垂直通道方向的车位 W_V(m)					平行通道方向的车位尺寸 L_p(m)				
			Ⅰ	Ⅱ	Ⅲ	Ⅳ	Ⅴ	Ⅰ	Ⅱ	Ⅲ	Ⅳ	Ⅴ
斜列式	30°	前进停车	3.2	4.2	6.4	8.0	11.0	5.2	5.6	5.6	7.0	7.0
	45°	前进停车	3.9	5.2	8.1	10.4	14.7	3.7	4.0	4.9	4.9	4.9
	60°	前进停车	4.3	5.9	9.3	12.1	17.3	3.0	3.2	4.0	4.0	4.0
		后退停车	4.3	5.9	9.3	12.1	17.3	3.0	3.2	4.0	4.0	4.0
垂直式		前进停车	4.2	6.0	9.7	13.0	19.0	2.6	2.8	3.5	3.5	3.5
		后退停车	4.2	6.0	9.7	13.0	19.0	2.6	2.8	3.5	3.5	3.5

停放方式			通道宽度 W_t(m)					单位停车宽度 W_u(m)				
			Ⅰ	Ⅱ	Ⅲ	Ⅳ	Ⅴ	Ⅰ	Ⅱ	Ⅲ	Ⅳ	Ⅴ
平行式		前进停车	3.0	4.0	4.5	4.5	5.0	8.2	9.6	11.5	11.5	12.0
斜列式	30°	前进停车	3.0	4.0	5.0	5.8	6.0	9.4	12.4	17.8	21.8	28.0
	45°	前进停车	3.0	4.5	6.5	7.3	8.0	12.1	16.3	25.1	31.5	42.6
	60°	前进停车	3.5	4.5	6.5	7.3	8.0	12.1	16.3	25.1	31.5	42.6

停车场内车位布置可按纵向或横向排列分组安排，每组停车不应超过50辆。各组之间无通道时，亦应留出大于或等于6m的防火道。

自行车的停放方式有垂直式和斜列式两种，平面布置可按场地条件采用单排或双排排列。所需停车带宽度、通道宽度及单位停车面积见表5-4所示。

表5-4　自行车停车场参数

停放方式		停车带宽度(m)		停车车辆间距(m)	通道宽度(m)		单位停车面积(m^2/辆)			
		单排停放	双排停放		一侧停车	两侧停车	单排一侧停车	单两侧停车	双排一侧停车	双排两侧停车
斜列式	30°	1.00	1.60	0.5	1.20	2.00	2.20	2.00	2.00	1.80
	45°	1.40	2.26	0.50	1.20	2.00	1.84	1.70	1.65	1.51
	60°	1.70	2.77	0.50	1.50	2.60	1.85	1.73	1.67	1.55
垂直式		2.0	3.20	0.60	1.50	2.60	2.10	1.98	1.86	1.74

(三)绿化绿化设计

停车场周边应种植高大庇荫乔木，并宜种植隔离防护绿带；停车场内宜结合停车间隔带种植高大庇荫乔木。

停车场种植的庇荫乔木可选择行道树种，其树木枝下高度应符合停车位经高度的规定：小型汽车为2.5m，中型汽车为3.5m，载货汽车为4.5m。

四、城市道路停车设施的规划

城市道路停车设施不仅对城市形体结构的视觉形态有影响，而且它还能促进城市中心商业区的发展。城市道路停车设施的规划可以通过以下途径来进行。

(1)集中式停的规划。一个大企业单位或几个单位合并形成停车区。这样有利于解决许多上班族的停车问题，从而减轻交通拥堵或阻塞。需要注意的是，该集中式停车区应根据交通政策和规划、土地开发利用规划等制定出适合该地方停车需求的停车场规划。

(2)在时间维度上建立一项"综合停车"规划。这种停车场是指在每天不同时间里由不同单位和人交叉使用某一停车场地，从而使该停车场达到最大使用效率。例如白天使用的企业单位、商场就可和夜晚使用的影剧院、歌舞厅等共用同一停车场。

(3)在城市核心区用限定停车数量、时间或增加收费等手段作为基本的控制手段。欧美一些国家对此已积累了一些行之有效的经验。

(4)采用城市边缘停车或城市某人流汇集区外围的边缘停车方式。如美国明尼阿波利斯市中心及南京夫子庙街区的集中停车设施,经城市设计安排到了中心外围环路地区。

总之,我国目前多层车库建设还比较少,但多层车库能节约城市用地,故有很大的发展潜力,上海、徐州等地已经注意到这一点。同时它也直接影响着城市街道景观。需要注意的是,多层车库在城市设计中,特别应注意其地面层与城市街道的连续性和视觉质量,如有可能,应设置一些商店或公共设施。

第六章　城市住宅区规划

住宅区是居民生活最直接的生存空间，同时也是城市规划的重要组成部分。住宅区为人们提供休息、恢复的场所，使人们的身体和心灵得到放松，对人们生活质量的影响十分广泛。在现代住宅区的建设当中，设计者往往更加注重人性化的理念，使居住环境更加符合人们的生存要求，城市住宅区的合理规划是实现城市总体规划的重要步骤之一。

第一节　城市住宅区规划的原则

一、社区发展原则

(一)满足人的需求

住宅区设计的最终目的是为人们提供一个良好的环境，从而“更好地”实现他们的各种个人与社会活动。所以，满足人的需求，为人们提供一个适宜的生活环境是住宅区规划设计的基本要求。

有的学者把人的需要从低级到高级分成五个层次，即生理方面的需要、安全的需要、爱与归属的需要、尊重的需要和价值自我实现的需要。

生理的需要和安全的需要是最基本的，包括衣、食、住、行、空气、水、睡眠和性生活等，同时也包括对这些基本生活条件的保障需要和人身安全、劳动安全、就业保障等。

爱与归属的需要和尊重的需要指的是心理方面的需要，包括社会交往、社会地位、宗教信仰、文化传统、道德规范等。

自我实现的需要指的是人的高层次的发展需要，上升到生存的价值、生活的意义、自我的满足、个人风格的追求即存在价值等内容。

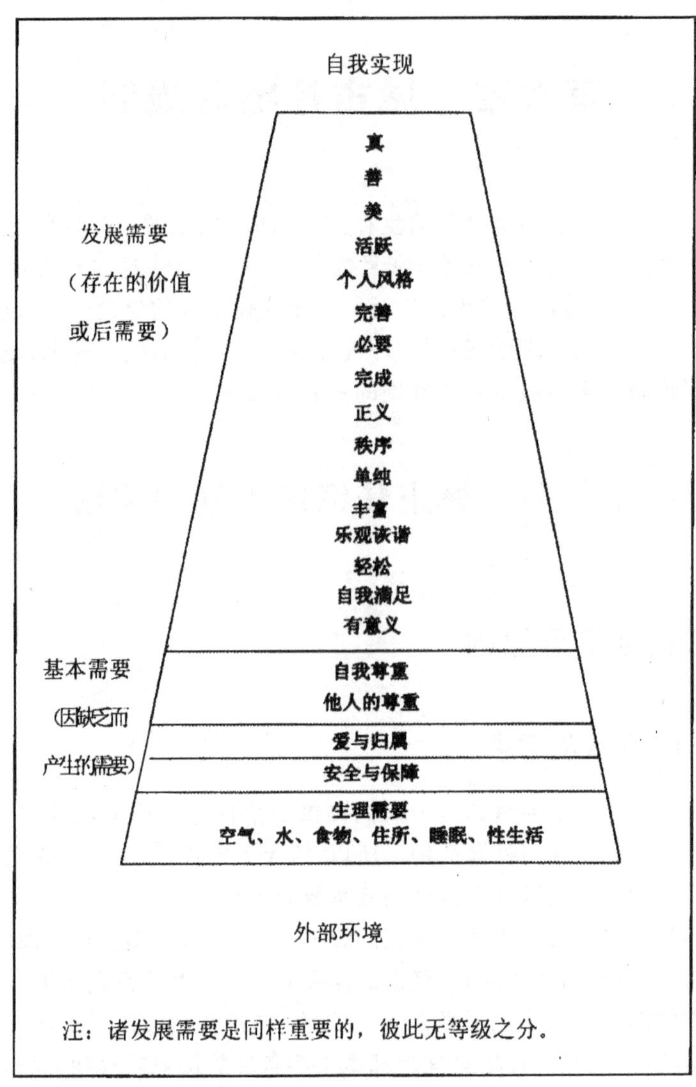

图 6-1　人的需求层次金字塔

(二)适宜居住

住宅区适居性的基本物质性内容包括卫生、安全、方便和舒适。

卫生一方面是指环境卫生，比如垃圾的收集、转运和处理等；另一方面指的是生理健康卫生，包括日照、通风、采光、防治噪声与空气污染等。

安全也有两个方面，一方面指人身的安全，具体讲就是交通安全、防灾减灾等；另一方面指的是治安安全，犯罪防治是最主要的。

方便即居民日常生活的便利程度，在购物、教育、交往、户外公共活动、娱乐、出行等，都应该有比较完善的设施。

舒适的内涵最为广泛，包括了物质因素方面的生理性内容，也包括了既与物质因素又与非物质的社会因素相关的心理性方面的内容。

（三）文化与生活

良好的人文环境是营造文明社区的重要条件，社区文化的丰富，生活气息的祥和，邻里关系的融洽和社会风尚的文明是富有文化与活力的人文环境的重要内容。

图 6-2　丰富多彩的社区文化

住宅区规划设计应该利用有形的设施、无形的机制建立起居民对社区的认同、参与、肯定，邻里关系、社区文化、精神文明和居住氛围等都能够和谐融洽。

二、社区共享原则

共享原则要求住宅区在规划设计的时候必须注意类型、项目、标准和消费费用的大众化，设施的布局应注意均衡性与选择性。另外，在服务方式与管理机制上方面也应注意整体性与整体质量。

景观环境质量的优劣常常是居民选择居住地点的主要因素之一。通过“组景”，能够实现社区景象的共享前提，“入景”则实现了社区景象共享的目的。景象共享的实现，要根据用地条件，形态与空间的合理布局所形成的景象通视得以实现。

图 6-3 中的小区营造了一个带形集中绿地，住宅院落面向集中绿地开口，使院落与绿带连接成一个整体。

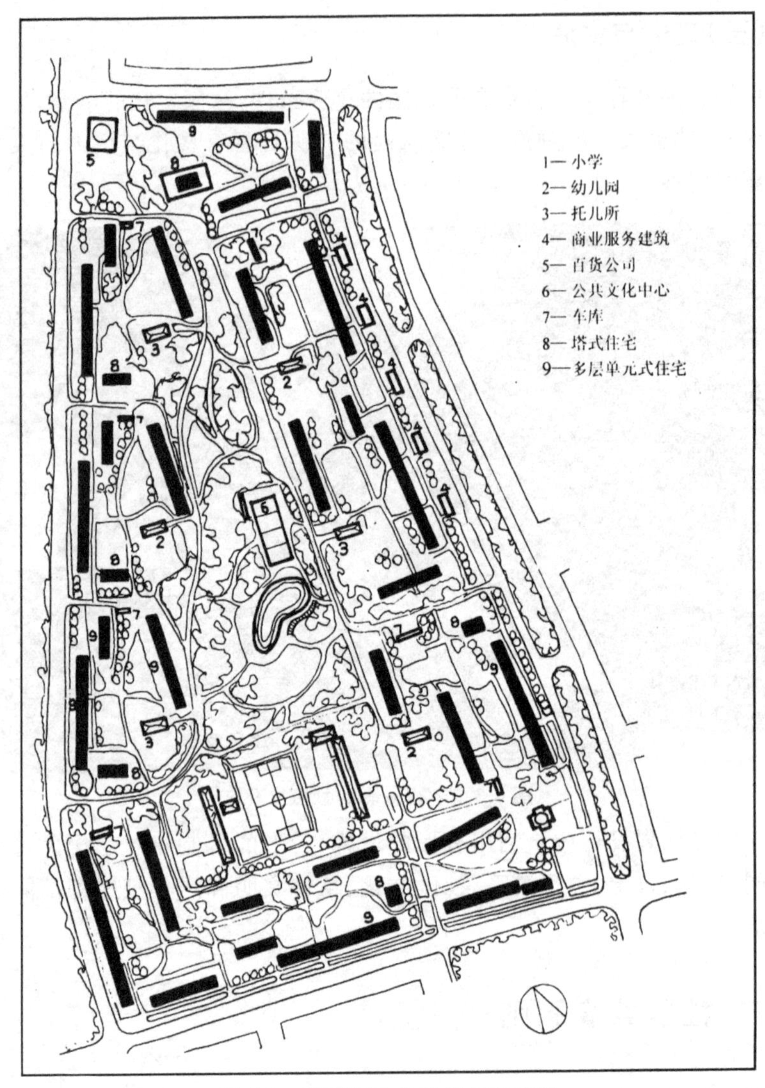

图 6-3　某社区内的资源共享格局

三、生态优化原则

在现代社会，积极应用新技术、开发出新的产品，充分合理地利用和营造当地的生态环境，改善住宅区及其周围的小气候，实现住宅区的自然通风与采光，减少机械通风与人工照明，综合考虑交通与停车系统、饮水供水系统、供热取暖系统、垃圾收集处理系统的建立与完善，节约能源、减少污染、营造生态是现代住宅区规划设计应该考虑的基本要求。①

图 6-4 1996 年上海住宅设计国际竞赛 7 号方案

① 1996 年“上海 2000 年住宅国际竞赛”德国 OBERMEYER 公司的方案荣获了二等奖，该方案之所以成功是因为考虑了由屋顶绿化系统、窗墙保温系统、屋顶雨水收集与贮存处理系统、分质供水系统、太阳能供热系统、自然降温通风系统以及人车分行的住宅区交通系统构成的完整的居住社区生态化结构运营体系。有关资料报道，这些系统在德国已分别在不同的住宅区中进行了实践，效果显著。

第二节 城市住宅区规划的基础

一、城市住宅区的构成与规模

(一)城市住宅区的构成

我国的城市住宅区按居住户数或人口规模大致可分为住宅区、居住小区、居住组团(表6-2)。

表6-1 住宅区分级控制规模

住宅区的构成	住宅区	居住小区	居住组团
户数/户	10000～16000	3000～5000	300～1000
人口/人	30000～50000	10000～15000	1000～3000

1.住宅区

我国的住宅区泛指不同居住人口规模的居住生活聚居地,特指被城市干道或自然分界线所围合,并与居住人口规模(30000～50000人)相对应,配建有一整套较完善的、能满足该区居民物质与文化生活需要的公共服务设施的居住生活聚居地。

2.居住小区

居住小区通常被住宅区级道路或自然分界线所围合,并与居住人口规模(7000～15000人)相对应,配建的公共服务设施能满足该区域居民基本的物质和文化生活需要的居住聚居地。

3.居住组团

居住组团是指一个居住小区通常由几个组团组成,相互间被小区道路分隔,人口规模大约在1000～3000人,配建有居民所需的基层公共服务设施的居住生活聚居地。

(二)住宅区用地的组成

根据住宅区土地功能的不同,可以将其划分为住宅用地、公共设施用地、道路用地和公共绿地四部分。

住宅用地即建筑物基底以及四周间距内的用地，一般包括宅间绿地和宅间小路。公共设施用地也叫做公建用地，指的是为服务居民建设的各种设施用地，包括住宅区场院、停车场等。道路用地即住宅区内通行道路及居民汽车停放的场地。公共绿地是为居民提供游憩休闲场所及设施的绿地区域，一般包括住宅区的公园、小游园和一些组团绿地。

住宅区一般被城市干道或自然分界线围合，建设有较为完善的，能满足该地区居民物质文化需求的公共服务设施。居住小区常被区级道路和自然分界线围合，配套设施基本能满足居民的物质文化需求。居住组团人口规模较小，配备有基层公共服务设施。这三级住宅区之间常常是包含与被包含的关系，虽然规模大小不同，但都由住宅用地、公共设施用地、道路用地和公共绿地四部分，并且在规划建设时要按照不同的指标进行。

图 6-5　住宅区实景图

表 6-2　用地范围与平衡控制指标表

用地	范　围	用地平衡控制指标		
		住宅区	居住小区	居住组团
住宅用地	建筑基底占地及其四周合理间距内的用地(含宅间绿地和宅间小路)	50%～60%	55%～65%	70%～80%

续表

用地	范围	用地平衡控制指标		
		住宅区	居住小区	居住组团
公共服务设施用地	一般称公建用地，是与居住人口规模相对应配建的、为居民服务的各类设施的用地，应包括建筑基底占地及其所属场院、绿地和配建停车场等	15%～25%	12%～22%	6%～12%
道路用地	住宅区道路、小区路、组团路及非公建配建的居民小汽车、单位通勤车等停放场地	10%～18%	9%～17%	7%～15%
公共绿地	满足规定的日照要求、适合于安排游憩活动设施的、供居民共享的游憩绿地，应包括住宅区公园、小游园和组团绿地及其他块状带状绿地等	7.5%～18%	5%～15%	3%～6%

注：用地平衡控制指标为各类用地占总用地比例。

（三）城市住宅区的规模

城市住宅区的规模主要体现在两个方面，即人口规模和用地规，通常情况下以人口规模为标志。

城市住宅区的规模受住宅区公共服务设施的合理服务半径（通常为800～1000m）、城市干道间距（通常为700～1100m）、居住行政管理体制[①]以及自然地形条件等因素的影响。

我国住宅区人口规模通常为5万～6万人，少则3万人；用地规模在50～100hm^{2}左右。

二、城市住宅区的分类及布局形式

（一）城市住宅区住宅的分类

住宅区建筑在居住环境中占有相当重要的地位，它通常由住宅建筑和公共建筑两大类构成。其中，住宅在整个住宅区建筑中占据主要比例。

① 一个住宅区规模大致与一个街道办事处的规模相适应。

住宅区中常见住宅一般可分为低层住宅（1～3 层）、多层住宅（4～6 层）、中高层住宅（7～9 层）和高层住宅（9 层以上）。

1. 低层住宅

低层住宅低层住宅又可分为独立式、并列式和联列式三种。目前城市用地中，以开发多层、中高层、高层住宅为主，低层住宅常以别墅形式出现，如一块独立的住宅基地则可建成比较高档的低层住宅。

2. 多层住宅

多层住宅用地较低层住宅节省，是中小城市和经济相对不发达地区中大量建造的住宅类型。多层住宅的垂直交通一般为公共楼梯，有时还需设置公共走道解决水平交通。它从平面类型看，有梯间式、走廊式和点式之区分。

3. 高层住宅

高层住宅垂直交通以电梯为主、楼梯为辅，因其住户较多，而占地相对减少，符合节约土地的国策。尤其在北京、上海、广州、深圳等特大城市，土地昂贵，发展高层乃至超高层是迫不得已的事情。在规划设计中，高层住宅往往占据城市中优良的地段，组团内部、地下层作为停车场，一层做架空处理，扩大地面绿化或活动场地，临街底层常扩大为裙房，作商业用途。从平面类型看，它有组合单元式、走廊式和独立单元式（又称点式、塔式）之区别。

（二）住宅区的布局形式

住宅区的规划布局通常考虑地理位置、光照、通风、周边环境等因素，因地制宜，这也使得住宅区的整体面貌呈现出多种风格。

1. 片块式布局

片块式布局的住宅建筑在形态、朝向、尺寸方面具备较多的相同因素，不强调主次关系，建筑物之间的间距也相对统一，住宅区位置的选择一般较为开阔，整体成块成片，较为集中。

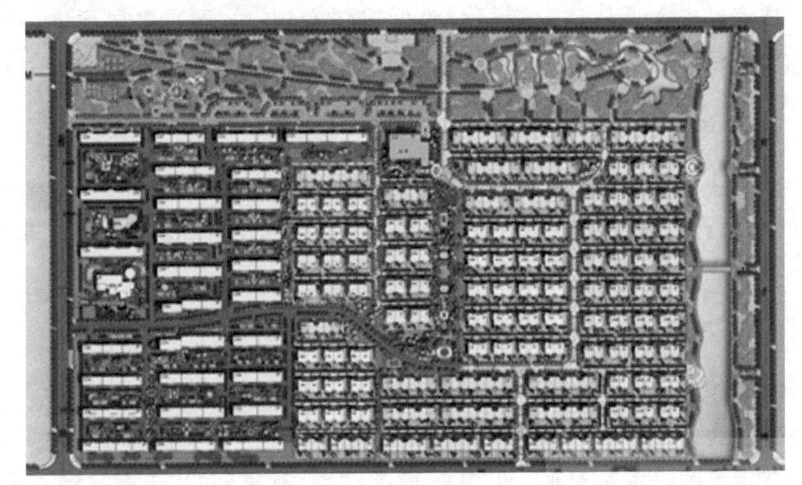

图 6-6 片块式小区布局

2. 向心式布局

顾名思义，它指的是住宅区建筑物围绕着占主导地位的要素组合排列，区域内有一个很明显的中心地带。

图 6-7 向心式小区布局

3. 集约式布局

集约式布局是将居民住宅和公共配套设施集中紧凑布置，同时开发地下空间，利用科技使地上地下空间垂直贯通，室内外空间渗透延伸，形成一种居住生活功能完善，同时又节省建筑空间的集约式整体模式。

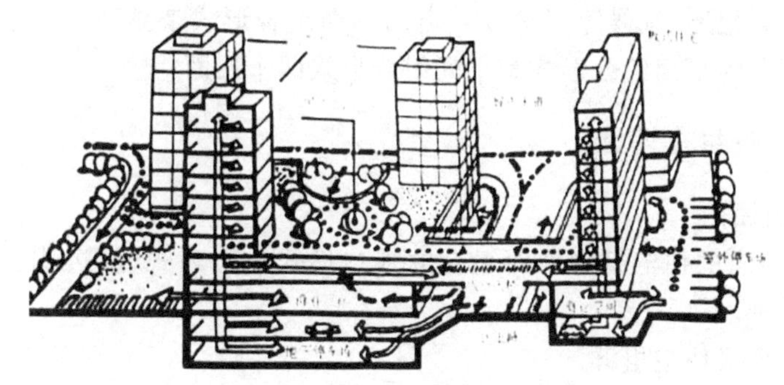

图 6-8　集约式小区布局示意图

4. 轴线式布局

空间轴线具有极强的聚集性和导向性，通常以线性道路、绿带以及水体构成，住宅区沿轴线布局，或对称，或均衡，起到了支配全局的作用。

图 6-9　轴线式小区布局

5. 自由式布局

这种布局形式没有明显的组合痕迹，建筑物与各种设施之间的排放较为自由，形态变化较多，与中国传统园林的构园模式有些许相似之处，体现出一种生动自然的状态。但在实际生活中，为了方便居民生活，这种自由式布局采用的情况相对较少。

(三)城市住宅区住宅组群的布局形式

住宅建筑是小区景观的主要组成部分，它的主体建筑形式决定小区风格的整体趋势，也基本体现出居民的文化层次和经济状况。居住小区的建筑景观首先考虑的是住宅建筑形态的布局，有独立式住宅建筑形态、连排式低层住宅建筑形态、多层住宅建筑形态、高层住宅建筑形态。这些住宅建筑形态要根据地形、气候等因素按一定的平面组合形式来排列。住宅组群布局形式可分为平面组合形式和空间组合形式两个层面。

1. 平面组合形式

(1)组团内

组团内[①]的住宅组群平面组合的基本形式为行列式、周边式、点群式、混合式三种。

①行列式住宅组群

行列式布局有平行排列、交错排列、不等长拼接、成组变向排列、扇形排列等几种方式。它是指按一定朝向和间距成排布局,每户都能获得良好的日照和通风条件;整齐的住宅排列在平面构图上有强烈的规律性(图 6-10)。

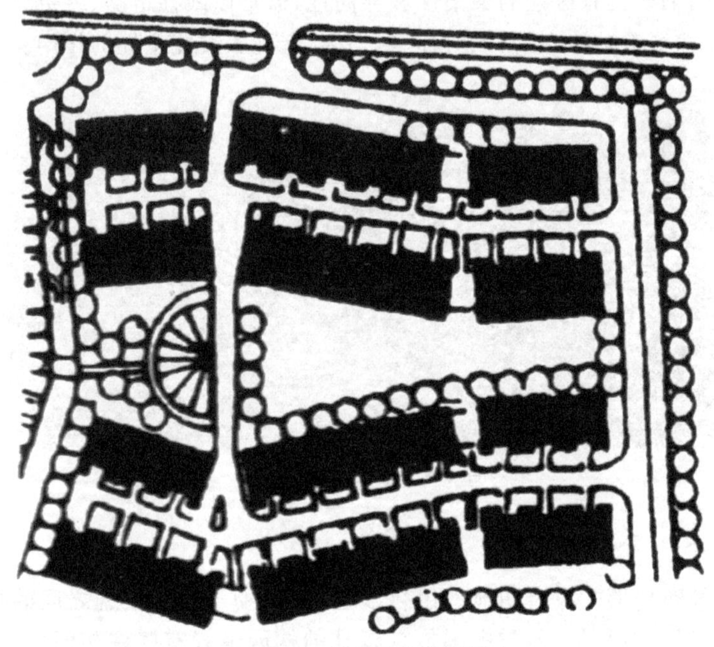

图 6-10　行列式住宅组群

②周边式住宅组群

周边式住宅组是指住宅沿街坊或院落周边布局,形成封闭或半封闭的内院空间(图 6-11)。它的特点是院内安静、舒适、安全、方便,较适于寒冷多风沙地区。周边式布局有单周边、双周边等方式。

① 组团是住宅区的物质构成细胞,也是住宅区整体结构中的较小单位。

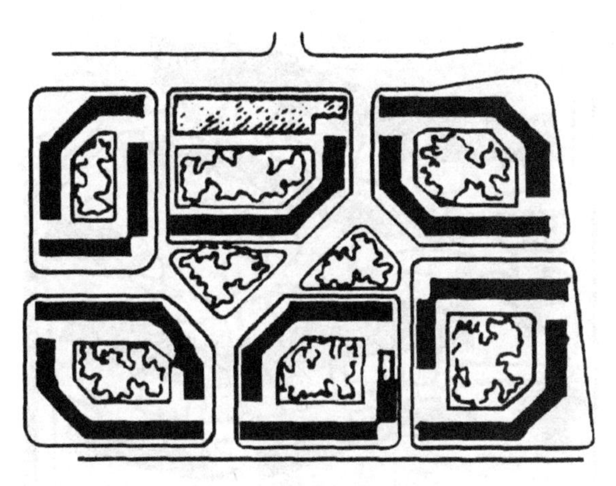

图 6-11 周边式住宅组群

③点群式住宅组群

群式住宅自成组团或围绕住宅组团中心建筑、公共绿地、水面有规律或自由布局,可丰富住宅区建筑群体空间,形成住宅区的个性特征(图 6-12)。它括低层独院式住宅、多层点式及高层塔式住宅。其特点为布局灵活,能充分利用地形。点群式住宅组有规则式与自由式两种方式。

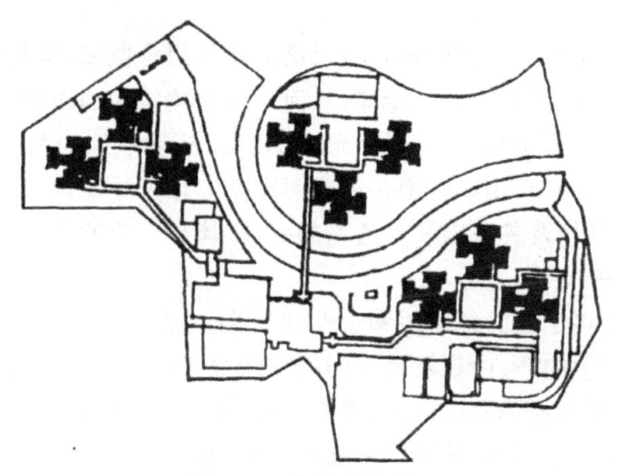

图 6-12 点群式住宅组

④混合式住宅组群

混合式住宅组是以上三种基本形式的结合或变形,可体现居住空间的灵活性和组群变化(图 6-13)。

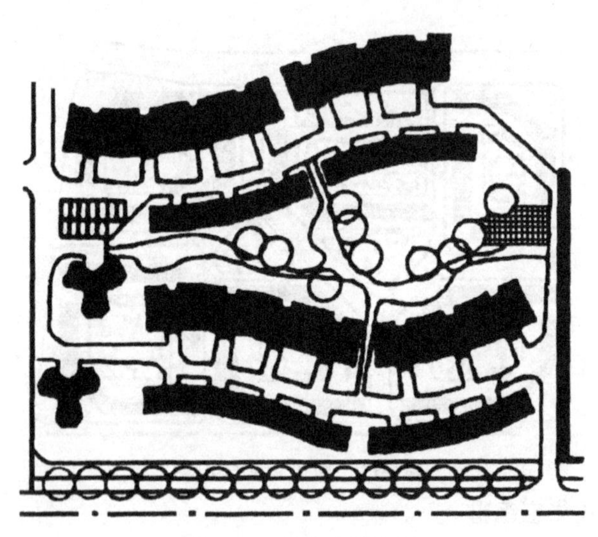

图 6-13 混合式住宅组

(2)组团间

若干住宅组团配以相应的公共服务设施和场所则构成了居住小区。其方法主要有以下几种。

①统一法

统一法指小区采用相同形式与尺度的建筑组合空间,重复设置,或以一定的母题形式或符号,形成主旋律,从而达到整体空间的协调统一。不管是重复组合还是母题延续,都有利于形成居住外环境空间的秩序统一和节奏感的产生。通常一个小区可用一种或两种基本形式重复设置,贯穿母题,有时根据地形、环境及其他因素做适当的变异,体现一定的灵活性和多样性。

②向心法

向心法指将小区的各组团和公共建筑围绕某个中心布局,使它们之间相互吸引而产生向心、内聚及相互间的连续,从而达到空间的协调统一。尤其在大、中城市和经济发达地区,地价昂贵,又要保证比较高的容积率,常在周边布局高层住宅,中央设置小区集中绿地,布局成包括泳池、水景、广场在内的中心花园。这类规划即是典型的向心组合。

③对比法

对比法指在居住空间组织中,任何一个组群的空间形态进行对比的手法。[①] 如点式住宅组团和板式住宅组团的对比,庭院围合式与里弄、街坊式等空间组织方式的对比,容易产生个性鲜明的组团组合特色。

① 在居住环境规划中,除考虑自身尺度外,还要考虑各空间之间的相互对比与变化,包括空间的大小、方向、色彩、形态、虚实、围合程度、气氛等对比。

2. 空间组合形式

住宅组群的空间组合形式主要有成组成团式和街坊式两种。

(1)成组成团式

成组成团式组合方式是由一定规模和数量的住宅成组成团地组织，构成住宅区(小区)的基本组合单元。其规模受建筑层数、公建配置方式、地形条件等因素的影响，一般为1000～2000人，较大的可达3000人左右。住宅组团可由同一类型、相同层数或不同类型、不同层数的住宅组合而成。

(2)街坊式

在街坊式中，成街是指住宅沿街组成带形的空间；成坊，是指住宅以街坊作为一个整体的布局方式。在组合群设计中，因不同条件限制，可既成街又成坊。

三、城市住宅区绿地的功能及规划原则

(一)城市住宅区绿地的功能

城市住宅区的绿地是指居住小区或住宅区范围内，住宅建筑、公建设施和道路用地以外用于布局绿化、园林建筑及小品，从而提高居民居住的生活质量。住宅区环境的绿地规划构成了城市整个绿地系统点、线、面上绿化的主要组成部分，是最接近居民的最为普遍的绿地形态。

住宅区绿地的规划建设与居民的生活密切相关，住宅区绿地的功能能否满足人们日益增长的物质、文化生活的需求，是当今城市居住用地规划所解决的首要问题。因此，住宅区绿地的功能可以大致概括为“使用功能、生态功能、景观功能、文化功能”四个方面。

第一，使用功能。住宅区绿地具有突出的实用价值，它是形成住宅区建筑通风、日照、防护距离的环境基础，特别是在地震、火灾等非常时期，有疏散人流和避难保护的作用。住宅区绿地有极高的使用效率，户外生活作为居民必不可少的居住生活组成部分，凭借宅前宅后的绿地、组团绿地或中心花园，可以充分自由地开展丰富多彩的绿地休闲、游园观赏活动，有利于人们的身体健康。

第二，生态功能。在炎夏静风状态下，绿地能促进由辐射温差产生的微风环流的形成。这是因为绿地能有效地改善住宅区建筑环境的小气候。①

① 其范围包括遮阳降温、防止西晒、调节气温、降低风速等。

因此，住宅区的绿地在设计时，可以主体可以选用植物，它们可以相对地起到净化空气、吸收尘埃、降低噪声的作用。

第三，景观功能。住宅区的绿化除了美化环境，还可以遮盖不雅观的环境物，以绿色景观协调整体社区环境。因此，住宅区绿地是形成视觉景观空间的环境基础。

第四，文化功能。住宅区在规划时，要以创建文明社区的基本标准为主，还要求具有配套的文化设施和一定的文化品位。一个温馨的家园不仅是视觉意义上的园林绿化，还必须结合绿地上的文化景观设施来统一评价。这种绿化与文化设施（如园林建筑、雕塑、水景、小品等）共同形成的复合型空间，有利于居民增进彼此间的了解和友谊，有利于教育孩子、启迪心灵，有利于大家充分享受健康和谐、积极向上的社区文化生活。

（二）城市住宅区绿地的规划原则

居住小区绿地设计时，首先必须分析居住小区使用者数量、年龄、经济收入、文化程度和喜好等。不同阶层的使用者对居住小区景观规划设计的需求也会有明显的差别，主要体现在以下几方面。

第一，明确的定位。在进行景观规划设计时，首先必须考虑用地规模和地价等土地适用性评价。其次确定服务对象，有针对性地来设计居住小区景观。

第二，周边环境资源的利用和再开发。居住小区周边环境包括地理交通、历史渊源、文化内涵和自然生态环境等。建筑是居住环境的主体元素，它能实现理想居住小区的群体空间。居住小区的景观在设计时，可以借用多种造景手段[①]，如将居住小区周围的自然、人文景观等融入居住小区的景观序列中，从而创造出居住小区宜人的自然山水景观。

第三，可持续发展原则。受不同形态基地内的原有地形地貌的影响，在对居住小区景观环境进行总体规划时，首先应在尊重原有自然地形地貌条件下，实现“可持续发展”的思想，从而在维护和保持基地原有自然生态平衡的基础上进行布局设计。

第四，居住小区景观的渗透与融合。在整体规划设计中，应遵循城市大景观与居住小区小景观相互相协调的原则。例如将小区的景观设计作为对城市景观设计的延伸和过渡，可以使人们从进入居住小区到走入居室，始终

---

① 设计必须结合周边环境资源，借势、造势，形成别具一格的景观文化。

置身于愉悦身心的生态环境中。[1]

(三)居住区植物的配置与选择

居住区植物的配置选取,需要充分考虑绿化对生态环境的作用和各种植物的组织搭配产生的观赏功能,同时还要因地制宜,选取符合植物生长习性的品种,以科学的方案构建出和谐的园林之美。

1.植物配置的原则

(1)注重层次性和群体性

居住区的绿化要重视植物的观赏功能,植物配置要有层次性和群体性的特征。具体来讲,应该将乔木与灌木相结合,将常绿植物与落叶植物相结合,将速生植物与慢生植物相结合,并适当点缀一些花卉、草坪,从空间上形成错落有致的搭配,时间上体现出季相和年代的变化,从而创造出丰富优美的居住环境。

(2)符合植物的生长习性

在一定的地区范围内都有符合当地生态气候的植物和树种,居住区内植物的选择要符合它们的生长习性,否则会产生“橘生淮南则为橘,生于淮北则为枳”的不良后果。选择符合该地区生长习性的植物种类才能在日后的生长过程中产生良好的生态与观赏效益,同时也便于集中管理。

(3)采用多种栽植方法

各种植物的栽植,除了在小区主干道等特定区域要求以行列式栽植以外,通常会采用孤植、丛植、对植相结合的方式,创造出多种景观构造。植物选取的种类不宜过多,但尽量不采取雷同的配置,应该保证其形态上的多样化和整体上的统一性。

(4)提高绿地的生态效益

居住区环境质量的提高很大程度上归功于绿色植物产生的生态功能,绿色植物能有效降低噪声污染、净化空气、吸滞烟尘。绿化过程中,在保证植物观赏功能的基础上,应侧重其生态环境方面的作用。一般通过对植物种类的选取和植物的组合配置能产生较好的生态环境效益。

---

[1] 此外,还可以通过合理运用园林植物将园林小品、建筑物、园路充分融合,体现园林景观与生活、文化的有机联系,并在空间组织上达到步移景异的效果。

图 6-14 居住区的植物配置

2. 植物的选择

(1)乡土树种为主

人们通常将一个地区内较为常见、分布广泛、生命力顽强的树木称为乡土树种,它们的成活率很高,在比较长的历史时期内都能健康生长。居住区树种的选择通常以这种"适地适树"的乡土树种为主,既降低了栽植的难度,还能节省运输成本、便于管理。同时,也应该积极引进经过驯化的外来植物种类,以弥补乡土植物的不足。

(2)以乔灌木为主

乔木和灌木是城市园林绿化的主体植物种类,给人以高大雄伟、浑厚蓊郁的感受。居住区植物的选取同样以乔灌木为主,同时以各种花卉和草本进行点缀、地表铺设草坪,它们的合理搭配能形成色彩丰富、季相多变的整体植物群落,能产生很好的生态环境效益。

(3)耐阴和攀援植物

由于居住区内建筑较多,会形成许多光照较少的阴面,这些区域内应选择种植一些耐阴凉的植物,如玉簪、珍珠梅、垂丝海棠等都是其中的代表。另外,攀援植物在居住区绿化中也有十分广泛的应用,在一些花架和墙壁上,通常会种植常春藤、爬山虎、凌霄等攀援植物。

图 6-15　小区墙面的爬山虎

(4)兼顾经济价值

居住区绿化应首先考虑植物的生态功能和观赏功能，有便利条件的地区还可以在庭院内种植一些管理比较方便的果树、药材等，在收获的季节不仅丰富了小区的景观，还能产生一定的经济效益。

四、城市住宅区的具体规划设计

(一)道路及铺地规划

居住小区道路按功能需求分为：一是小区级路，即采用人车混行方式，其路面宽度一般 6～9m；二是组团级路，即接小区路、下连宅间小路的道路，一般以通行自行车和人行为主路面宽度一般为 3～5m；三是宅间小路，即住宅建筑之间连接各住宅入口的道路，主要供人行，路面宽度不宜小于 2.5 米。

小区的游步道的设置应宜曲不宜直，宜窄不宜宽，要考虑到道路本身的美感，如材质的不同质感和肌理对居民的审美感受。同时要严禁机动车辆通行，保证居民走在其中安全、放松、舒适。[①]

居住小区铺地主要是车行道、人行道、场地和一些小径，除满足舒适性、方便性、可识别性等需求外，还要创造具有美感的铺装效果。例如小区行车道路铺地材料一般主要以沥青或水泥为主。而绿地内的道路和铺装场地一般采用透水、透气性铺装，栽植树木的铺装场地必须采用透水、透气性铺装材料。

（二）绿地规划设计

居住小区绿地规划设计应以宅旁绿地为基础，公共绿地为核心，道路绿地为网络，公共设施绿地为辅，使小区绿地自成系统，并与城市绿地系统相协调。居住小区规划设计规范规定新区建设绿地率不应低于30%；旧区改建不宜低于25%；各绿地的入口、通路、设施的地面应平缓、防滑，有高差时应设轮椅坡道和扶手；绿化要求做到尽量运用植物的自然因素，使得保持居住小区四季都有生机。

（三）环境小品及设施规划

每一个住宅小区都有自己的标志性景观形象，它反映了一个小区的设计理念和文化。标志性景观形象其外观形态有多种表现形式，常见的有雕塑形象、建筑壁画等。另外，居住小区一般都会有娱乐设施，它包括成人健身、娱乐设施和儿童娱乐设施等。娱乐设施要与住宅区间隔10m以上，防止噪声，特别是儿童娱乐设施，要建造在阳光充足的地方，有可能的话尽量设置在相对独立的空间中。

亭、花架属于小区的环境小品。亭、花架既有功能要求又具有点缀、装饰和美化作用，最主要起到供人们休憩的作用。例如传统的亭、花架建筑材料以竹、石、砖瓦等为主要建材，并配以特有的装饰色彩。花架能分隔空间、连接局部景物，攀缘蔓类植物再攀附其上，既可遮阴休息，又可点缀园景。

入口是小区的门面，直接反映出小区的档次。入口的表现形式多种多样，风格大体分为中式、欧式、现代式、田园式等，材料以各种建材和金属为主。

照明是小区设计的重要景观构成要素之一，它在满足照明的功能基础上，还能起到衬托景观的作用。所以在照明设计上，要充分利用高位照明和低位照明相互补充，路灯、泛光灯、草坪灯、庭院灯、地灯等相互结合，营造富

---

① 小区道路转弯处半径15m内要保证视线通透，种植灌木时高度应小于0.6m，其枝叶不应伸入至路面空间内。人行步道全部铺装时所留树池，内径不应小于1.2m×1.2m 。

有目的和氛围的灯光环境。

标识牌、书报栏是小区信息服务的重要组成部分，也是体现小区文化氛围的窗口。

此外，小区中一般都设有标牌，其目的是为了引导人们正确识别线路，尽快到达目的地，为居民带来舒适和便利。标识牌可以笼统地分为六大类：定位类、信息类、导向类、识别类、管制类和装饰类。标识牌的指示内容应尽可能采用图示表示，说明文字应按国际通用语言和地方语言双语表达。

图 6-16　园林小品

图 6-17　小区内的信息牌

(四)水景规划

小区中水景设计主要表现方式有喷泉、溪流、池水、叠水等。水景设计时,要充分考虑儿童的活动范围及安全性。因此,设计时既要符合儿童喜欢戏水的天性,又要适于他们的尺度。例如水位稳定的池塘,石面要比水面高出 10～20cm,这样使得安全上可靠,而且夏天儿童还能在水中嬉戏。需要注意的是,水中的石块或水泥制品放置于水中时一定要稳固。

图 6-18　小区喷泉

(五)停车场规划

居住小区的车位应按照不低于总住户数的 30%设置,并留有较大的发展可能性。停车场的布局不应影响环境的美观,从居民的停车步行距离来考虑。停车方式可采用地面停车场,地下停车场。地面停车场建设所受限制较少,建设费用低;但占地面积大,土地利用率低。地下停车库除出入口、通风口等,不占用地面用地,不受地面空间大小影响,可以做到在相对较小的用地范围内解决大量的停车空间,在布局上与地形结合能够高效利用土地。

五、城市住宅区住宅实例分析

如图 6-19 所示,该居住小区用地 9.4hm^2,总居住人口 4000 多人,总建筑面积 128055m^2。以下对该小区进行分析。

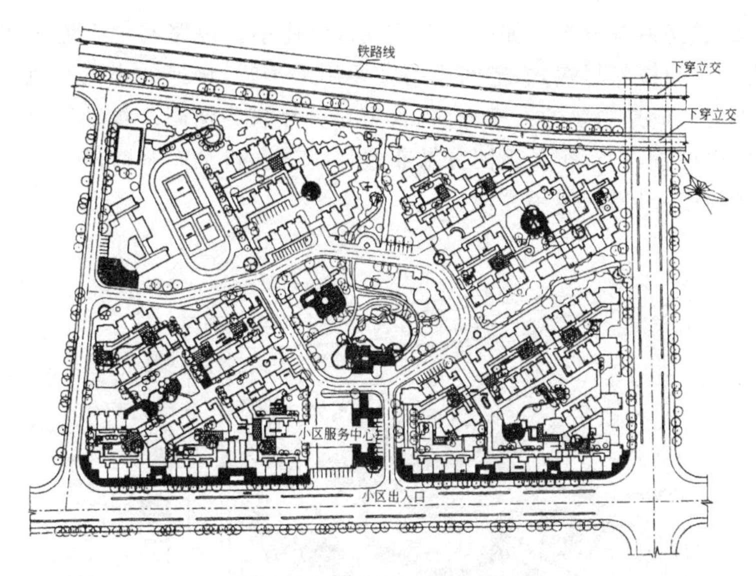

图 6-19　某小区规划平面图

(1)规划结构分析。如图 6-20 所示,小区由三个组团构成,即扩大院落、公建中心、小游园。这三个组团联合起来就形成社区中心。在这个三个组团构成中,每个组团由 3 至 5 个院落构成,[①]其功能结构布局清晰、明确、合理。

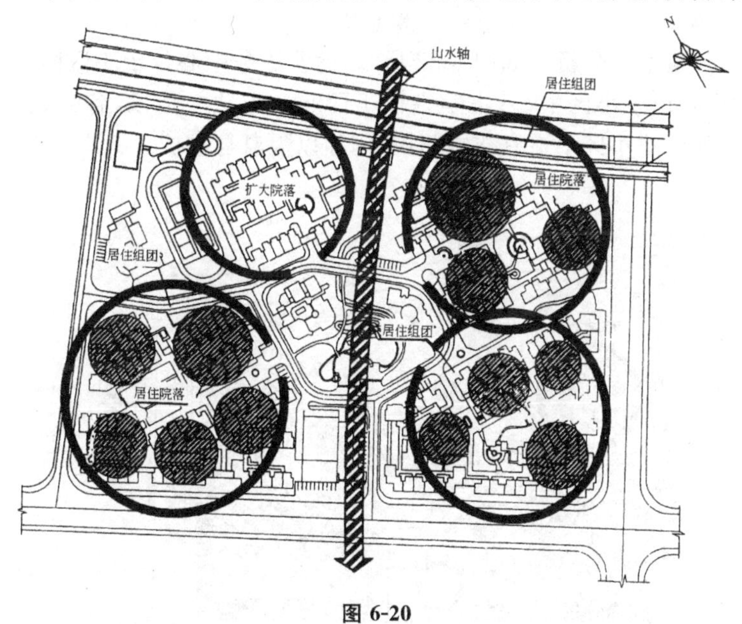

图 6-20

① 片块式布局形式,多个组团、院落围绕中心绿地——小游园布置。

(2)道路系统分析。如图 6-21 所示,居住小区内路网主干道采用环通式,次干道为枝状尽端式,宅间小路主要用来步行,慢速的小汽车也可以通过。小区入口是主要的人流方向,其道路分级较为清晰。机动车停车库按组团集中设置,自行车各组团分散布置二、三处,机动车临时停车位设在小区和各组团入口处,使用方便。

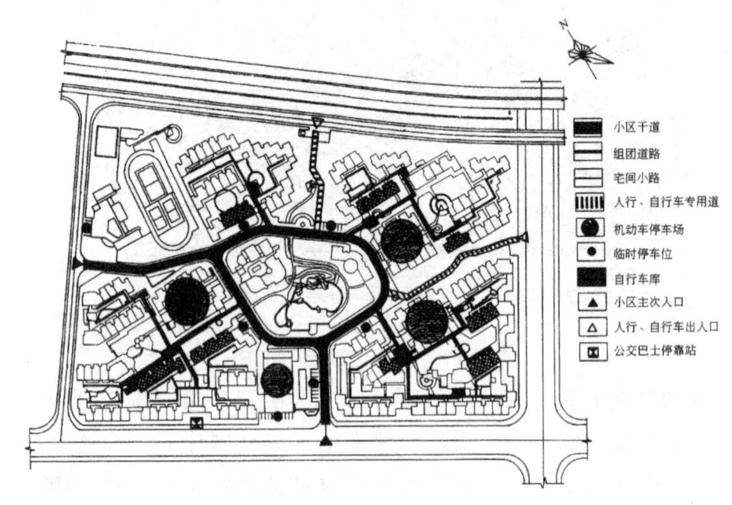

图 6-21

(3)公建系统分析。如图 6-22 所示,商业服务中心位于小区南入口;文化活动中心位于小区中心;小学则位于西北一角独立地段,各公建位置适中,但托幼面临小区干道宜作空间围合,加以隔离与维护。

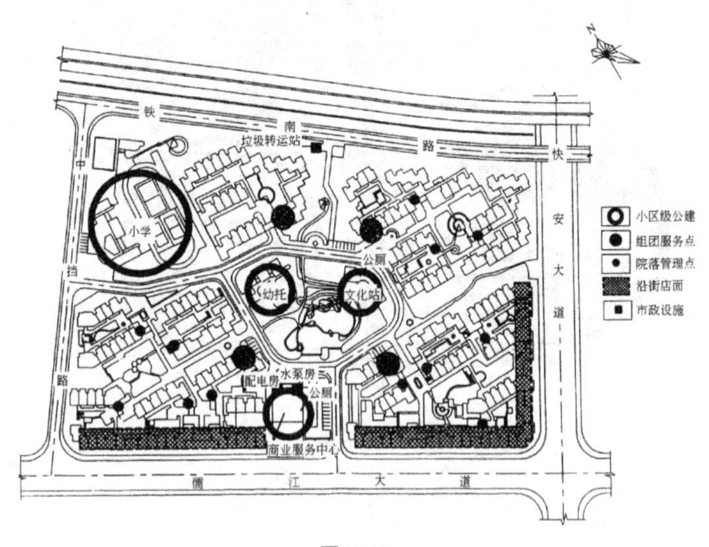

图 6-22

(4)绿化系统分析。如图 6-23 所示，小区中心绿地、防护林带、林荫道以及组团绿地、宅旁绿地等点线面结合形成系统，院落空间有一定变化具有识别性。

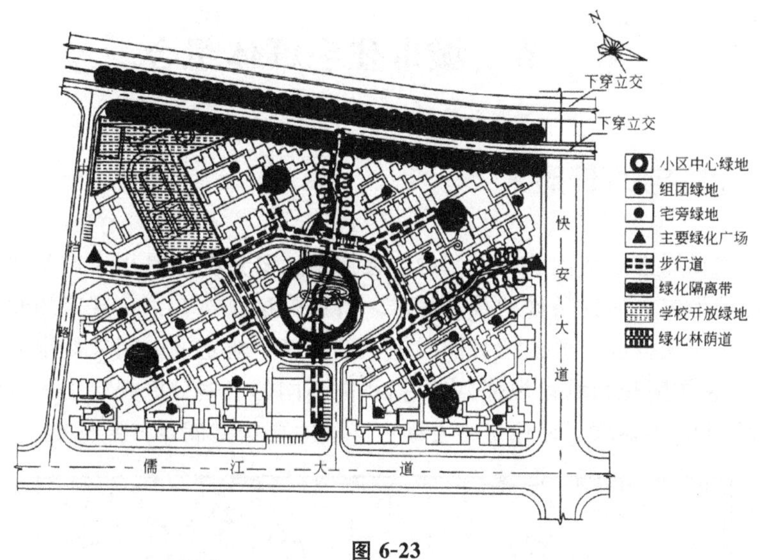

图 6-23

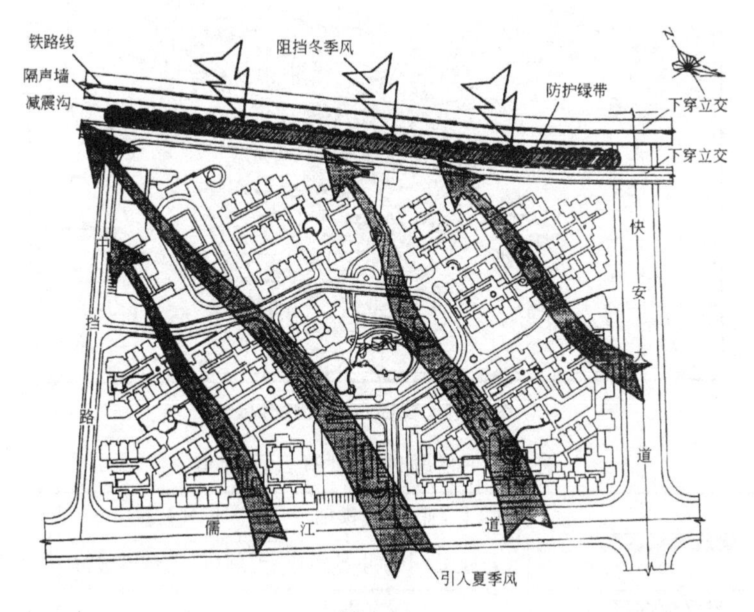

图 6-24

(5)空间环境分析。如图 6-24 所示，居住空间组织有序，前景是南入口商业服务中心；全区高潮是文化活动中心；结尾处则是林荫步道，为小区、组团、院落各层次入口都进行了有效处理，识别性较强。北部设有隔音墙、防护林带、减震沟等，可以缓解火车运行的地面震动；同时，防护林带是区内的绿化景观和活动场所，其设置也可有效减小冬季风的直流。缺点是由于太强调南北向方位，规划布置空间的变化缺少多样化。

第三节　城市住宅群体组合

一、住宅的日照

住宅日照指居室内获得太阳的直接照射。日照标准是用来控制住宅日照是否满足户内居住条件的技术标准。日照标准是按在某一规定的时日住宅底层房间获得满窗的连续日照时间不低于某一规定的时间来规定的。国际《城市居住区规划设计规范》中根据我国不同的气候分区规定了相应的日照标准，同时还要求一套住房中必须有一间主要居室满足日照标准。

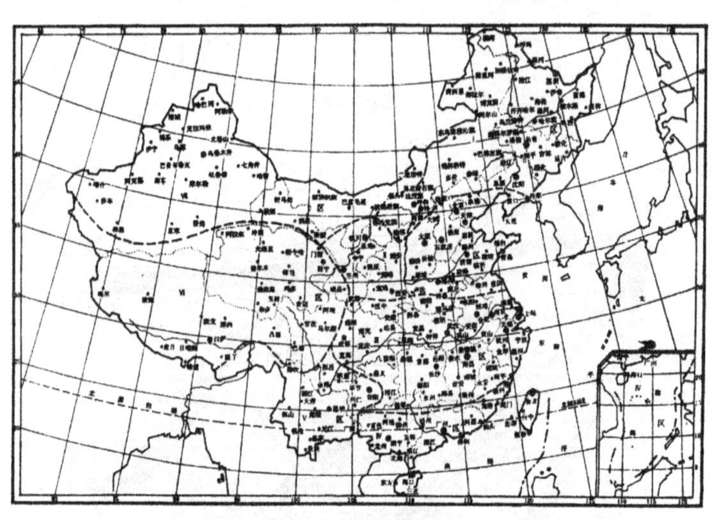

图 6-25　我国日照气候分区

表 6-3　我国住宅建筑日照标准

<table>
<tr><td rowspan="2">建筑气候区划</td><td colspan="2">Ⅰ,Ⅱ,Ⅲ,Ⅶ气候区</td><td colspan="2">Ⅳ气候区</td><td rowspan="2">V,VI气候区</td></tr>
<tr><td>大城市</td><td>中小城市</td><td>大城市</td><td>中小城市</td></tr>
<tr><td>日照标准日</td><td colspan="3">大寒日</td><td colspan="2">冬至日</td></tr>
<tr><td>日照时数(小时)</td><td>≥2</td><td colspan="3">≥3</td><td>≥1</td></tr>
<tr><td>有效日照时间带(小时)</td><td colspan="4">8～16</td><td>9～15</td></tr>
<tr><td>计算起点</td><td colspan="5">底层窗台</td></tr>
</table>

二、住宅的间距

住宅间距包括住宅前后(正面和背面)以及两侧(侧面)的距离。对低层、多层和高度小于 24m 的中高层住宅,其前后间距不得小于规定的日照间距,其两侧间距考虑通道和消防要求一般侧面无窗时不得小于 6m,侧面有窗时不得小于 8m。任何一种建筑形式和建筑布置方式在我国大部分地区均会产生终年的阴影区。终年阴影区的产生与建筑的外形、建筑的布置有关,因此,在考虑建筑外形的设计和建筑的布局时,需要对住宅建筑群体或单体的日照情况进行分析,避免那些需要日照的户外场地处于终年的阴影区中。

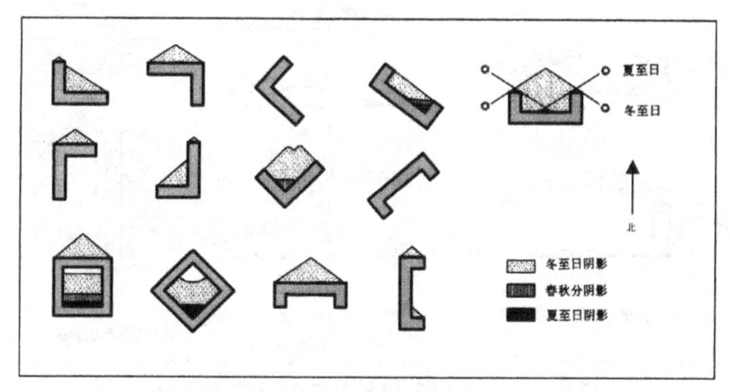

图 6-26　建筑阴影区分析

由视线干扰引起的住户私密性保证问题,有住户与住户的窗户间和住户与户外道路或场地间两个方面。住户与住户的窗户间的视线干扰主要应该通过住宅设计、住宅群体组合布局以及住宅间距的合理控制来避免,而住户与户外道路或场地间的视线干扰可以通过植物、竖向变化等视线遮挡的处理方法来解决。

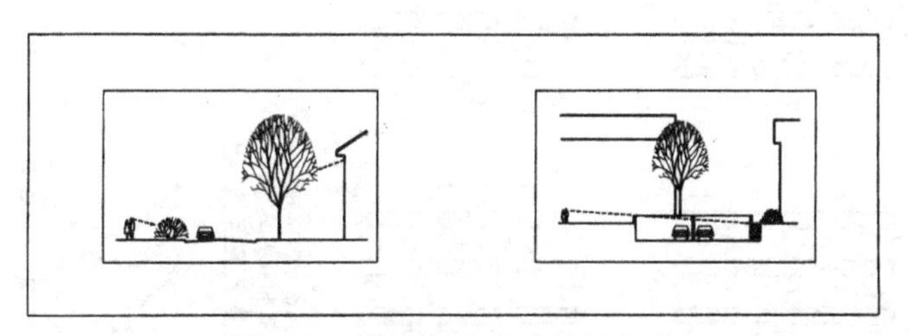

图 6-27　考虑住户私密性的布置

三、住宅的自然通风

自然通风是指空气借助风压或热压而流动,使室内外空气得以交换。住宅区的自然通风在夏季气候炎热的地区尤为重要,如我国的长江中下游地区和华南地区。

与建筑自然通风效果有关的因素有以下几个方面:

(1)对于建筑本身而言,有建筑的高度、进深、长度、外形和迎风方位。

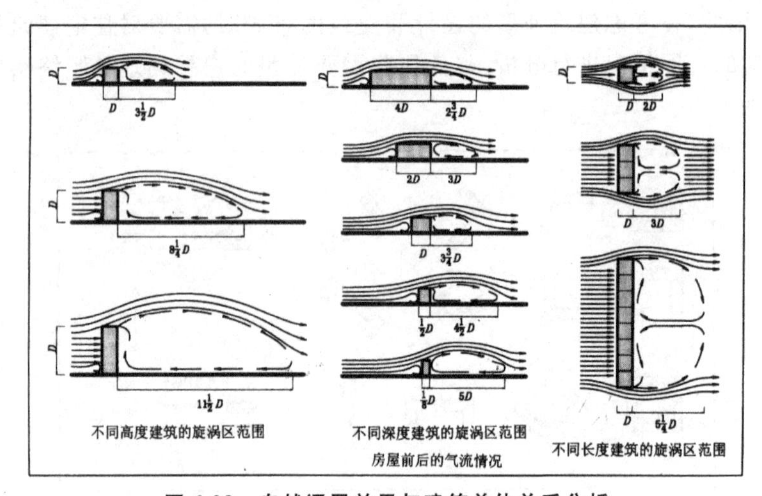

图 6-28 自然通风效果与建筑单体关系分析

(2)对于建筑群体而言,有建筑的间距、排列组合方式和建筑群体的迎风方位(图 6-29、图 6-30)。

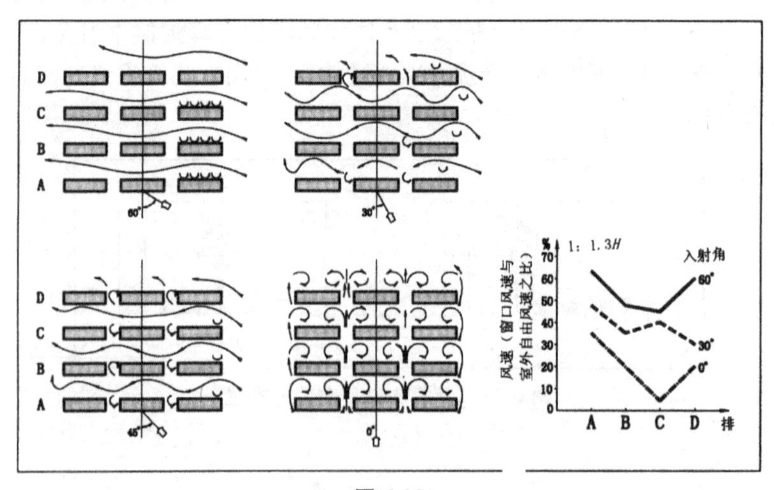

图 6-29

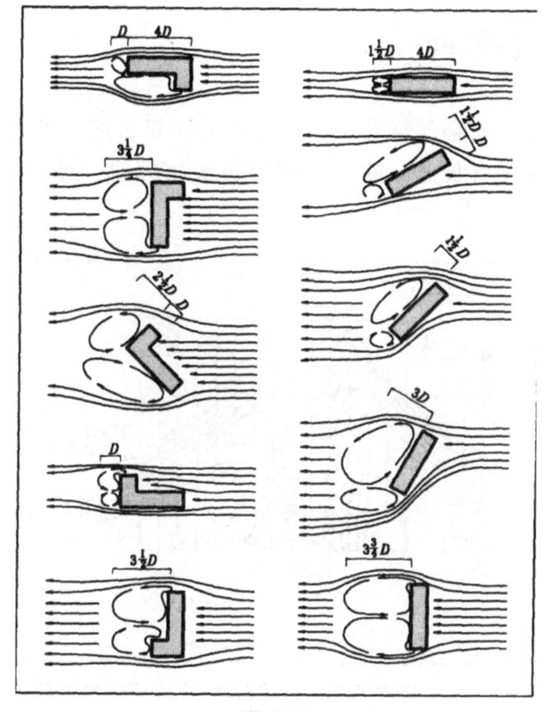

图 6-30

(3)对于住宅区规划而言,有住宅区的合理选址以及住宅区道路、绿地、水面的合理布局(图 6-31)。

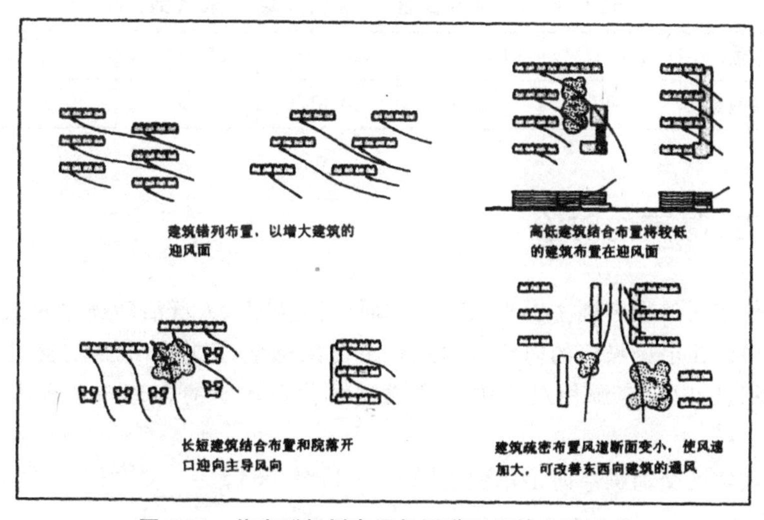

图 6-31　住宅群规划布局与风道组织的几种形式

四、住宅的朝向

合理的住宅朝向是保证住宅获得日照并满足日照标准的前提。影响住宅朝向的因素主要有日照时间、日照间距、太阳辐射强度、常年主导风向和地形等。

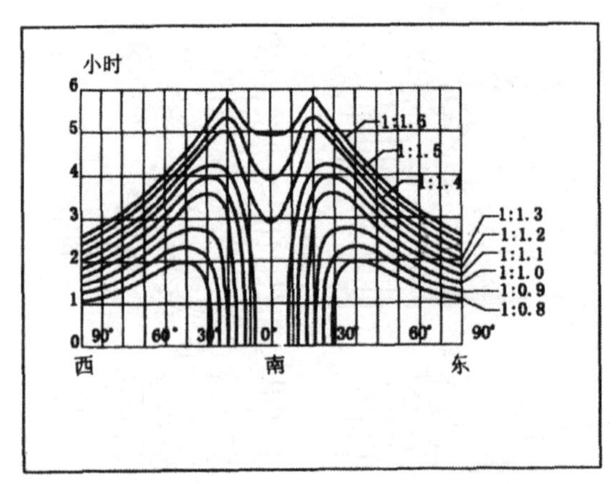

图 6-32　住宅朝向与日照时间、日照间距的关系

现以上海为例，分析住宅朝向与日照时间、日照间距、太阳辐射强度、常年主导风向的关系。

表 6-4　不同方位住宅建筑间距折减系数

方位	0°～15°	15°～30°	30°～45°	45°～60°	>60°	
折减系数	1.0L	0.9L	0.8L	0.9L	0.95L	

五、噪声的防治

住宅区的噪声源主要来自三个方面：交通噪声、人群活动噪声和工业生产噪声。住宅区噪声的防治可以从住宅区的选址、区内外道路与交通的合理组织、区内噪声源相对集中以及通过绿化和建筑的合理布置等方面来进行。

住宅区交通噪声防治示例见图 6-33 和图 6-34。

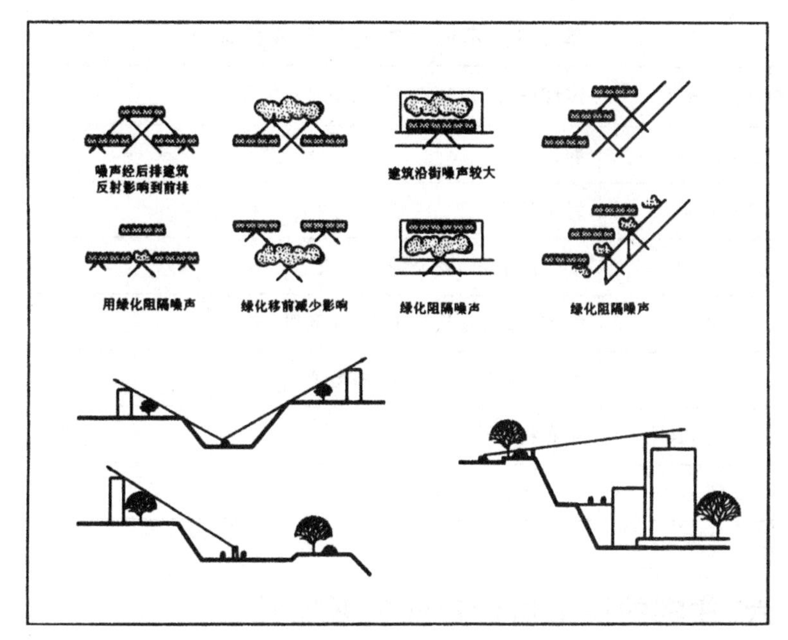

图 6-33

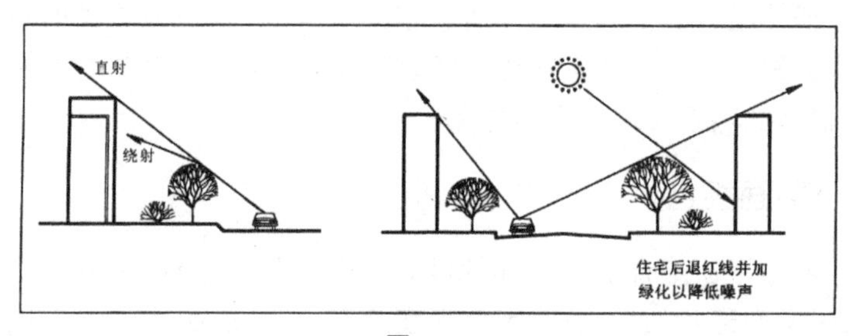

图 6-34

住宅区的人群活动噪声主要来自于区内的一些公共设施，如学校、菜市场和青少年活动场地等。这些噪声强度不大，间歇而定时出现，同时在许多情况下考虑到居民使用的近便而需要将这些场地靠近住宅。因此，对于这些易于产生较大的人群活动噪声的设施，一般在居民使用便利的距离内，考虑安排在影响面最小的位置并尽量采取一定的隔离措施。

工业生产噪声主要来自于住宅区外或少量现已存在的工厂，即使住宅区内需要安排一些生产设施也应该是对居住环境影响极小的那类（包括噪声影响）。对工业生产噪声主要采取防护隔离的措施。

噪声声压的分级见表 6-5。

表 6-5　不同声响的声压分贝级

声压级(分贝)	声源(一般距测点 1～1.5m)
10 到 20	静夜
20 到 30	轻声耳语
40 到 60	普通谈话声、较安静的街道
80	城市道路、公共汽车内、收音机
90	重型汽车、泵房、很吵的街道
100 到 110	织布机等
130 到 140	喷气飞机、大炮

六、住宅的群体组合及住宅区景观

住宅群体组合的基础是户外居住空间的构筑,以便为居民的户外生活活动提供良好的环境。从丰富住宅区景观和塑造住宅区景观特色的角度来说,住宅群体的组合应该考虑多样化。

(一)平面组合

住宅群体平面组合上的多样性(图 6-35 至图 6-39)可以从以下几个方面考虑:①空间形状的变化;②围合程度的变化;③布置形式的变化;④住宅平面外型的变化。

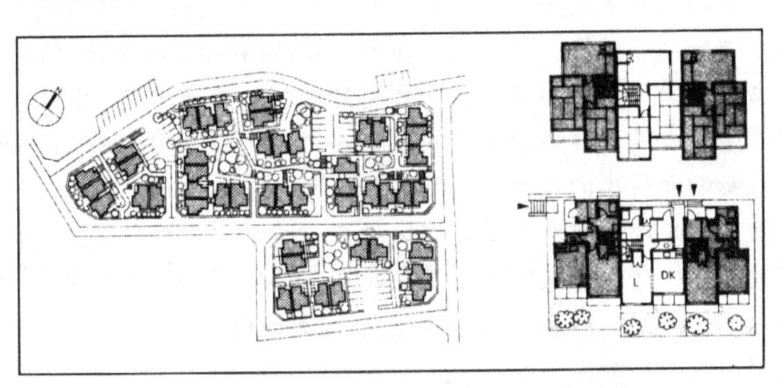

图 6-35　低层住宅与住宅群体平面组合形式

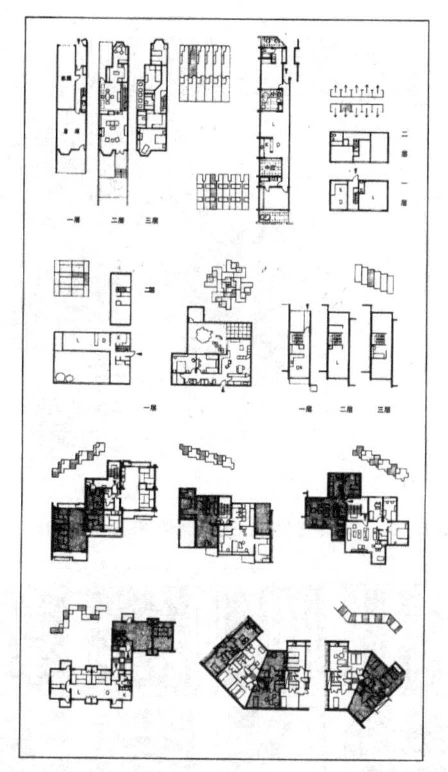

图 6-36　低层和多层住宅与住宅群体平面组合形式

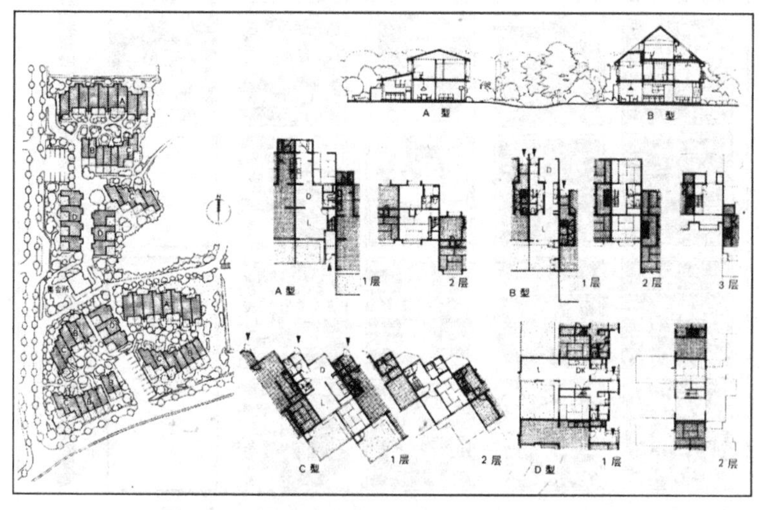

图 6-37　低层住宅与住宅群体平面组合形式

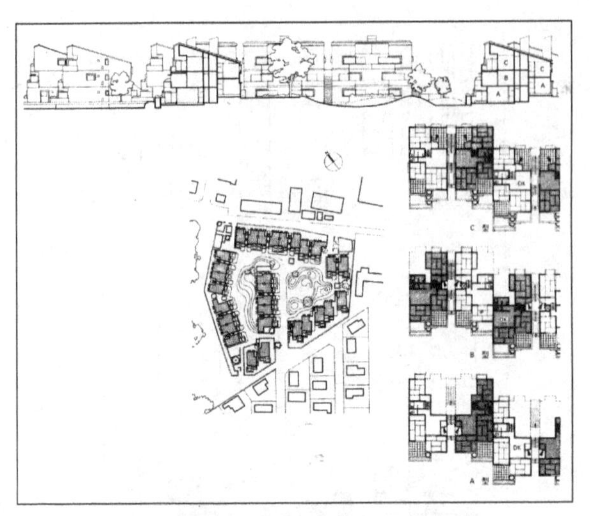

图 6-38 低层住宅与住宅群体平面组合形式

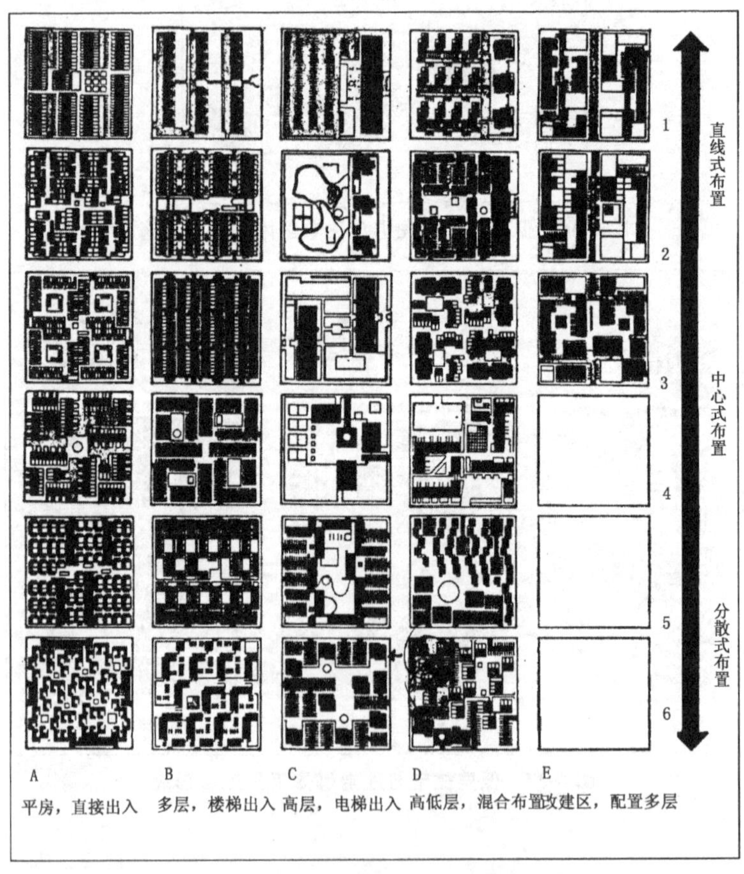

图 6-39 住宅与住宅群体平面组合形式

（二）立体组合

在住宅群体的立体组合上，多样化在平面组合的基础上可以利用住宅高度（层数）的不同进行组合。如低层与多层、高层的组合，台阶式住宅与非台阶式住宅的组合。

图 6-40 和图 6-41 为丹麦赫立伯·比克伯，埃尔西诺尔住宅群（用地 3.94hm²，人口 710 人）。外围低层、内圈多层、入口高层形成内部院落和街巷空间，外部形象富有层次和变化。

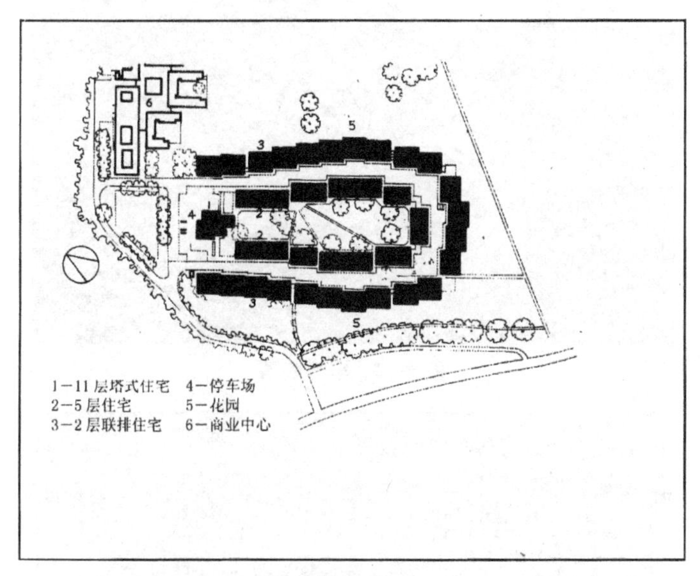

图 6-40

图 6-41

图 6-42 至图 6-45 为上海三林苑小区(用地 11.92hm^2、住户 2092 户)，该小区采用过往街楼的形式围合半私密空间，车行院落与绿化院落分设，车行院落面向小区车行路开口，绿化院落则用过街楼限定车辆进入。整个小区采用条型围合的住宅院落围合成集中开放的住宅公共空间，强化了空间的对比。

图 6-42　车行院落

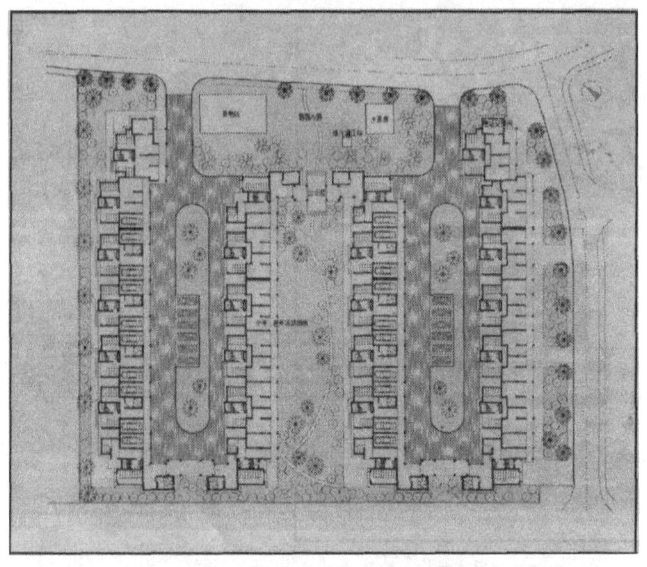

图 6-43　车行院落与绿化院落

图 6-44　住宅区入口景观

图 6-45　三林苑小区空间景观组合

第七章　城市商业区规划

城市商业区规划是城市规划理论的一个重要组成部分，本章对于城市商业区规划理论的探讨，先从城市商业规划的原理出发，然后分别论述城市商业网点及规划和城市商业用地的规划。

第一节　城市商业规划的原理

一、城市中心区的界定及内涵

城市中心区是城市的一个特定的地域概念。从国外来看，“down－town”“central business district”等词语就是描述城市中心区这一特定范围。[①]

另外一个得到普遍认可的概念是“Central Business District”，一般称之为“中心商务（商业）区”。[②] CBD是指城市商业活动频繁、人流、物流高度密集的区域，一般具备以下特征：是城市的核心区域，区位便捷，通常位于城市的几何中心；交通便利，人流、车流、物流巨大；立体化开发程度高，高楼林立，土地利用强度远远高于其他区域，如图7-1的纽约市中心；白天人口密度极高，夜间人口显著下降，昼夜人口比大等等。

---

① 其中，“downtown”是北美国家的居民在日常生活中对城市闹市区的俗称，即所谓的内城范围（inner city），“downtown”最初是指曼哈顿岛的南侧区域，即位于“下曼哈顿”（Lower Manhattan）的城镇，后来，随着曼哈顿的不断发展，建成区逐渐向北部拓展，与之相对应的地域则用“mid—town”“uptown”来表示，即城市的住宅区和非商业区。可以说，“down—town”起源于对纽约传统商业中心和老城的笼统概括，如今被广泛地应用。

② 1923年，美国社会学家伯吉斯在他著名的同心圆土地利用结构模式中第一次提出CBD概念。

图 7-1　纽约市中心

二、城市中心区的功能发展

早期来看，CBD 主要由零售业商业区演变而来，如今，其功能逐渐走向多元化。办公、金融、文化、旅游、娱乐等功能逐渐被纳入其中。概括来看，西方大城市 CBD 大致经历了"商业为主，混合功能""专业功能分区，综合功能"以及"商务功能升级并逐渐向综合化、生态化发展"三个阶段。

（一）"商业为主，混合功能"时期

20 世纪初至 20 世纪 20 年代以前，CBD 的概念还没有出现。后来电话、电车、电梯的大规模使用改善了人们的联系方式，促进了生产力水平的提高。这一时期，城市尚处于膨胀阶段，交通手段较为落后。城市中心由于具有其他区域无法比拟的可达性和区位优势，形成了一个包括行政管理、宗教商业贸易、工业生产等在内的各种城市功能的集中区域，如图 7-2 的上海。

图 7-2　20 世纪 20 年代上海

(二)"专业功能分区,综合功能"时期

图 7-3　20 世纪 60 年代韩国汉城(首尔)

"专业功能分区,综合功能"时期,即 20 世纪 20 年代至 60 年代,全球经济走入低谷,然后复苏的阶段。第一次世界大战结束,福特制的大规模连续生产线成了工业的主导生产方式。工业的快速发展、企业的集中,产生了对资本的大量需求。加上国际间贸易水平提高,金融、保险、房地产等生产性服务行业在城市中的作用逐渐凸显,一些中产阶级在拥有了汽车之后,出行距离大大加长。面对市中心的"城市病",他们纷纷向近郊区迁移,这就是所谓的"郊区化"浪潮。在这个较长阶段里,大部分城市中心区开始出现功能分化,走向多功能综合发展阶段。

(三)"商务功能升级并逐渐向综合化、生态化发展"时期

"商务功能升级并逐渐向综合化、生态化发展"时期是指20世纪70年代以后，世界经济进入一个空前的发展时期。若干重大变化重塑了城市的空间结构，也实质性地改变了CBD的功能。

(1)CBD的发展空间受到限制，建筑形态开始向高空发展。

(2)交通方式改变，四通八达的高速公路网、小汽车广泛进入家庭，大大改变了时间和空间的关系。人们可以自由地出行，出行时间成本大大降低，形成了人口和产业强大的外迁动力。人口向郊区迁移引发了零售商业空间分布的变化，伴随着郊区各种新型业态商业设施的建立，市中心商业空心化明显。

(3)生产方式变革，信息技术的发展使实时接收手段提高，远程服务实现，人们在网络上的联系代替了实际空间上的接近，大规模集中化生产方式被灵活的、柔性化的生产方式所替代。

图7-4　伦敦

(4)国际竞争日益激烈，国际地域分工加深。除纽约、伦敦东京之外，许多国家的大城市纷纷加入国际性城市甚至全球城市的竞争，提升CBD功能成为参与城市竞争的有力抓手。

如今，国外许多大城市的商业设施功能也逐渐趋于综合化，土地的混合使用成为商业区未来发展的方向。成功的市中心商业区拥有多样化的城市功能，结合了办公、旅馆、零售、居住、文娱等多种活动，通过提供就业、购物、居住、旅游、文化等各种各样的服务使不同市民阶层都能享受到市中心为他们带来的利益。此外，土地功能的混合使用也是城市中心商业区布局的新原则，城市的特色和活力来自于对各种资源的混合使用，一个好的商业区应拥有可同时开展商业、办公、市民服务、文化娱乐等活动的集中区域，同时还

应拥有广场、公园(如图 7-5 的香港迪士尼公园)等具有特殊用途和相当规模的公共开敞空间。这种公共空间应当是相对密集的、在白天和夜间都令人感兴趣的场所,而不是白天人头攒动、晚上死气沉沉的单功能商业区。

图 7-5 香港迪士尼公园

第二节 城市商业网点及规划

一、城市商业网点规划的原则分析

(一)规范性原则分析

按照国家商务部的要求,城市商业网点规划通过评审后,需经当地权力机构发布,方可作为指导当地商业网点建设具有法律效力的指导性文件。这就需要首先保证商业网点规划的规范性。

商业网点规划的规范性要求有以下两个方面:

商业网点规划的基本组成部分和内容体系结构要完整,即从规划提供的最终成果形式看,必须包括规划文本、规划说明、规划基础资料、规划图则四部分;从商业网点规划的内容看,必须包括规划目标、商业网点的空间布局规划、商业网点业态结构规划、商业街规划等。

商业网点规划主要解决商业网点在城市空间范围内合理布置问题，如市级、区级商业中心的空间分布，商业街的布置等，相对比较具体，其规划的主要基础是城市总体规划。

商业规划则主要是从产业的角度对一个城市商业发展的行业性规划，包括商业发展的总规模、组织方式以及政策措施等，其规划的基础主要是城市经济社会发展规划、产业政策等。两者的联系表现在：商业发展规划是商业网点建设规划的指导，而商业网点规划是商业规划的具体化。

图 7-6　天津特色商业街

（二）系统性原则分析

商业网点规划是对城市商业网点在空间上的一种系统安排，其目标是建立一个在城市范围内由众多不同规模、不同业态、不同组织形式构成的商业网点系统，最大限度满足消费者生活和生产活动的需求。因此商业网点规划需要进行系统思考，坚持系统性原则。[①]

系统性原则还体现在城市商业网点的层次性方面。商业网系统从空间层次上要合理地划分为市级商业中心、区域商业中心和社区级商业中心，然后再在不同层次上配置商业网点的业态结构和商业网点的组织形式。

① 影响城市商业网点系统建设的主要环境因素有城市区位、城市经济发展水平、城市文化及历史特征等。因此，城市商业网点规划要充分考虑上述因素的影响，使未来商业网点建设与城市发展的总体功能相协调。要对城市商业网点系统现状进行系统分析，对目前商业网点系统中存在的主要问题和不足做出客观评价，要对未来商业网点发展的有利条件和制约因素做出科学分析，明确商业网点规划的重点范围。因市制宜，制定出符合当地商业网点发展规律的规划，例如，有的城市可能需要将物流配送中心作为规划的重点，而有的城市则可能将特色商业街作为规划重点等。

(三)科学性原则分析

坚持商业网点规划科学性,就是要从实际出发,从提高商业资源的配置效率、提高经济效益出发确立可持续发展的观念,做到网点规划超前性、适应性、可行性的统一,达到构建和谐商业网点体系的目的。科学性原则的实施,需要做到以下三点,见表 7-1。

图 7-7 分散式布局的城市——大庆

表 7-1 科学原则的实施

实施要点	具体内容
考虑全面	规划中不应片面追求社会商品零售总额的规模和增长速度,也不应片面强调人均拥有商业网点经营面积的大小,而应该根据城市未来经济发展的趋势设定可行性指标,要树立节约土地、不断提高商业的集约化程度的观念
注意现有设施的利用	规划中不仅要注意新的商业设施建设问题,同时也应该注意现有商业设施的利用问题,要防止规划中盲目追求商业网点规模、重复建设现象严重,造成商业资源大量浪费的不良倾向
因地制宜	针对城市的布局特点进行相应的商业中心规划。比如有的城市属于集中式布局,即其居住区、商务区和工业区等是连片分布的,这样的城市布局形式便于市级商业中心或区域级商业中心的布置。而有的城市则是分散式布局,如有些以资源开发为主导产业发展起来的中小型矿业城市,一般由几个城市片区组成,而且各个城市片区之间距离比较远,各片区都有相应的工业区和生活区,如图 7-7 的大庆市。对这类城市规划中不必强求一定要设置市级商业中心,而采取多区域商业中心的结构比较适合

(四)适应性原则分析

城市的区位特征、城市定位和交通状况是商业网点规划需要考虑的重要因素,是确定商业网点系统总体功能的出发点。

1. 商业网点规划与城市的区位特点相适应

商业网点规划需要与城市的区位特点相适应,否则制定的总目标往往会脱离实际。只有那些在特定区域内具有较强经济实力,商业流通和物流的辐射半径相对较大的城市,才具备将自己定位该区域商贸物流的中心条件。此外,能否成为商贸流通中心还决定于一个城市的交通状况,看其是否为交通枢纽,是否具有铁路、航空、水运的条件等。

2. 商业网点规划与城市的定位相适应

所谓的城市定位是指一个城市根据自身资源、城市所处环境等因素确立的城市发展方向、基本功能和城市形象。按不同的特点可以有不同的城市定位。按照城市重点发展产业特点,有的城市定位为以旅游业为主导产业的城市,如图 7-8 所示。有的定位为制造业为主导产业的城市等。按照所承担的功能特征,有的城市定位为经济中心,有的则定位为金融中心,还有的定位为政治中心等。

图 7-8 旅游城市承德

(五)前瞻性原则分析

前瞻性是规划的重要属性,也是规划的难点。因此必须跟踪城市居民未来的生活和生产服务的需求变化，描述商业网点系统在未来时空条件下的布局、规模、业态结构、商业网点的组织形式等。应该从以下几方面出发达到商业网点规划前瞻性的要求，见表 7-2。

表 7-2　前瞻性原则的要求

要求概括	具体内容阐释
根据城市经济发展速度推断未来商业网点系统的总规模	可以参照国内外商业网点设施建设规模与经济发展水平的关系，人均 GDP 与人均占有商业网点经营面积的指标，人均 GDP 与零售业和商业组织方式的发展变化关系，人均 GDP 与消费者消费方式的关系等，结合城市现有经济发展水平对未来做出切合实际的规划
根据城市建设发展趋势规划未来商业网点建设的空间布局	规划依据可以从城市总体规划中找到，比如一个城市在未来时点功能分区的变化、新城区建设、老城区改造等，总之应该跟踪城市发展和扩张的基本趋势来配置商业网点
考虑科学技术，尤其是 IT 技术对零售业态、商业组织形式和商业网点建设的影响	比如随着电子商务普及和日益实用化，可以预见未来许多商品可以通过网络实现交易，其后果可能导致有形市场的缩小和物流配送中心规模的扩大
把握消费者生活方式和购买行为的变化趋势，优化商业网点空间布局和业态结构	比如生活必需品的购买追求的是便捷，对时尚商品和奢侈品的购买追求的是体验和感受，而旅游过程中的购买追求的是轻松和随意。因此规划中应充分考虑以上因素，以满足消费者购物、休闲和体验的不同需要

图 7-9　苏州老城区

(六)协调性原则分析

改革开放以来,中国的城市规划工作日益得到各级政府的重视,其特点是不仅重视传统的城市总体规划,而且开始重视专业规划,正在形成以城市总体规划为龙头,以商业网点规划、交通规划、旅游规划、物流规划等为补充的规划体系。

图 7-10　商业网点规划与交通规划相协调

商业在城市发展中居于极其重要的地位,客观上决定了城市商业网点规划在城市规划体系中的重要地位。应在以下几方面把握商业网点规划与城市总体规划之间的协调,如表 7-3 所示。

表 7-3　商业网点规划与城市总体规划之间的协调

协调类别	具体内容阐释
规划层次上的协调	城市规划是关于一个城市功能、空间布局及各种物质要素总体安排的基础性规划,是城市商业网点规划的基础和前提;而商业网点规划则是从属性的规划,是对城市总体规划的进一步补充和完善
规划内容上的协调	城市规划涉及城市自然地理环境、城市各功能分区的划分及配套设施匹配等,是综合性的规划;而商业网点规划则是从商业发展的内在规律和消费者需求角度所做的专项规划
规划功能上的协调	城市规划是进行城市建设的依据和思路框架,决定城市建设的基本方向和发展模式;而城市商业网点规划则是城市商业网点建设和管理的基本依据,两者之间具有可补和不可替代性
规划详细程度上的协调	这里主要指关于商业网点规划的详细程度。一般而言,城市总体规划中涉及商业网点规划的内容,往往是粗线条和框架性的;而商业网点规划则是从商业发展的内在规律出发,在对城市商业网点现状调查、分析基础上编制出尽可能详细和针对性强的规划

二、商业中心的空间形态研究

按照中心地理论，中心地是能够提供商品和货物的地方，中心地的规模越大，提供服务的等级就越高。在区域布置不同等级的中心地，有助于完善商业等级体系，加快完善商业服务的均等化程度。

依照空间分布形态的特征差异，可以大致将零售商业空间分为点状、线状和块状三大类，其结构可见图 7-11。

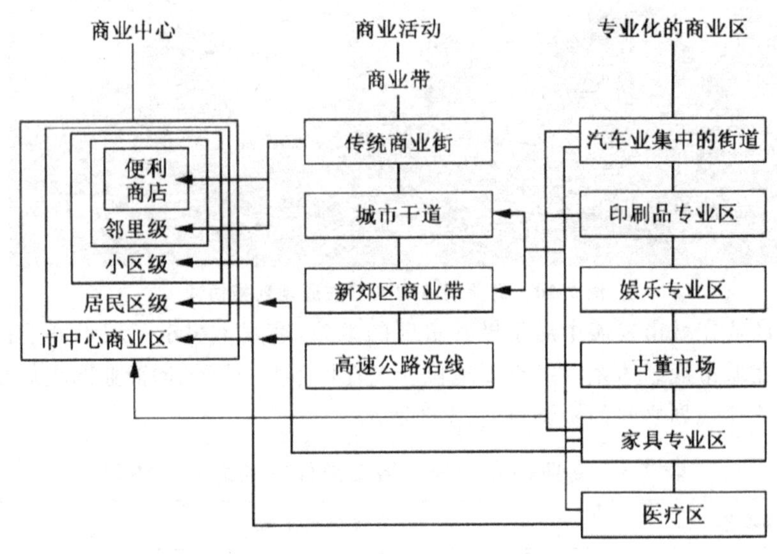

图 7-11 各空间形态的结构

(一)点状商业中心

以核心商店为中心，由许多不同类型的零售商业布局在某一地区而形成的商业集中地区。商业中心是城市零售商业中最重要的一种空间形态，广泛分布于整个城市地域。它既可以是新兴的，也可以是历史延续下来的。比如北京的前门商业区就具有超过 500 年的历史，近年北京市又发展起一批现代化的新兴商业中心。一般来说，在城市重要的交通路口或广场容易形成一个商业中心。

图 7-12　前门商业区

在城市中,每个商业中心都可能集中不同数量、职能、规模大小的商店,它们对应着不同的城市居民服务数量和不同尺度的地域影响范围。广义上讲,商业中心可以小至各种便民商店,逐级往上依次有邻里级、小区级、居民区级和全市性各级商业中心,进而形成城市的商业中心地等级结构体系。

(二)带状商业中心

沿城市的交通线路形成的带状或扇状商业空间形态。城市内部的商业带既包括沿袭历史而逐渐形成的城市中心传统商业街;也包括沿城市干道或对外公路逐渐兴起的商业带,如高速公路沿线商业带、郊区新开发道路沿线的新郊区商业带和城市干道商业带。特别是由于城市内外交通体系的完善、高速公路的建设、郊区化的推进以及汽车购物的普及,新郊区商业带和高速公路沿线商业带逐渐发展为与城市的传统商业街、城市干道商业带并驾齐驱的商业形态。

图 7-13　美国郊区

(三)块状商业中心

块状的商业专门化地区,往往是追求集聚经济的结果。专门化商业区如家具街、书市、古董市场、服装城、电子城(如图 7-14 的中关村)等,一般是由规模和档次不等的专卖店、专业市场组成,并销售同品种的商品,构成城市零售商业的特色区。

图 7-14　中关村电子城

从消费者购物出行特征上讲,多重目的购物出行常常对应着点状商业中心类型,而单一目的购物则对应带状商业和块状的专门化商业形态。当然,在现实环境下,上述三种商业区类型更多体现的是相互包容和渗透的特征,很难在地域上严格界定、区分其空间形态。

三、商业中心的等级划分体系

(一)一般城市的商业中心等级划分

城市的商业形态表现为由若干大小、功能不同的商业中心地组成,共同构成一个相对完整的商业服务体系和等级序列。一般来说,城市内部商业中心地等级可以分为四级:市级商业中心、区级商业中心、小区级商业中心、邻里级商业中心,见表 7-4。

表 7-4　一般城市的商业中心等级划分

等级名称	具体阐释
市级商业中心	市级商业中心是全市最高等级的商业中心地,其服务范围基本覆盖全市,甚至超过市域范围。市级商业中心一般占据通达性较好的市中心,能够提供等级连续、品种齐全的商品和服务。而且,这里客流量大、交通便捷,拥有各种大型的商场和大量的小型商店。理想来看,市级商业中心往往位于城市的几何中心
区级商业中心	区级商业中心一般分布在城市各个区片通达性较好的地方,有的邻近区政府所在地,有的则处于历史悠久的商业街。与市级商业中心主要满足居民对高档消费品的需求有所不同,区级商业中心主要提供中间档次但购物频率较高的消费品。另外,随商业中心地的不断发展和整个城市功能的调整,某些区位条件好、交通便利的区级商业中心将充分发育,演变成为市级或副市级的商业中心,以致与传统的市级商业中心相对抗。当然,也有一些区级商业中心会在竞争中落败,衰退为小区级商业中心
小区级商业中心	小区级商业中心是比区级商业中心的服务等级更低的商业中心地,主要由供给中档商品和日用品的一些商业设施组成,并且多与银行、邮局、代理店等一些服务设施相毗邻。一般来说,规模较大的居住区都设有小区级商业中心,以满足居民的日常需求。小区级商业中心多销售一些中档的商品和日用品,其服务范围和档次规模都相对较小
邻里级商业中心	邻里级商业中心是指一些位于居住小区内的由小商店、小型超市、理发店、小饭馆、洗衣店等满足居民日常需求的便民店组成的处于基层的商业中心。邻里级与小区级商业中心的区分并不明显,两者有逐渐合并的趋势

(二)商业中心等级划分举例——上海

根据上海市商委、上海市规划局、上海市住宅发展局《关于上海市零售商业服务业网点布局的指导意见》,上海市零售商业服务业网点(以下简称商业网点)布局的规划导向如下。

1. 上海市级商业中心

市级商业中心,应结合各自的区位特点,提高商业集聚程度,推进经营结构调整,完善经营服务功能,拓展延伸新的经营服务领域,增强繁荣繁华气息,形成特色各异的都市商业氛围。鼓励设置百货店、专业店、专卖店、文化娱乐网点,适度设置超市、便利店、餐饮网点、生活服务网点,限制设置大型综合超市、仓储商店、菜市场、集贸市场。

图 7-15　上海市级商业中心

2. 上海区域商业中心

区域商业中心,应以服务于本区域居民消费为主,兼有一定的集聚辐射功能,要结合各个区域的特点,以及商业发展的基础条件,分别突出购物、交易、餐饮、娱乐、文化、休闲、服务等功能,形成各自特色。鼓励设置百货店、专业店、专卖店、超市、便利店、餐饮网点、文化娱乐网点,适度设置购物中心、大型综合超市、生活服务网点,限制设置菜市场、仓储商店、集贸市场。

图 7-16　上海卢湾区

3. 郊区新城商业中心

郊区新城商业要与新城建设和人口导入相配套，与城市规划相衔接，坚持高起点、高标准，突出功能开发，形成商业可持续发展的空间。鼓励设置专业店、专卖店、超市、便利店、餐饮网点、文化娱乐网点，适度设置购物中心、大型综合超市、百货店、仓储商店、生活服务网点，限制设置菜市场、集贸市场。

图 7-17　上海郊区

4. 社区(居住区)商业

人口规模达到 5 万以上的居住区列入社区(居住区)商业重点建设的区域。

图 7-18　上海社区商业中心

社区（居住区）商业建设应依靠各方力量，吸引多元资本，创新建设思路，以新型社区购物中心为主体，建设发展融合各种新型业态、各种服务功能的现代社区商业。鼓励设置购物中心（社区型）、超市、便利店、专业店、菜市场、餐饮网点、生活服务网点，适度设置大型综合超市、文化娱乐网点、专卖店，限制设置百货店、仓储商店、集贸市场。

5. 郊区中心镇商业

郊区中心镇商业要根据其产业主导型、交通枢纽型、旅游主导型、现代居住型等各自的特点，构建具有合理经营结构、业态结构和布局结构的网络，满足当地消费需求。鼓励设置超市、便利店、餐饮网点、生活服务网点、专业店（农资），适度设置大型综合超市、百货店、专卖店、菜市场、文化娱乐网点、集贸市场，限制设置购物中心、仓储商店。

图 7-19　上海七宝古镇

6. 专业街

专业街的建设应注意发挥各个区域的历史文化、人文环境、商业特色的优势，重点建设信息。通信、花卉、儿童玩具、家用电器、装潢、汽配、文化用品、小商品等适合现代消费趋势的商业专业特色街。鼓励设置与该专业特点相关的专业店、专卖店，适度设置为该专业配套服务的商业服务业，限制设置与该专业街特点无关的业态和业种。

图 7-20　南京商业步行街

第三节　城市商业用地的规划

一、商业区的服务设施

(一)商业区服务设施的类别

商业中心的设施包括基本公共设施和其他公共设施以及一些辅助类设施。

1. 基本公共设施

基本公共设施是指城市商业中心承担基本服务职能的各种第三产业设施。

(1)零售商业设施

购物是居民生活的基本内容,因此零售也是商业中心基本设施的主要行业。零售商业设施由各类综合性商店、专业商店和市场组成。综合性商店主要是指各类商品兼备、面向各类服务对象的百货商店和大型商场。专业商店主要是指以经营某一种类商品为主、服务职能和服务对象相对单一的专业化设施。市场则主要包括超级市场、小商品市场和摊贩等形式。

图 7-21 深圳百货商店

(2)饮食服务业设施

随着人民生活水平的提高,城市商业中心的饮食业得到快速发展,设施类型不断丰富,服务档次不断提高。诸如快餐店、特色风味餐馆、火锅城、小吃街等。而且,饮食还与住宿、会议、旅游等行业相结合。此外,美容美发、照相、洗染、修理等也是必备的服务设施。

图 7-22 王府井小吃街

(3)文化娱乐业设施

文化娱乐业主要满足人们的精神需求,一般包括展览馆、博物馆、图书馆、影剧院(图 7-23)、音乐厅、歌舞厅、滑冰场、保龄球馆等。

图 7-23　国家大剧院

2. 其他公共设施

城市商业中心还包括一些第三产业设施,诸如金融业设施(银行、保险公司等)、商务办公设施(公司、事务所等)、信息通信情报设施(邮政局、电视台等)等。

图 7-24　湖南电视台

3. 辅助类设施

具体包括商业附属设施（批发部、周转仓库等）、交通设施（出租车站、公交站点库等）、市政公用设施（供暖、供电、泵房、垃圾中转站等）、游憩设施（休息座椅、绿化小品等）等。

图 7-25 东京公交站

(二)商业区服务设施的合理布局

商业用地的规划，需妥善考虑商业形态的均衡布局，最大限度地满足各个区片居民的需要。这是因为，商业用地的合理布局极大地影响到居民的日常出行行为，也在很大程度上关系到居民居住区位的选择。居民在选择居住地点时，考虑的不仅仅是住宅自身的户型、楼层、采光、通风、噪音等因素，还需要考虑周围的公共服务设施的布局和服务水平，特别是商业形态，后者在很大程度上影响到居民的生活质量。

1. 中国商业区服务设施的布局现状

在中国，商业服务设施相对滞后、布局不够合理的现象较为突出。在城市化、郊区化推进过程中，随着中心城区用地的日益紧张，一些房地产开发项目纷纷转向郊区。但是，由于以商业服务业为代表的公共服务配套设施没有跟上，给居民的日常生活带来很大不便，也在相当程度上降低了住宅开发的吸引力。

2. 外国商业区服务设施的布局现状

从国外来看，由于商业服务设施布局不合理带来的负面影响相当深远。

以美国为例，伴随着20世纪五六十年代郊区化进程的推进，人口、产业、经济发展格局面临着新一轮的空间重组，美国部分中心城市呈现衰退的迹象，内城贫困问题逐渐加剧。由于中高收入阶层的大量外迁，带动了工业、零售业、办公室的依次跟进，形成郊区化的四次浪潮。

与之相应，郊区以富裕居民为服务对象的购物中心大量涌现，而内城的商业设施则相对衰退。公共服务和服务质量的空间不均衡现象非常明显，突出地表现为内城地区与郊区之间在商业形态方面的巨大差异。有研究显示，在那些低收入居民聚集的美国内城地区，超级市场的数量更少、规模更小。那些收入最低邮政区域的人均拥有零售商店的数量要比最高收入邮政区域的居民人均水平要低30%左右。由于零售业分布不均，内城地区偏少，给居民生活带来很大影响。

例如图7-26显示的是美国洛杉矶县连锁超市的空间分布与服务范围，服务半径按照1英里计算。可以看出，在人口密度相对较高的内城社区（深色区域），诸如Compton、Lynwood和Bell以及东部部分区域仍然有相当一部分居民处于超市服务的空白区域。

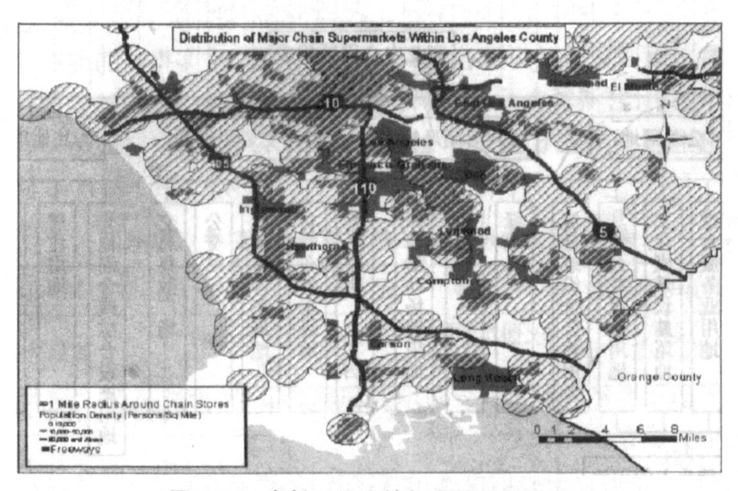

图7-26　洛杉矶县连锁超市的服务范围

在美国，内城地区开设商店的费用高，即使有小型零售商店，也往往因为规模小、运营成本高，导致零售商品的价格普遍高于郊区。当然，大型超市的退出也在很大程度上助长了小型商店的涨价行为。对于收入偏低的内城居民来说，这无异于雪上加霜。而且，由于内城小型零售业提供的食品有限，内城居民的选择范围狭窄，难以获得足够食物和所需营养，饮食质量低劣，很容易引发相关疾病。可见由于商业设施配置不合理，产生了一系列连锁反应，引发一连串的社会问题。

二、城市商业区的用地

(一)商业区用地的构成

商业区的用地类型与特定经济活动类型和相关设施的配置密切相关，有什么样的经济活动和设施布局，就有什么样的土地利用方式。按照社会经济活动的性质、特点，可以将商业中心用地划分为公建用地、公共活动用地、道路交通用地和其他用地四个部分(图 7-27)。

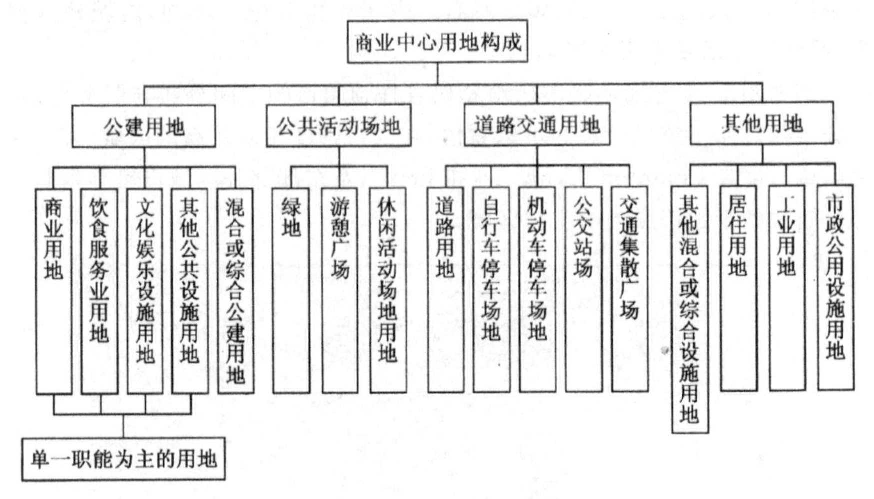

图 7-27 商业区用地的构成

(二)商业区用地的地域差异

在不同社会经济发展水平的国家和地区之间，商业区服务设施的配置和用地的构成存在显著差异。[①]

当前，城市商业中心的设施出现综合化、混合化趋向，既有公共设施与配套辅助设施混合为主，也有公共设施与其他设施的混合，例如商业与居

① 例如，有学者分析了 20 世纪六七十年代英国伯明翰、利物浦和纽卡斯尔三个城市中心区的用地构成情况，并与 80 年代初期中国一些城市中心区的用地构成情况进行比较。研究发现，西方城市中心区办公、事务、金融、商业零售以及文化教育用地比例较高，特别是 1971 年利物浦中心区办公和商业零售的用地比重高达 60%以上；而居住用地和工业用地比例均较小，1968 年伯明翰中心区的居住用地比重只有 6.2%。表明西方城市的中心区是以办公、管理、金融和文化活动(包括新闻、广告、科研等)为主体。而在 80 年代初期，中国城市中心区主要是以商业零售、居住、工业等活动为主，与西方城市的空间结构形态存在显著差异。

住、餐饮与办公的混合等。与之对应，商业区的用地构成出现重叠的特点，即同一地块可能承担着一种甚至多种不同功能。

表 7-5　国外 CBD 各项设施建筑面积占 CBD 总建筑面积比重

类别	组成	建筑面积比重
办公设施	纯办公设施、办公综合体（写字楼、酒店、公寓三位一体）	60%以上
贸易展示及国际会议	场馆、停车场	5%
公寓（住宅）		12%
其他	高档零售业、酒店、公共建筑	20%

（三）商业区用地的时空差异和类型差异分析

商业区用地除了类型的地域差异之外，还存在较为明显的时空差异和类型差异。

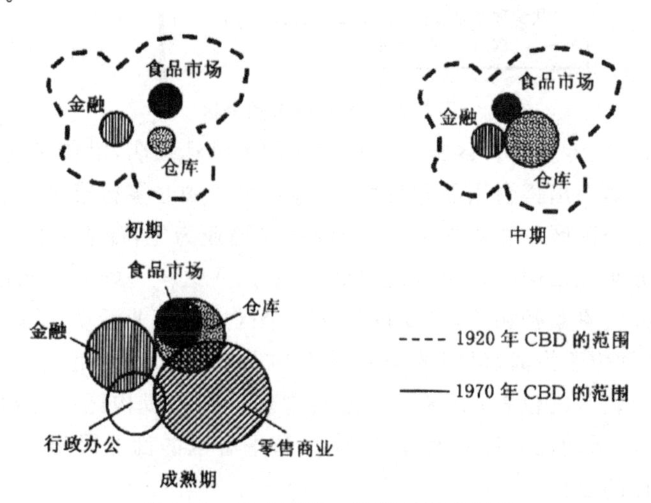

图 7-28　波士顿中心商务区演变过程

即使对于同一地域，随着时间的推移，在一个较长的历史时期，其用地构成的变化也遵循着一定的规律。沃德（Ward）通过对波士顿中心区的演变历程研究，追溯了波士顿中心商务区从三个小的专门化核心最终发育成为现代中心区的过程。如图 7-28 所示，波士顿的中心区最初是城市的高级居住区，在这个居住区中，建筑物既作为居住，也作为富有阶层商人的银行，并逐渐出现一些食品市场和仓库。随后仓库从中心区迁移出去，形成批发区。零售业最初由于电车交通而沿街聚集，专门化的商业区由于原来食品市场不断发展而形成，同时办公活动不断扩大，从而导致离散的行政办公区的建立。

而且，在商业区的类型分化趋势逐渐加速的情况下，相应呈现出不同的土地利用模式和空间形态。商业区的土地利用模式并非一成不变，除了其巨额的土地投资和建筑处于相对静止之外，都是高度运动的，是一个动态的变化过程。[①] 大卫·T.赫伯特和科林·J.托马斯对CBD的功能分区进行了研究，将中等城市的CBD分为六个区，见图7-29。

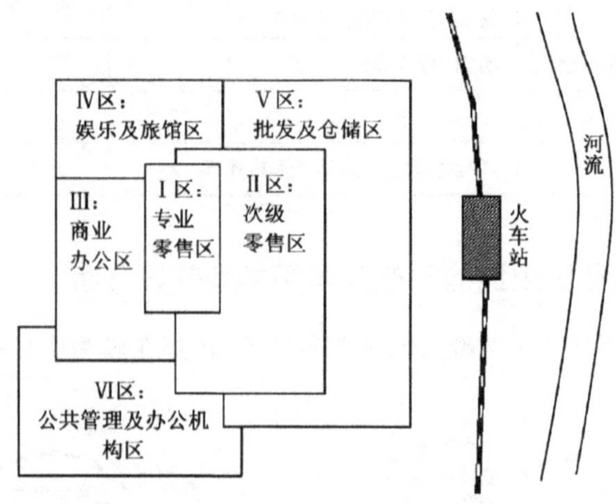

图7-29 中等城市的分区

其中，Ⅰ区专业零售区集聚着百货店和大型连锁店，沿传统的高尚街道布置。Ⅱ区集中出售耐用品和日用品，通常位于中心零售集中区的一侧；Ⅲ一Ⅸ商业办公区区位相对居中，以金融和保险业为主，随着时间的推移，此区倾向于分布在市中心环境区位更好的地方；Ⅳ区——娱乐及旅馆区，该区与零售及办公室紧密相连，主要依赖这两个区进行商业活动；Ⅴ区批发及仓储区，最初常位于沿海、沿河的交通设施和火车站附近，一般是市中心环境区位吸引力较差的位置；Ⅵ区——公共管理及办公机构区，一般位于CBD边缘，由于其活动性质并非商业性，无法与中心区的商业设施竞争，从而失去其中心性的区位。

商业区各类用地类型之间既呈相互吸引、聚集的特点，同时也有相互干扰、分离的倾向。在发展初期，商业区的用地类型往往呈现相对杂乱无章状态，混合程度较高，而随着不同功能用地之间干扰程度的加强，又朝着均质化的方向演化。当然，功能不同，对区位的竞争力也不尽相同，在各种力量作用之下，特定的经济活动和产业逐渐分化，占据着自己的最优区位。

① 例如，CBD的边缘经常变动，此发展，彼萎缩。诸如港口作业站、铁路站场、早期的道路枢纽等专门的交通设施通常与城市的初期位置相关。随着城市的发展，CBD越来越远离城市中心，整个城市地区及进化的动力与CBD的位置和结构密切相关。

三、商业区开发的规划控制

(一)规划控制的内容

商业区开发规划控制的内容主要包括容量、性质、建设边界、环境质量、交通、公用设施和土地使用价格，见表7-6。

表7-6　商业区规划控制的内容

内容名称	内容阐释
容量	用地范围内可开发建设的最高建筑容量，需要针对不同功能空间和用地类型，给出相应的容量控制指标
性质	用地范围内许可建设的空间类型，如商业、办公、商住公寓(如图7-30的洛杉矶公寓楼)等
建设边界	用地内建筑物允许达到的高度、红线等边界极限，边界条件的控制目的在于防止项目建设对周围环境造成不利影响
环境质量	对绿化、建筑物色彩、饰面、形体等提出要求
交通、公用设施	要求土地开发满足规划统一建设公用设施的条件，如出入口位置、停车位数量等
土地使用价格	地价和各项用地条件会在土地出让时进行反复协商

图7-30　洛杉矶公寓楼

(二)商业区开发规划总体层次的控制内容

商务区的总体控制包括用地划分、地块的定性与定量指标、主要控制线,见表 7-7。

表 7-7　商务区的总体控制内容

内容名称	内容阐释
用地划分	根据规划、城市设计、用地现状,中心区域 CBD 的总用地可划分为街区用地、道路用地、城市绿地(图 7-31)、公用设施用地等,明确用地控制点的坐标与高程
地块的定性与定量指标	根据功能布局规划,确定地块的使用性质、可兼容的其他功能类型;依据形体设计,确定地块的空间容量
主要控制线	其中红线控制建筑、道路的各自建造范围;蓝线控制临水处的建设界限;绿线控制人工环境与绿化界限;其他控制线还包括地下设施、空中高压走廊等内容的控制边界

图 7-31　杭州环城东路的绿地设计

(三)商业区开发规划街区层次的控制内容

商务区在整体规划的基础上还需要进行街区的局部环境城市设计，以此确定街区的控制条件。街区层次的控制条件包括四个方面，见表7-8。

表7-8　商业区开发规划街区层次的控制内容

内容名称	内容阐释
机动车出入口	机动车出入口的数量、位置由局部的交通组织设计确定与之相联系的因素包括停车位的数量、周边道路的性质及服务要求
地块的划分	通常街区可由内部支路分隔为若干地块，并在中心形成内部围合空间。地块的指标控制应与街区的总指标一致
街区的空间限定	通过空间环境设计，街区的外部空间、内部空间、引导空间以及相邻街区的架空廊道、地下通道应加以控制，同时需研究建筑界面高度对街区空间效果的影响
其他用地要求的落实	公共设施的用地宜按规划要求布置在相应的街区内，如变配电站、地下空间通风管道、地铁站口(图7-32)等

图7-32　武汉2号线地铁站口

(四)商业区开发规划地块的控制内容

地块控制条件是规划对环境建造实施控制的法定手段,也是贯彻 CBD 城市设计目标、设计意图的最终途径。地块的控制条件包括以下几个方面的内容。

表 7-9 地块的控制条件

条件概括	具体内容
基本控制条件	包括边界、面积、建筑容量、容积率、使用性质、绿化率、覆盖率、停车位等
红线	包括道路红线、建筑退让、高层建筑退让等
车行、步行组织	明确地块的机动车、人流出口、地下车库出入口、地面停车位、架空或地下步行走廊
空间的限定	确定支路、出入口、地块开敞空间的位置、场地铺装与绿化的要求等
其他条件	例如无障碍设计(图 7-33)、外部空间照明等控制条件

图 7-33 无障碍设计

四、城市商业区规划案例解析

上海中心商务区(SCBD)包括陆家嘴中心区、外滩及南、北外滩等,与繁华的南京东路外滩隔江相望,其中,陆家嘴中心区是 SCBD 的核心,也是上海东西轴改造开发战略的重要构成部分。作为中国唯一以金融贸易命名的开发区,陆家嘴区域享有中央及上海市政府给予的各项特殊的金融、贸易政策。

作为上海建设国际金融中心的重中之重,陆家嘴金融中心区已成为中国资本最密集的地区,形成了证券、期货、钻石、产权、房地产、人才等 7 大要素市场。①

图 7-34　上海小陆家嘴

上海中心商务区总用地约 3.3 平方公里,规划总建筑面积约 1000 万平方米。以陆家嘴中心区为核心,南、北外滩是 SCBD 未来发展的方向。其中,陆家嘴中心的岸边开发是东西开发轴的高潮和标志。小陆家嘴中心区

① 截至 2003 年 12 月底,在此集聚的外资银行营运资产总额突破 200 亿美元,平均每平方公里引资逾 117 亿美元。开业的分行及中外资金融保险机构已达 146 家,外资金融机构资产总值 2 200 亿美元,占全国外资金融机构资产总值的 57%。上海证券交易所的股票、国债等有价证券额占全国市场份额的 87%,在全球各大证券交易所中排名第 13 位。上海期货交易所 2002 年成交额高达 6.05 万亿元人民币,占全国期货市场份额的 60%以上。以上数据说明陆家嘴金融中心区已成为中国金融业的核心地域。

位于黄浦江凸岸陆家嘴的尖端，规划范围东至浦东南路，南界东昌路，西、北为黄浦江水城，占地约1.7平方公里，是金融贸易中心，也是上海中央商务区（SCBD）的组成部分。规划以高集聚的布局形式，形成各类总部、分支机构的办公处和金融保险大厦以及全国商贸、展览、会议、电视、导航、音乐厅、交通集散枢纽、通信枢纽中心等符合21世纪上海中央商务区功能的第三产业。

陆家嘴中心区以“滨江绿地＋中央绿地＋沿发展轴绿带”的旷地系统作为结构基本要素，分为东、西、南、北、中五个次区（图7-35）。

图7-35 上海陆家嘴中心区

从土地利用构成来看，陆家嘴中心区总用地面积168.12hm^2，建设用地80.34hm^2（47.79%），绿化用地36.35hm^2（21.62%），总建筑面积418万m^2，功能包括金融办公、酒店、商业服务、文化娱乐及居住等。

从土地的开发强度（即容积率）来看，核心区的开发强度为10，高层带为8～10，一般地块为6～8，滨江带为2～4，文化设施为2。全区平均净容积率为5.2。

图 7-36　上海杨浦大桥

从交通规划来看，该区域以带动城市交通结构的发展为战略，区外联系强调越江及城市环线交通系统建设，东西区域联系以杨浦、南浦大桥为骨干交通，针对该区情况在原有基础上规划地铁一条，还增设区内南北走向轻轨一条，共计站场 5 个，越江隧道 16 个车道，3 条地下人行隧道，3 条轮渡航线，12 条公交线路，共计 5 个终点站。区内交通则以街坊为基础组织交通出行和停车场地，形成建筑与交通相结合的特色，充分利用项目开发资金促进交通设施建设。

从交通用地构成来看，道路总用地约 45.9hm^2(27.3%)，其中地面交通道路约 36.4hm^2(21.7%)，地下环线车道及引道 5.55hm^2(3.3%)，另外还有滨江林荫大道 11.9hm^2(7.1%)。

图 7-37　上海滨江林荫大道

从绿地的配置来看，通过发展轴绿化带与滨江绿化带纵横设置，强化了东西轴的总体格局及岸线界面，中央公园与超高层三塔虚实相映(图 7-38)，形成了丰富的肌理，使 CBD 滨江景观层次丰富。

图 7-38　中央公园与超高层三塔虚实相映

第八章　城市绿地规划

城市绿地规划是城市总体规划的专项规划，其具体是指在城市用地的范围内，根据不同功能用途的城市绿地，合理布置，从而使得城市绿地能够改善城市小气候，改善人民的生产、生活环境条件。城市绿地规划的重点是城市广场、城市公园等规划内容。为此本章节主要研究城市广场绿地规划设计、城市绿地系统规划设计、城市公园绿地规划设计、城市滨水带的规划设计。

第一节　城市广场绿地规划

一、城市广场的意义与特征

(一)城市广场的意义

城市广场通常是城市居民社会生活的中心，主要是供人们活动的空间。在城市广场周围常常分布着行政、文化、娱乐、商业及其他公共建筑。广场上布置设施和绿地，能集中地表现城市空间环境面貌。

城市广场根据不同的形式与规定其表现作用不同；如处于城市干道交会的位置，广场主要起组织交通作用；更多的广场则是结合广大市民的日常生活和休憩活动，并为满足他们对城市空间环境日益增长的艺术审美要求而兴建的。

(二)城市广场的特征

城市广场的特征主要体现在以下几个方面。

(1)建筑范畴较为广泛，如除了城市的主要广场(市政广场、商业广场等)外，较大的建筑庭院、建筑之间的开阔地等也有广场的性质。

(2)古典广场一般以硬地和建筑为主，绿化较少，而现代广场中绿化栽植则成为必不可少的构成要素。

(3)广场的使用进一步贴近人的生活，更多地体现对人的关怀，强调公众作为广场使用主体的身份。

(4)将广场作为综合解决环境问题的手段,强调广场对周边乃至城市空间的组织作用。

(5)广场形式日益走向复合式和立体化,广场空间的形态从建筑围合的简单方式逐步拓展到立体空间,包括下沉式广场、空中平台、步行街等。

二、城市广场的分类及表现形式

(一)城市广场的分类

城市广场是伴随着时代的变化而不断发展的,因此,其分类也因出发点不同而不同。[①] 以下对按照广场主要功能进行分类。

(1)市民广场。市民广场通常设置在市中心,平时供市民休息、游览,节日举行集会活动。市民广场应与城市干道连接紧密,能疏导车辆与行人交通的堵塞。市民广场应在设计时要充分考虑活动空间的规划,如可以采用轴线手法或者自由空间构图布置建筑。

(2)建筑广场。建筑广场是指为衬托重要建筑或作为建筑物组成部分布置的广场,如巴黎罗浮宫广场、纽约洛克菲洛中心广场等。

(3)纪念性广场。纪念性广场是指为纪念有历史意义的事件和人物而建设的广场,如人民英雄纪念碑等。纪念性广场的规划应符合所纪念的历史事件,其比例尺度、空间构图及观赏视线、视角的要求应根据实际运用而进行规划。

(4)商业广场。商业广场是指在城市的商业区与文化娱乐区所设置的广场。其目的是为了供人们逛街时休闲和疏散人流的作用,如北京的王府井商业广场。

(5)生活广场。生活广场是指设置在居民生活区域内的广场。它主要供居民锻炼、散步、休息时使用,因此面积通常不大。生活广场在设计时应综合考虑各种活动设施,并布置较多绿地。

(6)交通广场。交通广场可分为道路交叉扩大的广场[②]和交通集散广场[③]。需要注意的是广场要有足够的行车面积、停车面积和行人活动面积,

---

① 按照历史时期分类有古代广场、中世纪广场、文艺复兴时期广场、17 世纪及 18 世纪广场及现代广场。按照广场的主要功能分类有市民广场、建筑广场、纪念性广场、商业广场、生活广场、交通广场等。

② 疏导多条道路交汇所产生的不同流向的车流与人流交通。

③ 交通集散广场,主要解决人流、车流的交通集散,如影、剧院前的广场等。

其大小根据广场上车辆及行人的数量决定;交通集散广场的车流与人流应合理组织,以保证广场上的车辆和行人互不干扰。

(二)城市广场的表现形式

广场在设计上,因受观念、传统、气候、功能、地形、地势条件等方面的限制与影响,在表现的形式与方法上有所不同,其表现形式大致可以分为以下两大类。

1.规则的几何形广场

规则的几何形广场主要选择以方形、圆形、梯形等较规则的地形平面为基础,以规则几何形方式构建广场。规则几何形广场的中心轴线会有较强的方向感,主要建筑和视觉焦点一般都集中在中心轴线上,设计的主题和目的性比较强。它特点是地形比较整齐,有明确的轴线,布局对称。例如巴黎协和广场,如图 8-1 所示,它是巴黎最大的广场,位于巴黎主中轴线上,广场中间树立着一座 23m 高的方尖碑,四周设计八座雕塑,象征着法国八大城市,是典型的规则型布局方式。

图 8-1 法国巴黎协和广场

2.不规则型广场

不规则型广场,有些是因为周围建筑物或历史原因导致发展受限,有些是因为地形条件受到限制,还有就是有意识地追求这种表现形式。不规则广场的选址与空间尺度的选择都比规则型的自由,可以广泛设置于道路边旁、湖河水边、建筑前、社区内等具有一定面积要求的空间场地。不规则广场的布局形式在运用时也相对自由,可以与地形地势充分结合,以实现对不同主题和不同形式美感的追求。

如图 8-2 所示为意大利威尼斯圣马可广场。该广场平面由三个梯形组成,广场中心建筑是圣马可教堂。教堂正面是主广场,广场为封闭式,长 175m,两端宽分别为 90m 和 56m。次广场在教堂南面,朝向亚德里亚海,南端的两根纪念柱既限定广场界面,又成为广场的特征之一。

图 8-2 圣马可广场

三、城市广场的构成形式

城市广场的构成形式主要有围合空间广场、焦点空间广场、粘滞性空间广场和半开敞空间广场。它们直接影响着城市居民的生存与活动空间。

(1)围合空间广场。围合空间是城市最基本的分区单位,它所界定的区域之外往往是高速行驶的车辆,之内则是安静并适合人体尺度的广场、中庭或院落。正是与繁忙的交通相比,这种围合空间港湾般的宁静及其文化价值才得以显现。

(2)焦点空间广场。焦点空间是一种带有主题性的围合空间。它给许多场所增添了色彩,但是,当城市的膨胀使原本与之匹配的景致过度变甚至不复存在的时候,焦点的标志物便成为一件不起眼的老古董了。焦点空间广场通常以人为空间占有形式，如以雕塑或雕塑化的建筑物而展现，它使热闹的街市或广场更具有特性，表明了这就是“那个场所”的特指意味。

(3)半开敞空间广场。半开敞空间广场是指连接两种类型空间的直接、自由的通道，诸如与建筑物相连接的廊道和对外敞开的房间。半开敞空间广场所往往存在于繁华的市井之外并远离喧闹的交通要道。这一地带常常是景色宜人，光线柔和，空气中弥漫着花园植被的芬芳，人们在这里有一种安全感和防御感。

(4)粘滞性空间广场。粘滞性空间广场指人群以静止和运动两种主要方式占有的空间。粘滞性空间广场是温情的场所，人们在这里漫步浏览橱窗、买报、赏花，同时也领略这里的风情，享受阴凉或阳光。

四、城市广场的面积及尺度比例

(一)城市广场的面积

城市广场其面积大小及形状可以依托不同的要求进行设计，具体表现在以下几个方面。

(1)功能要求方面。比如电影院、展览馆前的集散广场，其设计要求应满足人流及车流的聚散可以在短时间内完成。又如集会游行广场的设计要求应满足参与的人员在此聚集并在游行时间里让游行队伍能顺利通过。再如交通广场的设计应符合车流运行的规律和交通组织方式，同时还要满足车流量大小的要求，并且还要有相应的配套设施如停车场和基础公用设施等。

(2)观赏要求方面。在形体较大的建筑物的主观赏面方向，适宜设置与其形体相衬的广场。若在有较好造型的建筑物的四周可适当地为其配置一些空场地或借用建筑物前的城市街道来展示建筑物的面貌。建筑物的体量与配套广场之间的关系，可根据不同的要求，运用不同的手段来解决。有时打破固有模式，调整建筑物与广场之间大小比例关系，更能凸显建筑物高大的形象。

此外，确定广场面积的因素还包括土地情况，周围环境，历史文化，生活习惯等各种客观条件。向依山地建成的城市的广场，或在老旧城市中新开辟广场，或因地上建筑物和设施具有历史文化和艺术价值需要保护，新设立时面积都要受到如上各种客观条件之一或多条的限制。在气候温暖的地区，因广场承担了较多的公共活动，要求有相适应的面积。

(二)广场的尺度比例

广场的尺度比例涉及很多的方面,有用地面积的大小:有广场四周边长小的比例;有广场与其之上建筑物之间的比例,广场大小与广场上的建筑物的体量之比:广场上所设各建筑物之间面积大小是否协调,内容与周围环境,如地形地势、城市道路以及其他建筑群等的相互的比例关系。

广场的比例关系并非是一成不变的,不同的广场在功能上、规模上其尺度也不相同,但总体要与人的活动要求相符合。例如大广场的组成部分其尺度就较大,小广场中的组成部分其尺度就教小。踏步、石级、栏杆、人行道的宽度,应估计人流量而进行处理。车行道宽度、停车场地的面积等要符合人和交通工具的尺度。①

五、城市广场设计的原则

城市广场设计的原则主要体现在以下几个方面。

(1)尺度适配原则。根据广场不同使用功能和主题要求,而规定广场的规模和尺度。例如政治性广场和市民广场其尺度和规模都不一样。

(2)整体性原则。它主要体现在环境整体和功能整体两方面。环境整体需要考虑广场环境的历史文化内涵、整体布局、周边建筑的协调有序以及时空连续性问题。功能整体是指该广场应具有较为明确的主题功能。在这个基础上,环境整体和功能整体相互协调才能使广场主次分明、特色突出。

(3)多样性原则。城市广场在设计时,除了满足主导功能,还应具有多样化性原则,它具体体现在空间表现形式和特点上。例如广场的设施和建筑除了满足功能性原则外,还应与纪念性、艺术性、娱乐性和休闲性并存。

(4)步行化原则。它是城市广场的共享性和良好环境形成的前提。城市广场是为人民逛街、休闲服务的,因此应具备步行化原则。

(5)生态性原则。城市广场与城市整体的生态环境联系紧密。一方面,城市广场规划的绿地、植物应与该城市特定的生态条件和景观生态特点相吻;另一方面广场设计要充分考虑本身的生态合理性,趋利避害。

---

① 例如天安门广场的宽为500m,两侧的建筑.人民大会堂、革命历史博物馆的高度均在30～40m之间,其高宽比约为1:12。这样的比例会使人感到空旷,但由于广场中布置了人民英雄纪念碑、大型喷泉、灯柱、栏杆、花坛、草地,特别又建立了毛主席纪念堂,丰富了广场内容,增加了广场层次,一定程度上弱化了空旷感,达到舒展明朗的效果。

六、城市广场绿的具体规划

在广场上布置建筑物、喷水、雕塑、照明设施、花坛、座椅及种树可以丰富广场空间，提高艺术性。

（一）铺装设计

地面铺装是广场设计的重要部分，由于广场地铺面积比较大，在整体视觉感受上，它的形状、比例、色彩和材质，直接影响到广场整体形象和精神面貌以及各局部空间的趣味。地面铺装的要素设计主要体现在以下几个方面。

1. 图案设计

在采用一些较为规则的材料铺设与视平线平行或垂直的直线时，往往能够扩展游人对深度和宽度的感知，增加人们的空间概念。图案的形状及其铺装也会带给人不同的感受，单数边的图形往往动感较强，多出现在活动区的场地铺设中，而规则的偶数边形状常常给人稳重、安静的感觉。此外，应用于场地铺装的图案应当尽可能简单明确，易于识别和理解，切不可设计得过于烦琐而使游人理解不到设计者的意图。如果铺装材料自身尺度较大，有较大的面积可以设置图案，也不宜设计得过于复杂，而应以表现材料自身的质感美为主（图 8-3）。

图 8-3　广场地面图案设计

2. 质感设计

广场的场地铺设不同于室内的场地铺设，它所处的大规模的外部空间有着更为广阔的意义。例如自然石材的运用可以使空间贴近自然，让游人倍感亲切和放松；人工石材的选择虽缺乏自然石材的天然质朴，却处处体现出现代社会的科技含量。在进行广场场地铺设时，要根据空间大小选择不同质感的铺设材料。通常如麻面石料和花岗岩等质感较为粗糙的材料，适合大空间的场地铺设(图 8-4)。此类材料因表面较为粗糙而较易吸收光线照射和广场噪声，因石材彼此间的较大空隙也较易吸收场地积水。对于小空间来讲则恰恰相反，圆润、精巧且体量较小的卵石等质感细腻的材料能给人以舒畅、精细的亲切之感，同时材料自身不规则的形态也丰富了场地的层次。

图 8-4　城市广场地面(花岗岩)

3. 色彩设计

色彩是营造广场气氛、切合广场主题的一种最为有效的手段。从广场整体环境出发铺装的色彩一般在广场中不作为主景存在，只是作为衬托各个景点的背景使用，因此其设计应当同整个广场的环境相协调，同各个区域的应用主题相吻合。如儿童活动区可从儿童的属性出发，运用活泼明朗的纯色铺装材料和简单规则的铺装形式；安静休息区中应当采用具有宁静安定气氛的、色彩柔和的铺装材料和铺装形式。

4. 排水性设计

在具有一定坡度的场地和道路上要考虑排水设计。通常情况下，可以铺装透水性花砖或透水性草皮来解决这一问题，以免因道路积水而影响游人正常行进。

5. 视觉性设计

通过铺装所采用的不同线条形式起到指引游人的作用，直线型线条能使游人视觉产生前进性，从而引导游人深入前进：众多线条呈现出一定的汇聚性并最后交结于某一景观的形式则是引导游人向景观处聚集观赏。

(二)绿化设计

由于广场性质有所不同，绿化设计也应有相应的变化或相对独立的特点来适应主题，不能千篇一律、形式单一，或随意种植、凌乱无序的为绿化而绿化。具体的绿化手法和植物品种选择，要根据地域条件、文化背景、广场的性质、功能、规模及植物养护的成本和周边环境进行综合考虑，结合表现主题，运用美学原理进行绿化设计。例如文化广场常侧重简洁自然、轻松随意，因此设计过程中可以多考虑铺装与树池以及花坛相结合等形式。对植物品种要进行科学合理的选择，对植物品种的性能、特点、花期的长短要有充分的了解，同时对种植的环境要从性质上相适应(图 8-5)。

图 8-5　某城市广场的绿化设计

(三)雕塑设计

雕塑是一种雕刻的立体艺术,它需要根据不同类型的主题因素进行塑造,因此,它具有强烈感染性的造型。对广场雕塑进行设计时,需要根据广场的类型及主题进行塑造,使它与整个广场空间环境相融合,并成了其中的一个有机组成部分。例如广场和道路休息绿地可选用人物、几何体、抽象形体雕塑等,如图 8-6 所示。在对雕塑的位置、质感、形态、尺度、色彩进行考虑时,需要结合各方面的背景关系,从整体出发,不能孤立地考虑雕塑本身。

由于现代城市广场在设计上需要重视环境的人性化特征和亲切感,因此,其雕塑的设计应以亲近人的尺度为依据,尽量在空间上与人在同一水平线上,从而增强人的参与感。

图 8-6 广场雕塑

(四)水景设计

广场水景主要以水池、叠水、瀑布、喷泉的形式出现。广场水景的设计要考虑其大小尺度适宜。在设计水体时,不要漫无边际地设计大体量水体景观,避免大水体的养护出现困难。相反,一些设计精致、有趣、易营建的小型水体,颇能体现出曲觞流水的设计美感。

喷泉是广场水景最常见的形式,例如影视喷泉,在巨大的面状喷泉水幕上投放电影,通过其趣味性的成分增加喷泉的吸引力,使其成为广场重要的景观焦点,如图 8-7 所示。设置水景时要考虑安全性,应有防止儿童、盲人跌撞的装置,周围地面应考虑排水、防滑等因素。

图 8-7 影视喷泉

(五)小品设计

图 8-8 城市广场小品

广场小品设计主要指独立的小型艺术品设计,如花架、灯柱、坐椅、花台、宣传栏、小商亭、栏杆、垃圾筒、时钟等。小品在广场设计中起到了画龙点睛的作用,它能够起到强化空间环境文化内涵的作用,因此,它的设计要结合该城市的历史文化、背景,并寻找具有人情风貌的内容进行艺术加工。广场小品的材质、色彩、质感、造型、尺度等运用要符合人体工学原理。如小品的色彩是广场上活跃气氛的点睛元素;小品的尺度要在符合广场大环境的尺度关系下，呈现出适度比例关系，符合人们审美经验和心理的度量；小品的造型则要统一于广场总体风格，统一中有变化，丰富而不显凌乱(图 8-8)。

七、城市广场绿地规划实例分析

(一)洛杉矶珀欣广场

珀欣广场[①]位于洛杉矶第 50 大街与第 60 大街之间，是美国商业区新建的比较成功的广场之一。该广场以自然与秩序并重的城市设计手法，表现了作为场所精神存在的空间环境。同时，设计考虑了与南加利福尼亚的拉美邻国墨西哥文化方面的渊源关系，最终建成了一个满足多重使用者的广场空间。

该广场的设计用正交关系线组织，顺应了城市的原有脉络。粉色混凝土铺地上耸立起了一座十层楼高的紫色钟塔，与此相连的导水墙也是紫色的，墙上开了方的窗洞，成为从广场看毗邻花园的景窗。

广场的另一边有一座鲜黄色的咖啡馆和一个三角形的交通站点，后者背靠着另一堵紫色的墙。在广场四个角上则安排了四个步行入口。两三棵树并排的树列限定了广场的边界。高大成组的树列减弱了环绕广场的车行路的影响，但却保留了广场与周边建筑的联系。在广场东边，对着希尔大街，由老公园移植过来的 48 棵高大的棕榈树在钟塔边形成了一个棕榈树庭。在广场的中央是橘树园，这也是洛杉矶的特色之一。

其他的树还有天堂鸟(strelitzia)、枣椰树、墨西哥扇椰树、丝兰、樟树和胶皮糖香树等。圆形的水池和正方形下沉剧场是公园中的规则几何元素。水池边的铺地用灰色鹅卵石铺成，并与周围铺地齐平，有意做成像碟子的圆边，匠心独具。在水池边缘，从导水墙喷起的水落入水池中央并起起落落，模仿潮汐涨落的规律，每八分钟一个循环。水池中央还有一条模仿地震裂

---

① 其历史可以追溯到 1866 年。从那时起，广场曾重新设计过多次。1918 年，该广场终以珀欣(Purshing)将军命名。1950 年代，广场下建有一个 1800 个车位的地下停车场。但到 1980 年代，该广场已经成为一个无家可归者和吸毒者聚集的场所。1980 年代，广场四邻的业主出于经济、环境和文化等方面的考虑，发起了一场珀欣广场复兴运动，在珀欣广场业主协会和城市社区改造协会(community Redevelopment Agency)共同努力下，这一运动引起了城市建设决策者的重视。经多次研究和协调，洛杉矶城市更新和园林局决定保留该广场。1991 年，纽约大地规划事务所在为重新设计广场所举办的公开竞赛中中标，但是其方案造价过高，后由 Hanna Olin 和 Ricardo Legorrela 完成设计任务。在经费方面，珀欣业主协会通过义务税收筹集了 850 万美元，而另外 600 万美元则由社区改造当局(The community Regeneration Authority)提供。这个机构与社会有关部门协同工作，为原滞留广场的无家可归者提供咨询和帮助。

缝的齿状裂缝，可容纳 2000 人的露天剧场地面植以草皮，踏步则用粉色混凝土。舞台的标志是四棵棕榈树(Phoenix canariensis)。同水池一样，它们是对称布置的。广场的出色之处在于设计中运用了对称的平面，但是被不对称却整体均衡的竖向元素打破，如塔、墙、咖啡店(图 8-9 至图 8-11)。[1]

图 8-9　珀欣广场

图 8-10　珀欣广场平面图

① 王建国. 城市设计(第 3 版)[M]. 南京：东南大学出版社，2010

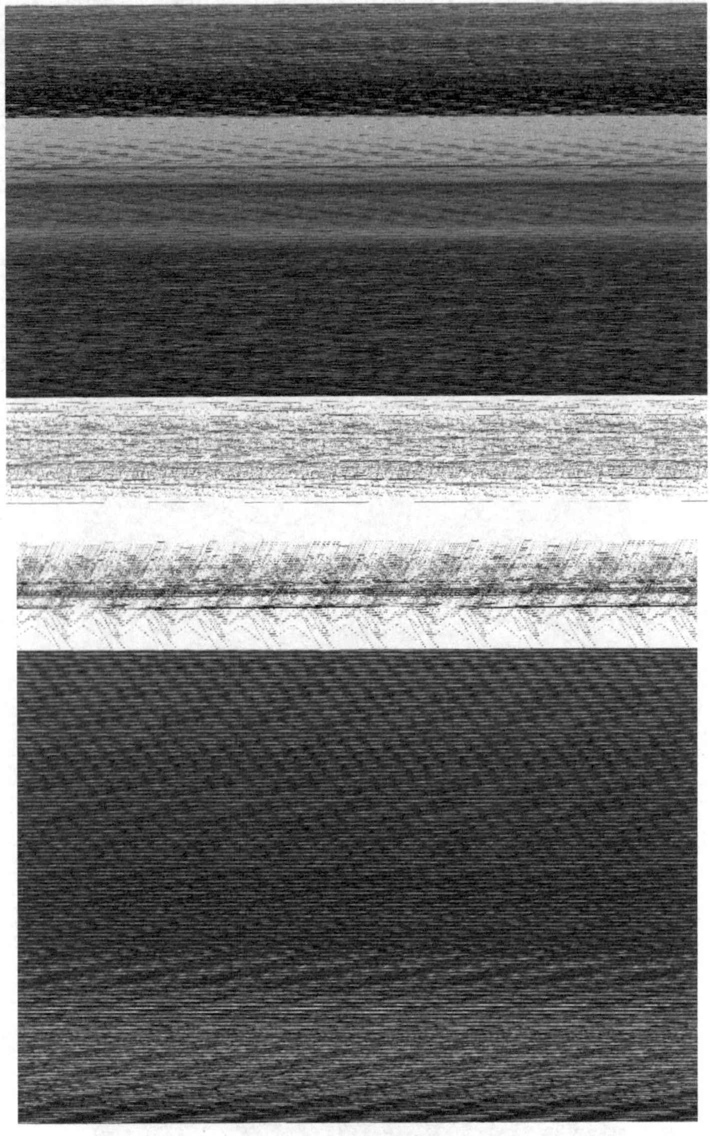

图 8-11　珀欣广场细部

(二)纽约洛克菲勒中心广场

1936 年,美国洛克菲勒中心广场(图 8-12)建立。由于它的中心由十几栋建筑组合构成,空间构图活跃,环境外部变化丰富,并且其中心布局满足了城市景观和商业、文化娱乐活动的需要,因此被公认为最有活力、最受人们欢迎的公共活动空间之一。

图 8-12　洛克菲勒中心平面图、剖面、空间结构图

该广场的优势在于地面高差而产生下沉式的广场(广场底部下降约4m),它位于70层主体建筑RCA大厦前,与中心其他建筑的地下商场、剧场及第五大道相连通。广场的中轴线垂直进入广场的道路成为“峡谷花园”。在广场中轴线的末尾处,设有喷水池和金黄色的火神普罗米修斯雕像(图8-13)。由于它们的背景是褐色花岗石墙面,且四周旗杆上飘扬着各国国旗,因此他们成为广场的视觉中心。在下沉式广场的北部,又设有一条较宽的步行商业街,街心花园有座椅等设施可以供行人休息。

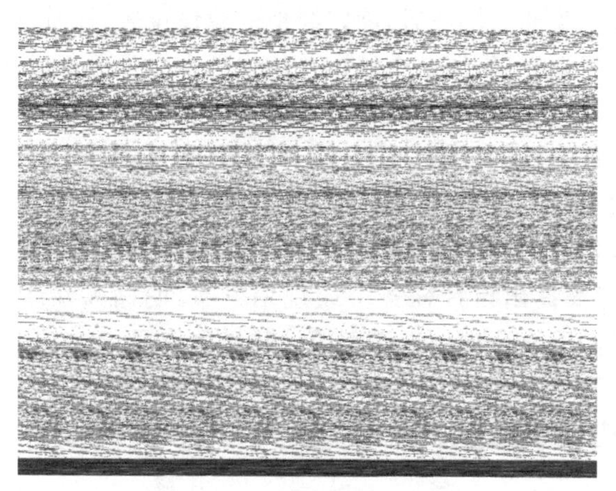

图 8-13　洛克菲勒中心广场

该广场的设计优点在于:下沉式的广场可以避免城市道路的嘈杂声与视觉干扰,它能给城市中心区的人们带来较为安静的环境。另外,广场的建设规模虽然较小,但却能有效地使用,如在炎热的夏季可以撑起遮荫棚,棚顶可以布满鲜花，棚下可设置冷饮座，供人们避暑；冬季则又变为溜冰场，供人们娱乐。而环绕广场的地下层里均有不同类型的餐馆，就餐的客户可透过落地大透明玻璃窗看到广场上进行的各种活动，丰富客户的视野。

第二节　城市绿地系统规划

一、城市绿地系统规划的内容

城市绿地系统①是城市中的自然生产力主体，它的发展是实现城市可持续发展的必要条件。城市绿地系统规划的内容主要体现在以下几个方面。

(1)根据城市的经济发展水平、环境质量和人口、用地规模，研究城市绿地建设的发展速度与水平，拟定城市园林绿地的各项规划指标，并对城市绿地系统所预期的生态效益进行评估。

(2)根据城市总体规划对城市的性质、规模、发展、条件等的基本规定，在国家有关政策法规的指导下，确定城市绿地系统建设的基本目标与布局原则。

(3)在城市总体规划的原则指导下，研究城市地区自然生态空间的可持续发展容量，结合城市现状及气候、地形、地貌、植被、水系等条件，合理安排整个城市的绿地系统，合理选择与布局各类城市园林绿地。经与城市规划等各有关行政主管部门协商后，确定绿地的建设位置、性质、范围、面积和基本绿化树种等规划要素，划定在城市总体规划中必须保留或补充的、不可进行建设的生态景观绿地区域。

(4)提出对现状城市绿地的整改、提高意见，提出规划绿地的分期建设计划和重要项目的实施安排，论证实施规划的主要工程、技术措施。

(5)编制城市绿地系统的规划图纸与文件。对于近期要重点建设的城市园林绿地，还需提出设计任务书或规划方案，明确其性质、规模、建设时间、投资规模等，以作为进一步详细设计的规划依据。

二、城市绿地的分类

我国建设部于2002年颁布了《城市绿地分类标准》CJJ/T85—2002，如

① “城市绿地系统”是指城市中具有一定数量和质量的不同绿地，通过有机联系形成生态环境整体功能，同时具有一定社会经济效益的有生命的基础设施体系。而城市绿地系统规划是对城市各类绿地及其物种在类型、规模、空间、时间等方面所进行的系统化配置及相关安排。

表 8-1 所示 。该分类标准将城市绿地划分为五大类,即公园绿地 $G_1$①、生产绿地 $G_2$②、防护绿地 $G_3$③、附属绿地 $G_4$④、其他绿地 $G_5$⑤。

表 8-1　城市绿地分类标准 CJJ/T85—2002

大类	中类	小类	类别名称	大类	中类	小类	类别名称
G_1	G_{11}		公园绿地	G_2			生产绿地
			综合公园	G_3			防护绿地
		G_{111}	全市性公园	G_4			附属绿地
		G_{112}	区域性公园		G_{41}		居住绿地
	G_{12}		社区公园		G_{42}		公共设施绿地
		G_{121}	居住区公园		G_{43}		工业绿地
		G_{122}	小区游园		G_{44}		仓储绿地
	G_{13}		专类公园		G_{45}		对外交通绿地
		G_{131}	儿童公园		G_{46}		道路绿地
		G_{132}	动物园		G_{47}		市政设施绿地
		G_{133}	植物园		G_{48}		特殊绿地
		G_{134}	历史名园	G_5			其他绿地
		G_{135}	风景名胜公园				
		G_{136}	游乐公园				
		G_{137}	其他专类公园		8 *		
	G_{14}		带状公园				
	G_{15}		街旁绿地				

① 公园绿地(G_1)是指"向公众开放,以游憩为主要功能,兼具生态、美化、防灾等作用的绿地",包括城市中的综合公园、社区公园、专类公园、带状公园以及街旁绿地。公园绿地与城市的居住、生活密切相关,是城市绿地的重要部分。

② 生产绿地(G_2)主要是指为城市绿化提供苗木、花草、种子的苗圃,花圃,草圃等圃地。它是城市绿化材料的重要来源,对城市植物多样性保护有积极的作用。

③ 防护绿地(G_3)是指对城市具有卫生、隔离和安全防护功能的绿地,包括城市卫生隔离带、道路防护绿地、城市高压走廊绿带、防风林、城市组团隔离带等。

④ 附属绿地(G_4)是指城市建设用地(除 G_1、G_2、G_3 之外)中的附属绿化用地,包括居住用地、公共设施用地、工业用地、仓储用地、对外交通用地、道路广场用地、市政设施用地和特殊用地中的绿地。

⑤ 其他绿地(G5)是指对城市生态环境质量、居民休闲生活、城市景观和生物多样性保护有直接影响的绿地,包括风景名胜区、水源保护区、郊野公园、森林公园、自然保护区、风景林地、城市绿化隔离带、野生动植物园、湿地、垃圾填埋场恢复绿地等。

三、城市绿地的结构布局形式

城市绿地系统应该做到合理的结构布局，且要有利于城市系统的平衡运行。[①] 如图 8-14 所示，从世界各国城市绿地布局形式的发展状况来看，城市绿地分布有八种基本模式。[②]

图 8-14　城市绿地分布的基本模式

我国城市绿地空间布局常用的形式主要有以下几种。

(1)带状绿地布局形式。带状绿地多用河湖水系道路城墙等线形因素，形成纵横向绿带、放射环状绿带网。这种布局形式不仅对城市环境的改善起着重要作用，还利于突出城市的整体风貌。例如哈尔滨、苏州、西安、南京等城市就是利用这种形式布局的。

(2)绿地块状布局。这种布局不能较为明显的改善城市小气候的生态效益，因此，通常用在旧城市的改建中。这种布局虽然为居民的使用提供了方便，但对改善城市整体风格的作用不大。例如大连、青岛、上海、天津、武汉、和佛山等城市就适用于这种形式。

(3)楔形绿地布局。这种布局形式通常从远郊至市中心由宽到窄的楔形绿地组合布局。例如利用河流、起伏地形、放射干道等结合市郊农田防护林来布置。其优点在于可以引入远郊的新鲜空气，从而不仅为城市的通风提供了便利的条件，而且也有利于改善城市的风貌，如合肥。

---

① 城市绿地系统的结构布局是城市绿地系统的内在结构和外在表现的综合体现，它的目标是使各类绿地合理分布、紧密联系，组成有机的绿地系统整体。

② 这八种模式为放射环状、点状、放射状、楔状、网状、环状、带状、指状。

(4)混合式绿地布局。这种布局形式综合了前三种形式,从而构成了较为完整的城市布局,如北京市。它的优点在于能够使生活居住区获得最大的绿地接触面,从而为居民提供了休息场地;有利于改善城市的小气候、环境卫生及环境风貌。

四、城市绿地系统布局的原则

城市绿地系统布局的原则主要体现在以下几个方面。

(1)指标先进的原则。城市绿地规划指标制定近、中、远三期规划指标,并确定各类绿地的合理指标,有效指导规划建设。

(2)均分分布,比例合理的原则。城市绿地应均衡分布,比例合理,满足全市居民生活、游憩需要,促进城市旅游发展。按照合理的服务半径和城市生态环境改善,均匀分布各级城市公园绿地,满足城市居民生活休息所需;结合城市道路和水系规划,形成带状绿地,把各类绿地联系起来,相互衔接,组成城市绿色网络。

(3)结合当地特色,因地制宜的原则。在选用各类绿地时,应考虑当地的文化特色及文化内涵,充分利用原生态自然风貌特征、地理因素等,并根据规划指标进行合理规划。

(4)远近结合,合理引导城市绿化建设原则。考虑城市建设规模和发展规模,合理制定分期建设目标。需要注意的是,在制定分期建设目标时,要以城市绿地的自身发展规律与特征为参照因素,且后期制定的各类绿地发展速度不低于城市发展的要求,从而才能保持一定水平的绿地规模。

(4)分割城市组团。城市绿地系统的规划布局应结合城市组团的规划布局。理论上每 25～50km^2,需建设 600～1000m 宽的组团分割带。同时需要注意组团分割带要科学地进行,不能破坏城市的保护地带。

五、城市绿地系统的具体规划

(一)街旁绿地规划

街旁绿地通常用于城市道路用地之外,是较为独立成片的绿地。当街旁绿地建设在历史保护区、旧城改建区时,其面积不能小于 1000m^2,绿化占地比例不小于 65%。近年来,上海、天津在中心城区内建设这类绿地较多,受到市民的普遍欢迎。

(二)防护绿地规划

1.道路防护绿带规划

道路防护绿地是以对道路防风沙、防水土流失为主,以农田防护为辅的防护体系。不同的道路防护绿地,因使用对象的差异,防护林带的结构有所差异。如城市间的主要交通枢纽,车速在 80～120km/h 或更高时,防护林可与农用地结合,起到防风防沙的作用,同时形成大尺度的景观效果。城市干道的防风林,车速在 40～80km/h 之间,车流较大,防风林以复合性的结构有效降低城市噪声、汽车尾气、减少眩光确保行车安全为主,又形成了可近观、远观的道路景观。此外,铁路防护林建设以防风、防沙、防雪、保护路基等为主,有减少对城市的噪声污染,减少垃圾污染等作用,并利于行车安全。铁路防护林应与两侧的农田防护林相结合,形成整体的铁路防护林体系,发挥林带的防护作用。

2.城市高压走廊绿带规划

高压走廊绿带是结合城市高压走廊线的规划,根据两侧情况设置一定宽度的防护绿地,以减少高压线对城市的不利影响,如安全、景观等方面,特别是对于那些沿城市主要景观道路、主要景观河道和城市中心区、风景名胜区、文物保护范围等区域内的供电线路,在改造和新建时不能采用地下电缆敷设时,宜设置一定的防护绿带。

3.对外交通绿地规划

对外交通绿地涉及飞机场、火车站场、汽车站场和码头用地。它是城市的门户,汽车流、物流和人流的集散中心。对外交通绿地除了城市景观和生态功能外,应重点考虑多种流线的分割与疏导、停车遮荫、人流集散等候、机场驱鸟等特殊要求。

5. 道路绿地规划

道路绿地规划不仅可以连接城市中各类绿地,而且能改善环境小气候,起到绿化环境,减轻噪音的功效。道路绿地规划按《城市道路绿化规划与设计规范》CJJ75—97 规定进行。

(三)城市植物的树种规划

我国的城市绿化资源丰富,在城市绿化树的选用中应依据其分类方法、经济价值、观赏特性及生长习性，适地适树，正确选用和合理配置自然植物群落。城市树种规划的基本方法主要体现在以下几个方面。

（1）骨干树种的选择。确定城市绿化中的基调树种、骨干树种和一般树种。

（2）调查。对地带性和外来引进驯化的树种，以及它们的生态习性、对环境的适应性、对有害污染物的抗性进行调查。调查中要注意不同立地条件下植物的生长情况，如城市不同小气候区、各种土壤条件的适应，以及污染源附近不同距离内的生长情况。

（3）根据"适地适树"原理，合理选择各类绿地绿化树种。

（4）制定主要的技术经济指标。合理确定城市绿化树种的比例，根据各类绿地的性质和要求，主要安排好以下几方面的比例。①裸子植物与被子植物的比例。如在上海植物群落结构中，常绿针叶、落叶针叶、落叶针阔混交林分别占6.49%、5.84%、2.60%。②常绿树种与落叶树种的比例。③乔木与灌木的比例。城市绿化建设应提倡以乔木为主，通常乔灌比以7∶3左右较好；在上海，乔灌比约为1∶(3～6)，草坪面积不高于总面积30%。④木本植物与草本植物的比例。⑤乡土树种与外来树种的比例。有关研究指出：北京的速生树与慢长树之比，旧城区为4∶6，新建区5∶5。⑥速生与中生和慢生树种的比例。

六、城市绿地系统规划实例分析

以下以廊坊市(城区)城市绿地系统规划为例进行分析。

图8-15　廊坊市(城区)城市绿地系统规划总图

根据廊坊市城市规划用地的组团式结构特征和城市现状用地条件，城市绿地系统规划布局采用以带状、片状环城绿地环绕城市组团，块状绿地均衡分布于城区，带状绿地、防护绿带纵横成网，点面绿化遍布城区的环网结构模式。

图 8-16　廊坊市(城区)城市绿地系统规划结构模式图

环城绿地位于城区周边农业用地、防护林带，包括环城防护林带、龙河风光带、城区西南侧的农业观光园区、城区东北侧的休闲运动林地和城市组团间的林网田园。环城绿地保持农业生产，同时起隔离防护作用，主要具有改善城市大环境的功能。

块状绿地包括位于城区内的 4 个市级、6 个区级、16 个居住区级公园，是具有配套服务设施和较好环境的游憩绿地。

带状绿地即城市道路沿线的沿街绿带、河滨绿带和道路绿化带，主要起美化街景和防护作用，城区内规划为七横、八纵重点绿化道路，其中林荫路 10 条，花园路 5 条。

防护林带包括铁路两侧防护绿地和工业区周边的防护绿地，主要起防护隔离作用。

点状绿地分布在街头的街旁游园、绿化广场和分布在居住内的小游园，每处面积在 0.5hm^2 左右，起到装点街景和方便附近居民游憩的作用。

附属绿地分布在城市各类用地中的绿化用地。量多面广，形成城市整体(面)的绿化效果，对增加城市绿地率、绿化覆盖率及改善城市环境起到重要作用。

第三节　城市公园绿地规划

一、城市公园绿地的种类及特征

城市公园主要包括综合公园、社区公园、专类公园、体育公园、带状公园和街旁绿地。

(一)综合公园及特征

综合公园又可分为全市性公园[①]和区域性公园[②]，且通常面积不宜小于 $10hm^2$。

图 8-17　综合公园效果图

综合性公园(图 8-17)通常用于市民半天以上的游憩活动，因此，其规划时要求公园设施完备、规模较大，公园内常设有茶室、餐馆、游艺室、溜冰场、露天剧场、儿童乐园等。综合性公园的用地选择要求服务半径适宜，土壤条件适宜，环境条件适宜，工程条件适宜(水文水利、地质地貌)。全园应有较明确的功能分区，如文化娱乐区、体育活动区、儿童游戏区、安静休息区、动植物展览区、管理区等。如深圳特区选择原有河道通过扩建形成荔枝公园。

① 全市性公园是为全市居民服务，活动内容丰富、设施完善的绿地。

② 区域性公园是为市区内一定区域的居民服务，具有较为丰富的活动内容和设施完善的绿地。

(二)社区公园及特征

社区公园(图 8-18)可分为居住区公园和小区游园。居住区公园的面积宜在 5～10hm^2 之间,它是服务于一个居住区的居民,具有一定活动内容和设施,为居住区配套建设的集中绿地,陆地面积按照居住人口而定;小区游园面积宜大于 0.5hm^2,它是为一个居住小区的居民服务、配套建设的集中绿地。

图 8-18　社区公园

(三)专类公园及特征

专类公园可分为以下几类。

1.儿童公园

儿童公园(图 8-19)是单独设置,面积宜大于 2hm^2,它是为少年儿童提供游戏及开展科普、文体活动、有安全、完善设施的绿地。由于儿童公园主要是针对儿童而建设,因此,公园内容应能启发心智技能、锻炼体能、培养勇敢独立精神,同时要充分考虑到少年儿童活动的安全。儿童公园可根据不同年龄特点,分别设立学龄前儿童活动区、学龄儿童活动区和少年儿童活动区等。

2.动物园

动物园(图 8-20)面积宜大于 20hm^2,它有科普功能、教育娱乐功能,同时也是研究我国以及世界各种类型动物生态习性的基地、重要的物种移地保护基地。专类动物园面积宜在5～20hm^{2}之间。动物园在大城市中一般独立设置,中小城市常附设在综合性公园中。由于动物种类收集难度大,饲养与研究成本高,必须量力而行、突出种类特色与研究重点。动物园的用地

图 8-19　儿童公园效果图

选择应远离有噪声、大气污染、污染的地区，远离居住用地和公共设施用地，便于为不同生态环境（森林、草原、沙漠、淡水、海水等）、不同地带（热带、寒带、温带）的动物生存创造适宜条件，与周围用地应保持必要的防护距离。

图 8-20　某动物园

3. 植物园

植物园面积（图 8-21）宜大于 $40hm^2$，它是进行植物科学研究和引种驯化、并且供观赏、游憩及开展科普活动的绿地。专类植物园面积宜大于 $2hm^2$。植物园是以植物为中心的，因此通常情况下远离居住区，但要尽可能设在交通方便、地形多变、土壤水文条件适宜、无城市污染的下风下游地区，以利各种生态习性的植物生长。植物园通常也是城市园林绿化的示范基地、科普基地、引种驯化和物种移地保护基地，常包括有多种植物群落样方、植物展馆、植物栽培实验室、温室等。

图 8-21　北京植物园

4. 历史名园

历史名园又称纪念性公园，其历史悠久，知名度高，体现传统造园艺术并被审定为文物保护单位的园林，如北京颐和园(图 8-22)、苏州拙政园、扬州个园等，而颐和园、拙政园等是联合国教科文组织认定的世界文化遗产。历史名园往往属于全国、省、市、县级的文物保护单位，为保护或参观使用而应设置相应的防火设施、值班室、厕所及水电等工程管线，建设和维护不能改变文物原状。

图 8-22　北京颐和园

除以上各类专类公园外，还有雕塑园、游乐公园、盆景园、体育公园等具有特定主题内容的绿地，也称为专类公园。

(四)体育公园及特征

体育公园(图 8-23)以体育运动为主要功能。利用者主要为除了儿童以外的各个年龄层的人群。相对于以竞技为目的的专业化的体育场(馆),体育公园的重点在于日常的健身活动。

图 8-23　李宁体育园

体育公园不是一般的体育场,除了完备的体育设施以外,还应有充分的绿化和优美的自然景观,因此一般用地规模要求较大,面积应在 10～50hm^2 为宜。它的特点是既有各种体育运动设施,又有较充分的绿化布置,既可进行各种体育运动,又可供群众游览休息。因此,体育公园对运动设施的标准可以适当降低,并适当增加餐饮、娱乐的活动项目。由于人流量大、设施较多,体育公园需要设置明确的标识指示系统和充足的停车场。

需要注意的是,体育公园的位置宜选在交通方便的区域。由于其用地面积较大,如果在市区没有足够用地,则可选择乘车 30min 左右能到达的地区。在地形方面,宜选择有相对平坦区域及地形起伏不大的丘陵或有池沼、湖泊等的地段。

(五)带状公园及特征

带状公园(图 8-24)是城市中呈线形分布的一种公园形式,它是绿地系统中颇具特色的构成要素,承担着城市生态廊道的功能。带状公园通常结合城市道路、水系、城墙而建设,因此在设计时可以建设一些具有一定的狭长绿地,如沿城市道路、城墙、水滨等。带状公园的宽度应根据受用地条件进行设计,且在设计时尽量以绿化为主,辅以简洁的娱乐设施。

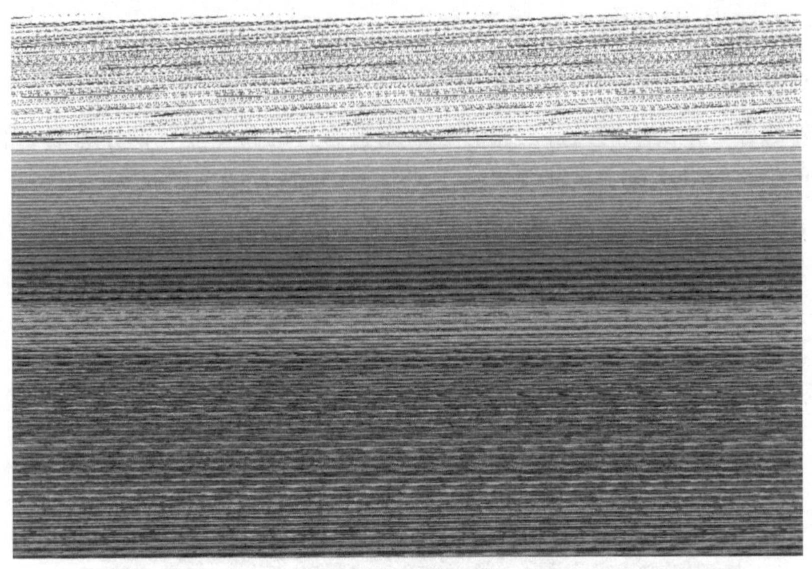

图 8-24　带状公园

(六)街旁绿地及特征

街旁绿地是位于城市道路用地以外,相对独立成片的绿地,包括街道广场绿地、小型沿街绿化用地等。它的面积较小、设施简单。

二、城市公园绿地的设计原则

城市公园设计要始终从城市的发展和城市居民的使用要求出发,其基本原则主要体现在以下几个方面。

(1)贯彻以人为本的原则。在进行城市公园规划设计前,设计师要做好城市居民心理的调查研究,以满足不同年龄层次、不同职业的人们的共同需要。

(2)遵守相关规范标准的原则。贯彻国家在园林绿地建设方面的方针政策,以城市的总体规划和绿地系统规划作为依据。[①] 此外,城市总体规划和城市绿地系统规划是城市建设的指导性文件,也是必须遵守的。在进行规划时,公园在全市范围内应该分布均衡,与各区域建筑、市政设施融为一体,而不是一个个孤立的点;同时,城市公园也应该是一个开放性的空间,而

① 国务院于 1992 年颁布的《城市绿化条例》和建设部于 1992 年颁布的行业标准《公园设计规范》(CJJ48—1992)等相关文件是公园设计时必须遵守的。

不是用高墙或建筑围合成的一个封闭空间。

(3)充分尊重历史文脉,求实、求新的原则。我国许多城市拥有丰富多彩的文化遗产和优秀卓越的文化基因。在城市公园设计中为了避免雷同以突出特色,应该在城市的历史长河中寻找绵延的文脉,在传承历史文脉的基础上把公园建成具有现代精神、构思新颖独特、游人喜爱的公共绿地。

(4)规划设计要切合实际的原则。规划设计要切合实际,满足工程技术和经济要求。正确处理近期规划和远期规划的要求,制定切实可行的分期建设计划及经营管理措施。

(5)充分尊重自然的原则。因地制宜地布局,创造有生态效益的景观类型。生态效益原则是公园规划时必须遵守的基本原则之一,公园应该是保护生物多样性和景观异质性的重要场所。生态公园是城市公园发展的必然趋势,代表了公园设计的未来走向。

三、城市公园绿地的具体规划

城市公园应当根据城市地区的自然条件和文化内涵,在继承公园的现有条件下,以维护生态环境为目的,准确地应用各种精准的建造手段和生动的艺术语言展开规划设计,创造良好的城市公园环境。

(一)公园的分区规划

最初的功能分区较侧重于人们的游览、休憩、散步等简单的休闲活动,而今随着社会生活水平的提高,其功能需求应越来越满足不同年龄、不同层次的游人的需求,逐渐地规整化和合理化,依据城市的历史文化特征、园内实际利用面积、周边环境及当地的自然条件等进行功能规划,同时将功能规划同园内造景相结合,使得景观为功能服务,功能更好地承载景观。

综合众多城市公园的特征和性质,可将城市公园的功能分区规划为:观赏游览区、儿童活动区、安静休息区、体育活动区、科普文娱区和公园管理区。

观赏游览区主要功能是设置多样的景观小品,该区占地规模无须太大,以占园内面积的5%～10%为宜,最好选择位于园内距离出入口较远的位置。如图8-25所示为杭州花港观鱼公园景色分区示意图。

1—鱼池古迹区；2—大草坪；3—红鱼池
4—牡丹园；5—密林区；6—新华港

图 8-25　杭州花港观鱼公园景色分区示意图

儿童活动区是专为促进儿童身心发展而设立的儿童专属活动区。考虑到儿童的特殊性，在游乐设施的布置上应首先考虑到安全问题，适当设置隔离带等。该区的选址应当便于识别，位置应当尽量开阔，多布于出入口附近。从内部空间规划来讲，不仅要设置合理的儿童活动区域，也要规划出足够的留给陪同家长的空间地段。

安静休息区一般处于园内相对安静的区域内，常设置在具有一定起伏的高地或是河流湖泊等处。该区内可以开设利于平复心境的各类活动，如散步、书画、博弈、划船、休闲垂钓等。

体育活动区设施的设置可以是定向的，也可以是不定向的。所谓定向是指一些固定的实物设施，如各类健身器材、球馆、球场等；不定向的活动设施可以是根据季节不断变化的。该区选址的首要条件是要有足够大的场地，以便开展各项体育活动；并且在布局规划上应处于城市公园的主干道或主干道与次干道的交叉处，必要时可以设置专门的出入口或应急通道。

科普文娱的功能可以形象地概括为“输入”和“输出”。所谓“输入”，是指游人在游乐之中可以学习到科普文化知识；而“输出”，即是人们在该区内开展各项文娱活动。具体的娱乐场所设施包括阅览室、展览馆、游艺厅、剧场、溜冰场等。该区所选位置应是地形平坦、面积开阔之处，尽量靠近各出入口，特别是主出入口。周边设置便利的道路系统，辅以多条园路，便于游人寻找和集散。

公园管理区具有管理公园各项事务，为维持公园日常正常运行提供保障的功能。区内应设办公室、保安室、保洁室等常用科室，负责处理园内的日常事物。该区的位置一般远离其他区域，但应能够联系各大区域，因此常处于交叉处或出入口处，且多为专用出入口，禁止游人随便靠近。

（二）公园出入口的规划

出入口是连接城市和公园的重要屏障和枢纽，其位置的安排能够直接关乎园内具体的各个功能分区的使用，关系到公园的整体使用率。出入口通常从性质和功能上可将公园出入口划分为三类：主要出入口、次要出入口和专用出入口。

主要出入口应设在人流量大，与城市主干道交叉且靠近交通站点的地方，同时保证出入口内外设置足够大的人流集散专用地。主要出入口还需设置相应的配套设施，例如园外停车场、售票室及收票人员（视公园性质而定）、园外集散广场、警卫室、园内集散广场等。

次要出入口是辅助于主要出入口而存在的，起到一个补充性的、缓解主出入口压力的作用。主要为居住在公园周边的居民和城市次要干道上的游人而开设的。鉴于游人的固定性，我们常可以估计其流通人数，因此在规模设置上远远弱于主要出入口。例如图 8-26 所示为某城市公园的次要出入口设计。

专用出入口是根据公园的管理工作需要而专门为园内工作人员开设的，此通道不对游人开放，常设在园内园务管理区附近并且是相对偏僻之处。

图 8-26　某城市公园次要出入口规划效果图

(三)公园铺装场地的规划

城市公园铺装场地设计是指用自然或人工的铺装材料,按照预先规划好的方式或设计好的图案铺设于地面之上,创造出多变的地面形式。城市公园铺装场地设计受整个公园风格的影响,设计时要从公园的整体设计要求出发,确定各种铺装场地的面积和性质,对园路、广场等进行不同材料、不同图案、不同施工方法和施工工艺的铺装,也可以完成园内的景观创造。图 8-27 所示为某城市公园的铺装场地的设计。

图 8-27　某城市公园的铺装场地规划效果图

不同形式的铺装场地具有分割景区空间和组织交通路线的作用,规划设计时应根据活动、休闲、集散、游览等使用功能作出具体的设计方案,在满足功能的同时为游人创造一个极具艺术效果的活动和休息场所,使游人散布于园内也可以观赏脚下特殊的秀美景观。

(四)公园水体的规划

水体中的映射是水景创造的独特亮点,这有别于其他的任何景观营造。公园中的景致以及周边环境通过水体的反射和折射产生各种变化,丰富了园内空间的层次,使得原本硬朗的真实美景变得更加柔和,也更加虚幻,如此亦真亦幻,将空间营造的更具神秘感和缥缈感;另有绝妙水声相伴,或潺潺动情,或激昂澎湃,这便于无形之中丰富游人的听觉感受。例如图 8-28

所示为某城市公园的水体的设计。

图 8-28　某城市公园的水体规划效果图

(五)公园建筑与园林小品规划

精心的建筑及小品设计能够使公园散发无限的生机和活力。园林建筑及其小品具有体量小巧、功能简明、造型别致、富于神韵等特征，承载着高度的传统艺术性和现代装饰性，它同植物、园内设施一样是公园构成中较为活跃的因素，其内容极其丰富，能够装点空间、强化景观，具有使用和造景的双重功能。

为了充分地表达景观效果，园林建筑及小品往往要进行各种艺术处理，这不仅需要满足其特定的使用功能要求，还要建造恰当位置、尺度、形式的园林建筑及小品。建筑小品既可以独立成景，也可以巧妙地用于组景之中增添公园意境，同时还可为游人提供休息休憩和文娱公共活动，使游人从中获得美的感受和良好的教益。如图 8-29 所示为某城市公园的建筑及小品设计。

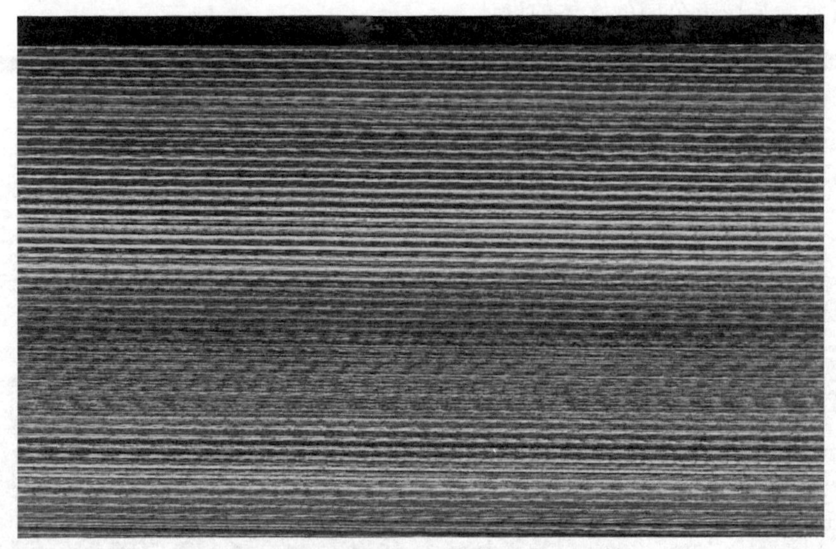

图 8-29　某城市公园的建筑及小品设计效果图

(六)公园的道路系统规划

道路是游人在公园中活动的基本途径,往往形成流畅的循环系统,如图 8-30 所示。

图 8-30　某城市公园的道路规划

道路有分隔空间、划分区域的作用,以道路形成界限。好的公园道路布置应有起景—高潮—结景这三个方面的处理,道路是联系与连接山体、水体、建筑的纽带,使它们成为一个紧密的整体。道路的种类丰富,如主路与辅路，铺装路与土路，平路与山路等。道路的造型呈线型的状态，视觉上有流动的感觉，增添了公园布局的活力。道路随地形的变化而折转，有自然的、有规整的，加上铺装的纹样与色彩，其同样具有很强的观赏性。道路与其他元素衔接，有时呈现广场的状态，形成与不同造型环境、功能区域的过渡。

（七）城市公园的植物规划

1. 城市公园植物的分类

城市公园的植物在改善城市气候、调节气温、吸附粉尘、降音减噪、保护土壤和涵养水源等方面都显示出极为重要的作用。

城市公园植物一般分为乔木、灌木、草本及藤本，如图 8-31 所示。在实际应用中，综合了植物的生长类型、应用法则，把园林植物作为景观材料分成乔木、灌木、草本花卉、藤本、水生植物和草坪六种类型。

图 8-31　某城市公园的植物

花为最重要的植物观赏特性。暖温带及亚热带的树种，多集中于春季开花，因此夏、秋、冬及四季开花的树种极为珍贵。如紫薇、凌霄、月季等，植于庭中不同的空间位置，营造出四季不同的景观类型。

植物的枝干也具有重要的观赏特性，可以成为冬园的主要观赏树种。如树龄不大的青杨、毛白杨，枝干呈绿色或灰绿色；红瑞木、紫竹的枝干呈红紫色，可以成为冬季庭园的主要观赏特性。

园林植物的果实也极富观赏价值，如葡萄、金银忍冬、红瑞木、平枝栒子，巨大的果实如木菠萝、柚、木瓜等。

2. 城市公园植物的规划设计原则

城市公园植物的搭配错落有致，可以增加了景观三维空间的丰富多彩性。引导和屏障视线是利用植物材料创造一定的视线条件来增强空间感提高视觉空间序列质量。“引”和“障”的构景方式可分为借景、对景、漏景、夹景、障景及框景等，起到“佳则收之，俗则屏之”的作用。

城市公园植物的设计原则主要体现在以下几个方面。

(1)适地适树的原则，根据当地自然条件选择树种，尽量采用本地植物以乡土树种为公园的基调树种。

(2)多样性原则，选择多样性的植物品种，形成丰富的植物景观效果。

(3)生态性原则，合理搭配形成稳定的生态群落。

(4)艺术性原则，对植物形态进行精心组合，体现造景特色。

(5)功能性原则，既考虑生态效益，也要兼顾组织空间、卫生防护的功能。

(6)人与自然和谐的原则，更多地考虑人与自然的接触和交流。

四、城市公园绿地规划实例分析

以下以某儿童公园规划为例进行分析。如图8-32所示为儿童公园规划平面图，该儿童公园面积1.5hm^2。设有陆上及水上活动区、探险者之路、少年宫及幼儿游戏场等内容，大多围绕中心大草坪而设。大草坪强调植物造景，陆上活动区重视庭荫树的布置，水上活动区要求景观开朗，栽植常绿树，探险者之路布置较为曲折幽深，花木品种多变化，幼儿游戏场需获得夏日之遮荫与冬日之阳光，适当栽植落叶树，并布置一些色彩鲜艳的草花及花灌木。

在公园的一角设置少年宫，便于少年儿童开展各种室内活动。少年宫的后院环境较为独立，不受外界干扰，规划为幼儿游戏场。少年宫之前的小广场花台与主入口花台各设一组儿童雕塑。

公园道路及活动场地曲线流畅，其中水上活动区水系呈S形，更富于抽象式园林的特色。各种玩具、游乐设施与水面巧妙结合，一组“母子天鹅”滑梯横跨水池与溪流之间，并利用三个大小高低不同的圆形水池使水体层层跌落，形成溪流流入海洋，海边有用玻璃钢制作的鲸鱼及海螺屋，海螺屋作为碰碰船之管理房。

3. 入口建 筑；4. 花坛及雕塑；5. 票房、小卖部；6. 登月火箭；7. 电动飞碟；8. 电动转马；
9. 碰碰车； 10. 儿童赛车；11. 车库；12. 机器人滑梯；13. 综合游嬉架；14铅笔攀登架；
15. 宇宙飞 船攀登架；16. 钢管攀登架；17. 人口更衣室；18. 三台嬉水池；19. 天鹅滑梯；
20. 小溪流 水；21. 畅游长江；22. 鲸鱼喷水；23. 海螺尾；24. 汀步;25. 碰碰船；
26. 太平洋 ；27. 海岛；28・踏破铁鞋；29三亭结网；30. 木巨龙；31. 波状爬梯；
32. 荡木； 33. 箱形攀登台；34. 树桩踏步；35. 瞭望台；36. 铁索树；37. 乱石路；
38. 蜘蛛结 网；39. 空中隧道；40. 软梯敲钟；41. 一条龙；42. 沙坑；43. 幼儿攀登架；
44・跷跷 板；45. 幼儿爬梯；46. 手动转椅；47. 儿童车；48. 花架；49. 小鸟笼；
50. 孔雀笼 ；51. 雕塑；52. 迷宫；53. 蘑菇小屋。

图 8 32　儿童公园规划平面图

第四节　城市滨水带规划

一、城市滨水带概述

(一)城市滨水带的特征

城市滨水带是指与河流、湖泊、海洋毗邻的土地或建筑、城镇邻近水体的部分,是城市中一个特定的空间地段(图 8-33)。城市滨水带不仅能够丰富地域风貌、提高环境的质量、为人们提供娱乐休息的活动空间①,还对于城市的生态环境以及空间整体景观有着重要的意义。另外,城市滨水区还具有城市的"门户"和"窗口"的作用。

图 8-33　城市滨水带效果图

通常情况下,城市滨水带一面临水,一面临路,常邻接新村,宽度则不同,通常为十几米至几十米之间。带状绿地的地形在设计时要尽量平坦,空间开阔,是城市居民休息的良好场地。

(二)城市滨水带的作用

城市滨水带的功能可以归纳为:生态功能、景观功能、心理功能、经济功能。

① 滨水带因水的设计而具有独特性,它体现了人们对水的依赖以及用水、戏水、赏水的不同方式,并在一定程度上决定了滨水区的景观特色。

1.生态功能

城市滨水带的生态功能主要体现在以下几个方面。

(1)改善卫生环境。绿色植物能降低空气中二氧化硫、氟化物、氯化物等有害物质的含量,减轻飘尘和减弱噪声。有研究表明,40m 宽的林带可以使氟化物的浓度降低 47.9%,20m 宽的林带可降低 34%;大片绿地在生长季节最佳减尘率达 61.1%,非生长季节为 20%~30%;草坪上空的飘尘浓度为裸露地面的 20%。大多数的绿色植物还能分泌杀菌素,减少空气中细菌含量。[①]

(2)给水供水的水利功能。这是指对水的利用功能,包括给水、用水的水资源利用,还包括航运和渔业在内。

(3)蓄水防洪。防洪功能是指以防御洪水为主的防灾功能,滨水绿地的设计一般都要考虑防洪的要求。因为水的流经区域多半为人口密集的地带,在夏季暴雨突降时滨水绿地能起到防洪蓄水的作用。并且滨水绿化树、花卉、草坪能降低地表径流,涵养水源,降低暴雨的破坏力。

(4)改善气候。绿色植物通过遮荫、吸收太阳能和蒸腾水分,可降低地面和底层大气的温度,降低昼夜温差,提高空气湿度。水的比热较大,水温不易随着气温的升高而升高,炎炎夏季徜徉于河畔不会感到酷热难当,这就是滨水绿地改善气候的作用。

2.景观功能

景观功能除了美化环境,确保河畔游览活动和公园、紧急疏散道路等场地作用外,还能为城市居民提供一个亲水、休闲的活动空间。这种滨水活动空间不同于城市中的其他常见的绿地空间,有一定的特殊性。滨水带景区内潺潺的流水、生机勃勃的植物能创造出一个类似大自然的园林空间。滨水绿地是城市中的一块乐土、一块开阔的空间,久居城市的人们希望的就是这样一片能开阔视野、放松心情的景观空间。

3.心理功能

近年来,在环境功能中,亲水功能尤其得到重视。人具有群居性;但是随着城市的发展,居住在城市中的人们相互交流的机会越来越少,人越来越孤单。缺乏交往使人逐渐孤独,厌倦生活。滨水区绿地的社会功能就是给

---

① 日本有统计数字表明,绿化覆盖率在 5%以下的地区,呼吸系统病死亡率为 4~6 人/万人,而绿化覆盖率为 25%的地区死亡率则降低了一半。

城市居民提供一个放松心情、可以尽情交往的空间。滨水带的优美景观如绿色的树木、彩色的花朵、清清的流水能给来此游玩的人们以视觉上、听觉上的刺激，使久居在“灰色丛林”的城市居民减轻心理压力，恢复健康心境。

4.经济功能

通常情况下，在两个经济发展水平相当的城市，绿化越好吸引的投资也越多。城市滨水区是城市商业较集中的地方，景观效果、绿化效果越好就越能吸引外来的投资。

二、城市滨水带的分类

(一)临海城市中的滨海带

临海城市中的滨海带以临海城市居多，如大连、青岛、厦门、珠海等城市。这种滨海带的宽度较大，在设计时除了考虑景观绿化、人行散步道路之外，还可以安置一些与水有关的运动设施等。临海城市中的滨海地带以带状的城市公园设计为主。

(二)面湖城市中的滨湖带

该类滨湖带在滨湖城市中出现较多，如浙江的杭州。这类城市常常与湖泊的距离较近，或将整个湖泊部分围入城市中，因此，该类城区的岸线较长。需要注意的是，这类湖泊的景致较大且较为柔媚，因此绿地的设计也应有所区别。

(三)贯穿城市的滨河带

贯穿城市的滨河带主要是指东南沿海地区的河湖纵横交错。该类型的滨河带是由过去大部分位于中小城镇河道交汇点的集市逐步发展而来。现今，随着城市的不断发展，部分城市为使道路宽敞而将临河建筑拆除，河边逐渐加以林荫绿带点缀；而在城市扩建过程中，原处于郊外的河流被圈进了城市，因此河边也需用设计绿化。由于此类河道宽度有限，其绿地尺度需要精确地把握。

(四)临江城市中的滨江带

滨江带通常分布在拥有大江大河的城市沿岸，如上海、天津、广州等地。由于这些大江大河的沿岸可以给人们带来经济效应，因此，江河的交通运输便利成为人们开发的对象。最后大规模的建设使得沿河地段成为港口、码头以及运输需求的工厂企业。

随着城市的不断发展与创新,环境因素越来越受到人们的关注,因此,如今许多城市中的工业已经逐渐迁至远郊地区,从而使得紧邻市中心的沿河地段成为了休闲游憩绿地。需要注意的是,因江河的景观变化有限,所以此类滨江带在设计时需要考虑与相邻街道、建筑的协调。

三、城市滨水带的规划设计原则

城市滨水带在规划设计时需要考虑以下几个方面的原则。

(1)由于城市滨水带属于全体市民的公共场所,因此设计时要防止各种圈地现象。如出现这种现象,不仅会妨碍市民活动的自由性和连续性,而且还会阻碍城市面容与观景休憩。

(2)设计师在规划滨水带时,要考虑功能上的使用性,如步行通道的遮阳、儿童游乐场的设施、休息场地的绿荫,游艇码头的设计、观景台的设计等,都应尽量为各种组织活动提供便利的条件。①

(3)在进行规划设计时,应综合考虑,保持水体岸线的连续性。例如滨水区可以与林荫大道、线性公园绿地、步行道、车行道等结合,从而构成水滨通往城市内部的联系通道。另外,在规划时,可以选择重点地段进行细节上的处理,从而使绿带向城市扩散、融合。例如可以通过运用点、线、面相结合的方法,将城市广场、公园进行放大,或在重点地段设置城市地标或环境小品,从而使滨水带与城市紧密相连,进而与其他城市绿地元素构成完整的系统。

(4)在滨水植被设计方面,应增加植物的多样性。城市滨水植物的选择应尽量符合该地区生存的植物,使之更能接近自然。另外,还可以选用地被、低矮灌丛、高大树木形成多层次组合,从而增加美观性。

(5)应考虑不同高度临水台地的做法。例如低层台阶在设计时可以根据常年水位的情况而定,每年汛期来可以临时允许被淹没;而中层台阶在设计时尽量考虑只有在较大洪水发生时才会被淹。同时,这两层台阶在设计时还可以考虑具有良好亲水性的游憩空间。

---

① 例如可以运用点、线、面相结合:点——在这条绿化线上的重点观景场所或观景对象,如重点建筑、重点环境艺术小品、古树;线——连续不断、以林荫道为主体的贯通脉络;面——在这条主线周围扩展开的较大活动绿化空间,如中心广场、公园等。这些室外空间可与文化性、娱乐性、服务性建筑相结合。

此外，在城市滨水带设计中，还应充分结合当地的地域性特征，与文化内涵、人情风俗和传统的滨水活动有机结合。

四、城市滨水带的规划设计方法

(一)城市滨水带水环境的规划

当今，在一些近代城市中，生活和生产污水的长期任意排放使水体的水质变坏，动、植物减少，甚至变得死寂。因此，保证水量与水质是提高滨水绿地品质及舒适性的重要因素(图 8-34)。

图 8-34 城市滨水带水环境的规划

小型水体如今也倍受污染的困扰，其治理可以采用与上述大型水体的相应的对策，也可以根据情况，让污水由地下暗管输送，地面重塑河道形象，将经过处理的中水流淌其中，从而再现当地曾有河道的固有风貌，保留居民的历史的记忆。

中小型水体近年来由于城市用水量增多以及气候变化的原因而呈现出水位下降的倾向，因此采用一些如引入天然泉水或附近其他水体的流水的措施，在河道上设置堤堰等水工构筑物等，有望使流经城市区段的水量增加。

大型水体的主要问题在于水质，虽然水污染的治理可能是一个涉及全流域的系统工程，但作为城市本身则需要对排放作出严格的控制，以减轻对水体的污染。

(二)城市滨水带近水活动的规划

城市滨水带除了具有与其他绿地相类似的绿化空间之外，因有相邻水体的存在，因而其规划设计中需要对有可能展开的相关的活动予以考虑，使人们有机会满足亲近水体、接触流水的需求(图 8-35)。

图 8-35　城市滨水带近水活动的规划

1. 水中的活动规划

由于绿地相邻水体的存在，不仅水体固有的景色能够融入绿地之中，还可考虑相应的水上活动，使之成为滨水带中的特殊景观。可参与性的有游泳、划船、冲浪等等；观赏性的如龙舟竞渡、彩船巡游等等；公共交通性的像渡船、水上巴士等等。当然具体选择何种活动要根据水体的形态、水量的多少以及水中情况而定。绿地中的岸线附近就应设置与之相配合的设施，如更衣室、码头、栈桥、水边观景席等等。

2. 近水的活动规划

城市用地情况较为紧张的滨水带，或小型水体之侧的滨水带，近水的岸线一侧通常做成亲水的游憩步道，供人散步、观景。但如果水体是规模较大的湖泊、大海，岸线一侧往往保留相当宽度的滩涂，利用不同的滩涂形貌可以开展诸如捡拾贝类、野炊露营、沙滩排球、日光浴等的活动场所，兴建与之相关的配套设施，从而形成另一种滨水景观。

3. 临水的活动规划

在水体岸线到绿地内侧红线的范围内，目前一般被设计成游园的形式。

虽然依据不同的布置，可区分为规则式、自然式或混合式等多种类型，但游人在其中的主要活动都可以纳入静态利用的范畴。其实因滨水绿地有良好绿化以及水体的存在，空气会变得格外的清新，只要绿地面积允许，还能设置更多的参与性活动，

（三）城市滨水带的绿化规划

滨水绿化是体现滨水风貌的一种很好的表现形式，可以通过植物的不同种类、形态等因素来展现。选择树种应当适应当地的环境条件，保持植被与水体风格上的一致，同时要求表现出地方的鲜明特点，对于植被种植，需要结合城市轮廓及绿地本身限制条件进行设计与配置，通过植物造景因地制宜地装点绿地的核心区段，用开阖布置来促使绿地空间的变化，并以高低错落描绘出呈带状天机线的起伏。

（四）城市滨水带的人行步道规划

由于城市滨水带是供行人观赏的，因此，临近水边的道路在设计时可以通过降低路面的高度，从而使行人能够亲近和接触水体。

临水一侧的步道应与堤岸顶相一致，为避免植物根系的生长破坏堤岸，水边不宜种植。

城市滨水带内若设计了两条或两条以上的人行步道，则可以根据位置条件进行不同的设计，从而使之各具特色。内侧的步道可以布置自然式的乔、灌木，以形成生动活泼的建筑前景。树荫之下可设置造型各异的休息座椅。绿带内的适宜位置布置各类凉亭、花架、灯柱，与花木做有机的结合，使之成为富有艺术特色的休憩场所。

五、城市滨水带规划实例分析

以下以临近市区或市区内较安静的滨水绿地为例来分析。如图8-36所示为城市段的滨水绿地构成要素配置图例（平面、断面、景观效果）。该类滨水带地一般面积较大，居民日常利用较多，它能为居民提供散步、健身等文化休闲活动。

这类滨水带的构成要素有草坪广场、乔灌木、散步道、坐椅、亲水平台、小型文化广场、小亭子、洗手间、饮水处、踏步、坡道、自行车运动及慢跑用道路、小卖店、食堂等。

在绿地要素配置方面有如下特点：

(1)堤防背水面的踏步与堤内侧的主要生活道路衔接。

(2)设置了防止跌落水中的措施

(3)散步道有效利用堤防边侧乔木的树阴,将其作曲折、蜿蜒状设置。同时在景观效果良好的地方以适当的间隔设置坐椅。

(4)堤防迎水面的缓斜坡护岸在坡度上有所变化,并铺植草坪,防止景观过分单调,并增加使用功能。

(5)在低水护岸部位及接近水面的地方设置亲水平台,满足了利用者接近水的要求。

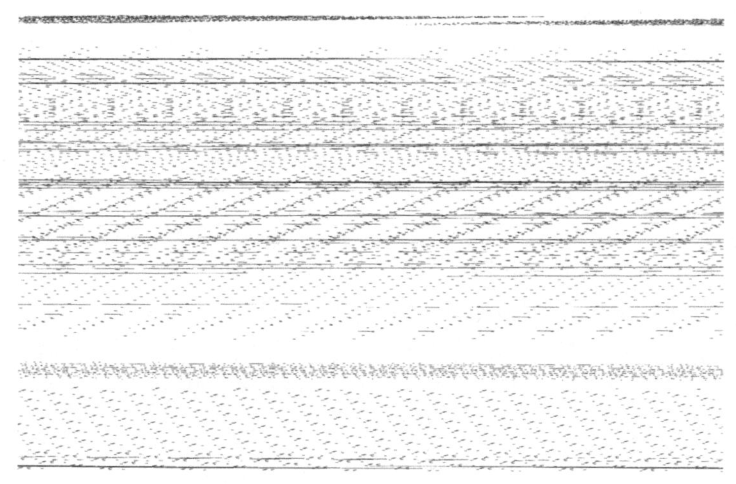

图 8-36　城市段的滨水带规划

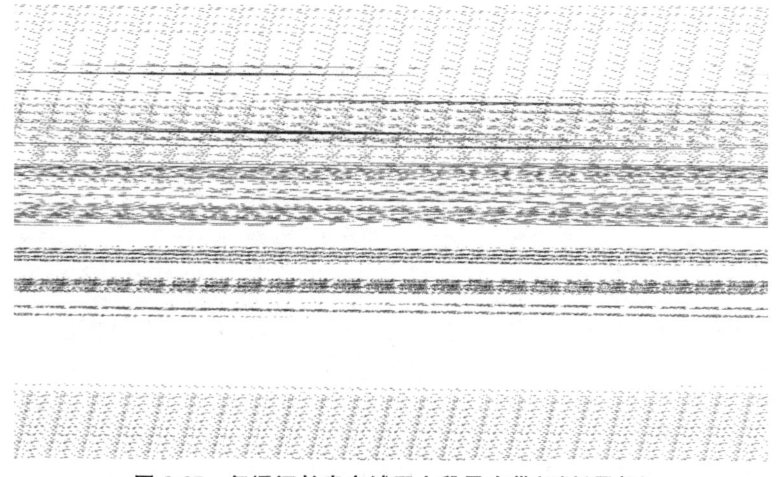

图 8-37　伊通河长春市城区上段风光带规划(局部)

又如图 8-37 所示为长春市伊通河城区上段风光带规划,在靠近城市中心的一段河滩地上,通过系列广场、雕塑、小品以及草坪、树木等手段,展现和突出了长春“汽车城”“电影城”和“科技城”的城市特色,增加了滨水绿地景观的文化内涵。其中，光景广场位于河堤突出部位，为河道的景观控制点，以不锈钢柱、墙形成反射镜面，配以五彩射灯，反映长春“光学城”的主题。电影广场由浮雕墙、下沉式通道和下沉小广场等组成。记载长春电影制片厂的优秀影片名目、名人、轶事及长春电影节。游人漫步电影广场，步移景移，有“蒙太奇”之感汽车广场。半圆形下沉广场，由抽象雕塑、弧形雕塑墙、亲水平台等组成，游人可沐浴阳光，开展丰富多彩的活动。广场形象简洁、生动，体现滨水临河的特点。

第九章　城市基础设施规划

城市是一个人口、生产与生活活动以及物质财富高度集中的人工环境。这种环境必须依靠与外界的物质与能量的交换才能保证其系统的平衡和正常运转。城市基础设施正是维系城市人工环境系统正常运转的支撑系统。尤其是对于现代大城市而言，无法想象缺少电力供应、污水滞留、垃圾不能及时清理会是怎样一种情景。因此，城市基础设施对于城市的存在与发展至关重要。城市基础设施规划是城市规划的重要组成部分。

第一节　城市规划中的基础设施规划

一、城市基础设施

(一)城市基础设施规划的定义与内涵

基础设施(infrastructure)的原意是“下部构造”(infra＋structure)，借用来表示对上部构造起支撑作用的基础。城市基础设施(urban infrastructure)最初是由西方经济学家在20世纪40年代提出的概念，泛指由国家或各种公益部门建设经营，为社会生活和生产提供基本服务和一般条件的非赢利性行业和设施。因为，虽然城市基础设施是社会发展不可或缺的生产和经济活动，但不直接创造最终产品，所以又被称为“社会一般资本”或“间接收益资本”。

我国的《城市规划基本术语标准》将城市基础设施定义为：“城市生存和发展所必须具备的工程性基础设施和社会性基础设施的总称。”

实际上，虽然城市基础设施这一概念提出的时间较短，但是其所指的内容却具有几乎与城市同样长的历史。从中国古代乡村小镇的青石板路，到明清北京紫禁城中的排水暗沟系统；从古罗马的输水道，到现代化城市中的“综合管沟”，这些都是城市基础设施的典型实例。

由此我们可以看出，城市基础设施实际上是维持城市正常运转的最为基础的硬件设施以及相应的最基本的服务。这些设施的建设与运营带有很强的公共性，通常由城市政府或公益性团体直接承担，或进行强有力的监管。

(二)城市基础设施的分类与范畴

有关城市基础设施的分类及其所包括的范畴各个国家不尽相同。例如，德国将城市基础设施分为：①物质性基础设施；②制度体制方面的基础设施；③个人方面的基础设施。美国则分为两种：①公共服务性设施（包括教育、卫生保健、交通运输、司法、休憩等设施）；②生产性设施（包括能源供给、消防、固体废弃物处理、电信、给水及污水处理系统等）。日本的分类方式大致与我国相同，但将城市公园也作为城市工程性基础设施的一种。

按照我国《城市规划基本术语标准》对城市基础设施的定义，广义的城市基础设施主要包括工程性基础设施（或称技术性基础设施）与社会性基础设施两大类。工程性基础设施主要包括城市的道路交通系统、给排水系统、能源供给系统、通信系统、环境保护与环境卫生系统以及城市防灾系统等，又被称为“狭义的城市基础设施”。社会性基础设施则包括行政管理、基础性商业服务、文化体育、医疗卫生、教育科研、宗教、社会福利以及住房保障等。由此可见，城市基础设施渗透于城市社会生活的各个方面，对城市的存在与发展起着重要的作用。城市规划与这两大类基础设施的规划与建设均有着密切的关系。对于社会性基础设施，城市规划的主要任务是确定合理的布局，确保其用地的落实和不被其他功能所侵占；而对于工程性基础设施，城市规划则需要针对各个系统做出详细具体的规划安排并落实实施措施。由于工程性基础设施的规划设计与建设具有较强的工程性和技术性特点，又被称为“城市工程系统规划”。

本章主要针对城市工程性基础设施中的给排水系统、能源供给系统、通信系统的规划以及各系统之间的综合协调进行简要的论述。有关道路交通、公园绿化、环境保护等方面的规划请参阅前面的相关章节，在此不再赘述。

(三)城市基础设施的基本特征

作为维持城市正常运转的支撑系统，工程性城市基础设施有着明显的基本特征。首先，城市基础设施的普及程度与质量是衡量一个社会的发展水平和文明程度的重要指标。例如，城市居民的人均用电量、自来水的普及程度与水质、污水管道排放与处理的比例、电话及有线电视普及率等。其次，由于大部分管线设施埋藏于地下，场地设施通常处于城市边缘，其存在往往容易被普通市民所忽视，也难以形成反映城市面貌的视觉效果。此外，工程性基础设施建设的投资巨大,同时,作为政府的公共投资或公益性投资,设施服务价格通常偏低,再加上管理部门本身的垄断、低效率经营等问题,往往难以单纯依靠系统本身的运营收回投资。目前我国在城市基础设施建设领域也出现了BOT(建设、经营、转让)等加速基础设施建设、提高投资效率的方式。

二、城市工程系统规划

(一)城市工程系统规划的构成与功能

城市工程系统规划是指针对城市工程性基础设施所进行的规划,是城市规划中专业规划的组成部分,或者是单系统(如城市给水系统)的工程规划。城市工程系统规划包括以下几点。

①城市交通工程系统规划(包括对外交通与城市道路交通);

②城市给排水工程系统规划(包括给水工程与排水工程);

③城市能源供给工程系统规划(包括供电工程、燃气工程及供热工程);

④城市电信工程系统规划;

⑤城市环保环卫工程系统规划(包括环境保护工程与环境卫生工程);

⑥城市减灾工程系统规划;

⑦城市工程管线综合规划。

(二)城市工程系统规划的任务

城市工程系统规划的任务可分为总体上的任务以及各个专项系统本身的任务。城市工程系统的任务从总体上说,就是根据城市社会经济发展目标,同时结合各个城市的具体情况,合理地确定规划期内各项工程系统的设施规模、容量,对各项设施进行科学合理地布局,并制定相应的建设策略和措施。而各专项系统规划的任务则是根据该系统所要达到的目标,选择确定恰当的标准和设施。例如,对于供电工程而言,该工程系统规划需要预测城市的用电量、用电负荷作为规划的目标,在电源选择、输配电设施规模、容量、电压等要素的确定以及输配电网络与变配电设施的布局等方面做出相应的安排。城市工程系统规划所包含的专业众多,涉及面广,专业性强,同时各专业之间需要协调与配合。此外,城市工程系统规划更多地侧重于各项工程性城市基础设施的建设与实施,有着相对确定的建设目标和建设主体。因此,从本质上来看城市工程系统规划基本上是一种修建性的规划,与土地利用规划等城市规划的其他组成部分有所不同。

(三)城市工程系统规划的层次

由于城市工程系统规划一方面可以作为城市规划的组成部分,形成不同空间层次与详细程度的规划,例如,城市总体规划中的工程系统规划、城市分区规划中的工程系统规划以及详细规划中的工程系统规划;另一方面,也可以针对组成工程系统整体的各个专项系统,单独编制该系统的工程规划,如城市供电系统的规划。各专项规划中又包含不同层面和不同深度的规划内容。此外,对这些专项规划之间进行综合与协调又形成了综合性的城市工程系统规划。这些不同层次、不同深度、不同类型、不同专业的城市工程系统规划构成了一个纵横交错的网络。通常,各专项规划由相应的政府部门组织编制,作为行业发展的依据。城市规划更多在吸取各专项规划内容的基础上,对各个系统之间进行协调,并将各种设施用地落实到城市空间中去。

(四)城市工程系统规划的一般规律

构成城市工程系统的各个专项系统繁多,内容复杂,各专项系统又具有各自性能、技术要求等方面的特点。因此,各专项规划无论是其内容还是要解决的主要矛盾各不相同。但是,作为城市规划组成部分的各专项系统规划之间又存在着某些共性和具有普遍性的规律。

首先,各专项系统规划的层次划分与编制的顺序基本相同,并与相应的城市规划层次相对应。即在拟定工程系统规划建设目标的基础上,按照空间范围的大小和规划内容的详细程度,依次分为:①城市工程系统总体规划;②城市工程系统分区规划;③城市工程系统详细规划。其次,各专项规划的工作程序基本相同,依次为:①对该系统所应满足的需求进行预测分析;②确定规划目标,并进行系统选型;③确定设施及管网的具体布局。

第二节　城市给水排水工程系统规划

城市给排水工程系统包含了城市给水工程系统与城市排水工程系统。本节简述其规划概要。

一、城市给水工程系统规划

城市给水工程系统规划的主要环节与步骤有:①预测城市用水量;②确

定城市给水规划目标;③城市给水水源规划;④城市给水网络与输配设施规划;⑤估算工程造价等。

(一)城市用水量预测

城市用水主要包括生活用水、生产用水、市政用水(如道路保洁、绿化养护等)、消防用水以及包括输供水管网滴漏等在内的未预见用水等。城市用水量就是这些不同种类用水的总和。对城市用水量的预测可以转化为对其中各个分项的预测。由于城市所在地理位置、经济发展水平、生活习惯以及可供利用的水资源条件各不相同,规划应根据各个城市的特点,在对现状用水情况进行调研的基础上,根据城市规划确定的规划人口、产值、产业结构等因素,选用相应规范标准,最终叠加计算出城市总用水量。在我国现行规划设计规范标准中,与城市用水量标准相关的主要有以下几种。

1.城市综合用水标准

中华人民共和国国家标准《城市给水工程规划规范》GB 50282—98。其中包括:城市单位人口综合用水量指标(万 m^3/(万人·d))(表 9-1)、城市单位建设用地综合用水量指标(万 m^3(km^2·d))(表 9-2)、人均综合生活用水量指标(L/(人·d))(表 9-3)、单位居住用地用水量指标(万 m^3(km^2·d))、单位公共设施用地用水量指标(万 m^3(km^2·d))、单位工业用地用水量指标(万 m^3(km^2·d))以及单位其他用地用水量指标(万 m^3(km^2·d))。

表 9-1　城市单位人口综合用水量指标(万 m^3/万人·d)

区域	城市规模			
	特大城市	大城市	中等城市	小城市
一区	0.8～1.2	0.7～1.1	0.6～1.0	0.4～0.8
二区	0.6～1.0	0.5～0.8	0.35～0.7	0.3～0.6
三区	0.5～0.8	0.4～0.7	0.3～0.6	0.25～0.5

注:①特大城市指市区和近郊区非农业人口 100 万及以上的城市;大城市指市区和近郊区非农业人口 50 万及以上不满 100 万的城市;中等城市指市区和近郊区非农业人口 20 万及以上不满 50 万的城市;小城市指市区和近郊区非农业人口不满 20 万的城市。

②一区包括贵州、四川、湖北、湖南、江西、浙江、福建、广东、广西、海南、上海、云南、江苏、安徽、重庆;二区包括黑龙江、吉林、辽宁、北京、天津、河北、山西、河南、山东、宁夏、陕西、内蒙古河套以东和甘肃黄河以东的地区;三区包括新疆、青海、西藏、内蒙古河套以西和甘肃黄河以西的地区。

③经济特区及其他有特殊情况的城市,应根据用水实际情况,用水指标可酌情增减

(下同)。

④用水人口为城市总体规划确定的规划人口数(下同)。

⑤本表指标为规划期最高日用水量指标(下同)。

⑥本表指标已包括管网漏失水量。①

表 9-2 城市单位建设用地综合用水量指标 万 $m^3/km^2 \cdot d$

区域	城市规模			
	特大城市	大城市	中等城市	小城市
一区	1.0～1.6	0.8～1_4	0.6～1.0	0.4～0.8
二区	0.8～1.2	0.6～1.0	0.4～0.7	0.3～0.6
三区	0.6～1.0	0.5～0.8	0.3～0.6	0.25～0.5

注:本表指标已包括管网漏失水量。②

表 9-3 人均综合生活用水量指标 L/人·d

区域	城市规模			
	特大城市	大城市	中等城市	小城市
一区	300～540	290～530	280～520	240～450
二区	230～400	210～380	190～360	190～350
三区	190～330	180～320	170～310	170～300

注:综合生活用水为城市居民日常生活用水和公共建筑用水之和,不包括浇洒道路、绿地,市政用水和管网漏失量。③

2. 居民生活用水量标准

中华人民共和国国家标准《室外给水设计规范》GBJ13—86(1997 年修订版)、中华人民共和国国家标准《建筑给水排水设计规范》GB50015—2003。主要给出了不同类型住宅的居民生活用水量。

3. 公共建筑用水量标准

中华人民共和国国家标准《建筑给水排水设计规范》GB 50015—2003。列出了各类公共建筑的单位利用者用水量。

4. 工业企业用水量标准

中华人民共和国国家标准《建筑给水排水设计规范》GB 50015—2003、

① 资料来源:中华人民共和国国家标准.城市给水工程规划规范.GB 50282—98

② 同上。

③ 资料来源:中华人民共和国国家标准.城市给水工程规划规范.GB 50282—98

中华人民共和国国家标准《工业企业设计卫生标准))GBZ 1—2002。主要列举了工业企业中职工生活用水标准。生产用水量一般参照建设部、国家经委于1984年编制的《工业用水量定额》以及各地政府编制的《工业用水定额》计算，其单位一般为万元产值用水量。

5.消防用水量标准

中华人民共和国国家标准《建筑设计防火规范))GBJ 16—87(2001修订版)，以一次灭火的用水量为单位计算。

此外，有关市政用水标准，通常按照绿化浇水1.5L/m²·次～4.0L/m²·次，道路洒水1L/m²·次～2L/m²·次计算。有关未预见用水量，按照总用水量的15%～20%计算。

对于城市用水量的预测，除根据规范，按照人均综合指标、单位用地指标或不同种类用水叠加计算外，还有一些根据城市用水量增长趋势进行计算的方法，如线性回归法、年递增律法、生长曲线法、生产函数法、城市发展增量法等。此外，城市用水量的预测只是一个平均数值，在对城市供水管网及设施进行实际规划设计时还要考虑不同季节、每天不同时段中实际用水量的变化情况。

(二)城市水源规划

城市水源规划的主要任务就是为城市寻找、选择满足一定水质要求的稳定水源。可用作城市水源的有：以潜水为主的地下水，包括江河、湖泊、水库在内的地表水，作为淡化水源料的海水以及咸水、再生水等其他一些水源。其中，地下水与地表水是城市供水的主要水源。对于城市水源的选择，规划主要从以下几个方面考虑。

(1)具有充沛、稳定的水量，可以满足城市目前及长远发展的需要。

(2)具有满足生产及生活需要的水质。相关标准可参见：中华人民共和国国家标准《地面水环境质量标准》GB 3838—2002、中华人民共和国城镇建设行业标准《生活饮用水源水质标准》CJ 3020—1993、中华人民共和国国家标准《生活饮用水卫生标准》GB 5749—85以及中华人民共和国国家标准《工业企业设计卫生标准》GBZ 1—2002。

(3)取水地点合理，可免受水体污染以及农业灌溉、水力发电、航运及旅游等其他活动的影响。

(4)水源靠近城市，尽量降低给水系统的建设与运营资金。

(5)为保障供水的安全性，大、中城市通常考虑多水源分区供水；小城市也应设置备用水源。

城市水源规划不但要满足城市供水需求，更要从战略角度做好水资源的保护与开发利用。我国是一个整体上缺水的国家，人均径流量仅为世界人均占有量的1/4，且在国土中的分布呈极不平衡的状况。尤其在北方地区，水资源的匮乏已经成为严重影响城市发展的制约因素。因此，除开展节约用水、水资源回收再利用以及域外引水等措施外，应对于现有水资源进行严格地保护，避免受到进一步的污染。城市规划中应按照相关标准规范的要求，划定相应的水域或陆域作为地表水与地下水的水源保护区，严禁在其中开展有悖水质保护的各种活动。

（三）城市给水工程设施规划

城市给水工程系统包括：取水工程、水处理（净水）工程、输配水工程等环节。其主要任务是将自然水体获取水经过净化处理，达到使用要求后，通过输配水管网输送到城市中的用户中（图 9-1）。其中，各个环节的规划概要如下。

图 9-1　采用地面水源的给水工程系统示意图

1. 取水工程设施规划

包括地下水取水构筑物与地表水取水构筑物的规划，其目的是从水源中通过取水口取到所需水量的水。地表取水口一般设置在城市上游，水文条件稳定，远离排污口或其他易受污染的河段。

单、管线总长度短，可节约管线材料，降低造价，但供水的安全可靠性相应降低，适于小城市建设初期采用（图 9-2(a)）。日后可逐渐改造成为环状结构。

2. 环状管网

环状供水管网系统中的管线相互联结串通，形成网状结构，其中某条管线出现问题时，可由网络中的其他环线迂回替代，因而大大增强了供水的安全可靠性(图 9-2(b))。在经济条件允许的城市中应尽量采用这种方式。

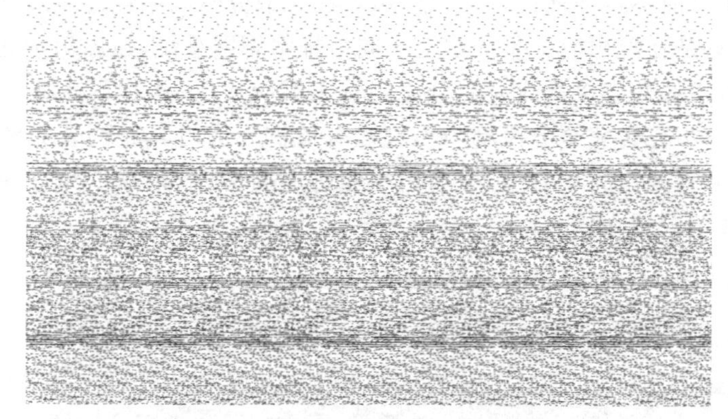

图 9-2　城市给水管网的布置形式

以上两种给水管网的布置形式并不是绝对的，同一城市中的不同地区可能采用不同的形式。城市在发展过程中也会随着实力的提高，逐步将树状系统改造成环状系统。

此外，给水管网系统中还包括了泵站、水塔、水池、阀门等附属设施，在规划中也需要对其位置、容量等予以考虑。

二、城市排水工程系统规划

城市排水工程系统主要由两大部分组成。一是城市污水排放与处理系统，另一个是城市雨水排放系统，分别包括排水量估算、排水体制的选择、排水管网的布置、污水处理方式选择与设施布局以及工程造价及经营费用估算等环节。

(一)城市排水体制

通常城市排水系统需要排放的有：各类民用建筑的厕所、浴室、厨房、洗衣房中排出的生活污水；工业生产过程中排放出的受轻度污染的工业废水和受重度污染的生产污水；降雨过程中产生的雨水或道路清洗、消防用后水等。其中，生活污水与生产污水须经过处理后才能排入自然水体中；雨水一般无需处理而直接排入自然水体；工业废水可经简单处理后直接重复利用，一般不宜排出。

城市排水体制是指城市排水系统针对污水及雨水所采取的排出方式，主要有采用一套系统兼用作污水、雨水排放的合流制系统，以及采用不同系统排放污水和雨水的分流制系统(图 9-3)。在合流制排水系统中，又根据系统中有无污水处理设施而进一步分为直排式合流制与截流式合流制。前者，污水在排放前不经任何处理；后者，污水在大部分时间中经过污水处理设施的处理，只是在降雨时大量雨水汇入同一排水管网系统，超出污水处理设施处理能力的部分直接排放。在分流制排水系统中，又根据雨水排放管道的有无，进一步分为完全分流制与不完全分流制。前者具有两套完整的管网系统，而后者只有污水管道系统，雨水经过地面漫流，依靠不完整的明沟及小河排放至自然水体。

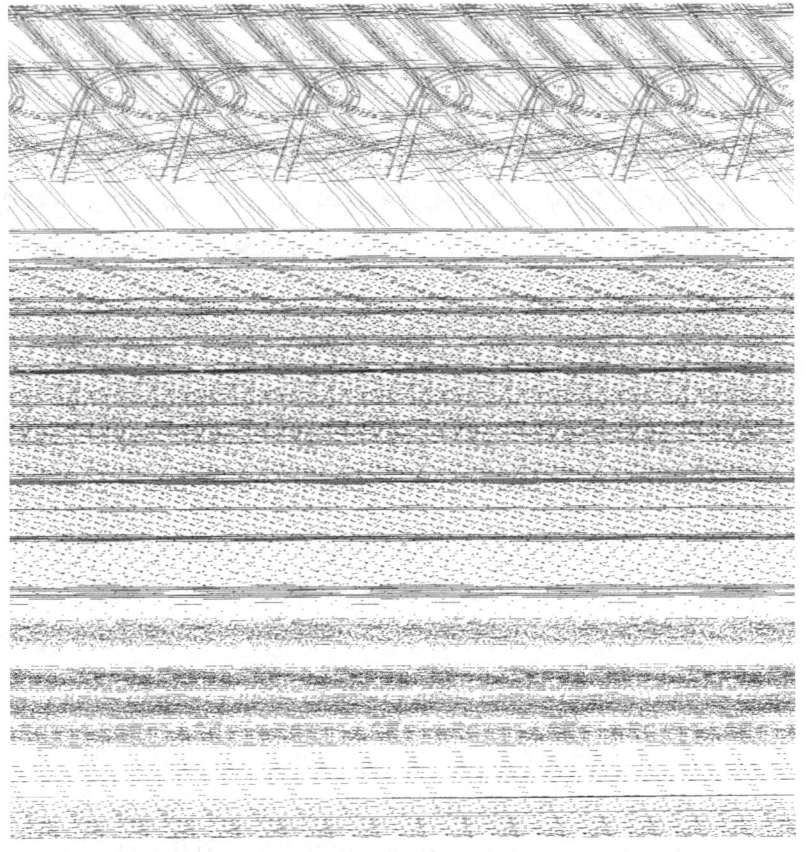

图 9-3　城市排水体制

城市排水工程系统规划究竟选择哪种排水体制，主要取决于城市及其所在流域对环境保护的要求、城市建设投资的实力以及城市现状条件等多方面的因素。很显然，完全分流制排水系统的环境保护效果最好，但建设投资也最大；而直排式合流制的建设费用最小，却对环境造成的污染最严重。一般来说，一个城市中也会存在混合的排水体制，既有分流制，也有合流制。随着城市的不断发展，对环境保护要求的日益提高，完全分流制是城市排水工程系统规划与建设的努力方向，在实践中也可以采用按照较高标准规划、分期改造实施的方法。

（二）城市排水工程系统构成

城市排水工程系统通常由排水管道（管网）、污水处理系统（污水处理厂）和出水口组成。生活污水、生产污水以及雨水的排水系统组成略有差别，详见表9-4。

表9-4　城市排水工程系统构成一览表

排水系统类别	主要设施设备构成
生活污水排水系统	①室内污水管道系统和设备；②室外污水管道系统；③污水泵站及压力管；④污水处理厂；⑤出水口
生产污水排水系统	①车间内部管道系统和设备；②厂区管道系统；③污水泵站和压力管道；④污水处理站；⑤出水口
雨水排水系统	①房屋雨水管道系统和设备；②街坊或厂区雨水管渠系统；③城市道路雨水管渠系统；④雨水泵站及压力管；⑤出水口

（三）城市排水工程系统布局

由于城市排水主要依靠重力使污水自流排放，必要时才采用提升泵站和压力管道，因此，城市排水工程系统的布局形式与城市的地形、竖向规划、污水处理厂的位置、周围水体状况等因素有关。常见的布局形式有以下几种。

1. 正交式布置

排水管道沿适当倾斜的地势与被排放水体垂直布局，通常仅适用于雨水的排放。

2. 截流式布置

这种系统实际上是在正交式的基础上沿被排放水体设置截流管，将污水汇集至污水处理厂处理后再排入水体。这种布置形式适用于完全分流制及截流式合流制排水系统,对减少水体污染起到至关重要的作用。

3. 平行式布置

在地表坡降较大的城市,为避免因污水流速过快而对排水管壁的冲刷,采用与等高线平行的污水干管将一定高程范围内的污水汇集后,再集中排向总干管的方式。也可以看作是一种几个截流式排水系统通过主干管串联在一起的形式。

4. 分区式布置

在地形起伏较大,污水处理厂又无法设在地形较低处时所采用的一种方式。将城市排水划分为几个相互独立的分区,高于污水处理厂分区的污水依靠重力排向污水处理厂;而低于污水处理厂分区的污水则依靠泵站提升后排入污水处理厂,从而减轻了提升泵站的压力和运行费用。

5. 分散式布置

当城市因地形等原因难以将污水汇集送往一个污水处理厂时,可根据实际情况分设污水处理厂,并形成数个相互独立的排水系统。

6. 环绕式布置

当上述情况下难以建立多个污水处理厂时,可采用一条环状的污水总干管将所有污水汇集至单一的污水处理厂。

7. 区域性布置

因流域治理或单一城镇规模过小等问题,设置为两个以上为城镇服务的污水排放及处理系统。

(四)城市污水工程系统规划

城市污水工程系统规划主要包括污水量估算、污水管网布局、污水管网水力计算、污水处理设施选址以及排污口位置确定等内容。

1. 城市污水量预测和计算

虽然城市污水的排放量与城市性质、规模、污水的种类有关,但更直接地取决于城市的用水量。通常,城市污水量大约是城市用水量的70%～90%。如果按不同污水种类细分时,生活污水的排放量大约是生活用水量的85%～95%；工业污水(废水)的排放量是工业用水量的75%～95%。当然按照这种方法估算出的只是城市污水的排放总量，城市污水工程系统规划还要考虑到污水排放的周期性变化。

2. 城市污水管网布置

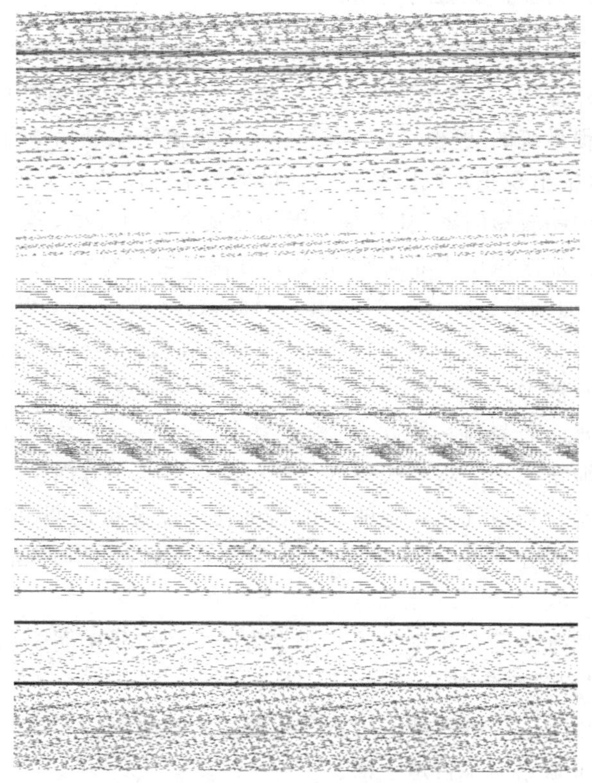

图9-4　城市污水工程系统规划实例

在估算出城市污水排放量之后，城市污水工程系统规划需要根据城市的地形条件等进一步确定排水区界，划分排水流域、选定排水体制，拟定污水干管及主干管的路线，确定需要必须依靠机械提升排水的排水区域和泵站的位置(图9-4)。

城市污水管主要依靠重力将污水排出，因此，管网的规划设计须尽可能利用自然地形和管道埋深的调节达到重力排放的要求。污水管道管径较大且不易弯曲，通常沿城市道路敷设，埋设在慢车道、人行道或绿化带的下方，埋设深度一般为覆土深度1m～2m，埋设深度不超过8m。

3. 选择污水厂和出水口的位置

城市污水最终排往污水处理厂，经处理后再排向自然水体。其位置、用地规模均有相应的要求。对此，将在本节最后统一论述。

（五）城市雨水工程系统规划

在降雨过程中降落到地表的水除一部分被植物滞留，一部分通过渗透被土壤吸收外，还有一部分沿地面向地势低处流动，形成所谓的地面径流。城市雨水工程系统的功能就是将这部分地面径流雨水顺畅地排放至自然水体，避免城市中出现积水或内涝现象。虽然雨水径流的总量并不大，但通常集中在一年中的较短时期，甚至是一天中的某个时间段中，容易形成短时期的径流高峰。加之城市中非透水性硬质铺装的面积增大，可以蓄水的洼地水塘较少，更加剧了这种径流的峰值。因此，与城市污水工程系统不同，城市雨水系统虽然平时处于闲置状态，但一旦遇到较强的降雨过程，又需要具有较强的排水能力。

城市雨水工程系统由雨水口、雨水管渠、检查井、出水口以及雨水泵站等所组成。城市雨水工程系统规划主要包括以下几个方面。

①选用符合当地气象特点的暴雨强度公式以及重现期（即该暴雨强度出现的频率），确定径流高峰单位时间内的雨水排放量（通常以分钟为单位）。

②确定排水分区与排水方式。排水方式主要有排水明渠和排水暗管两种，城市中尽量选择后者。

③进行雨水管渠的定线。雨水管依靠重力排水，管径较大，通常结合地形埋设在城市道路的车行道下面。

④确定雨水泵房、雨水调节池、雨水排放口的位置。城市雨水工程系统规划要尽量利用城市中的水面，调节降雨时的洪峰，减少雨水管网的负担，尽量减少人工提升排水分区的面积，但对必须依靠人工进行排水的地区需设置足够的雨水泵站。

⑤进行雨水管渠水利计算，确定管渠尺寸、坡度、标高、埋深以及必要的跌水井、溢流井等。

（六）城市雨污合流工程系统规划

在合流制排水系统中，有直排式合流制与截流式合流制两种类型。由于前者对污水、雨水均未经任何处理，给环境造成较严重的污染，城市规划中一般不再采用。而截流式合流制排水系统在特定情况下有一定的优势，仍可作为可选择的城市排水系统之一。截流式合流制系统的基本原理是：在没有雨水排放的情况下，城市污水通过截流管输入污水处理厂，经处理后排放。而当降雨时，初期的混浊雨水仍然通过雨污合流排水管网及截流管排至污水处理厂处理。只是当降雨强度达到一定程度，进入雨污合流排水管网的雨水与污水的流量超过截流管的排放能力时，一部分雨水及污水通过溢流井溢出，直接排放至自然水体，其中的污水对环境会造成一定的影响。但此时由于大量雨水的流入与混合，溢流出的污水浓度已大大降低。因此可以看出，截流式合流制系统的最大特点就是可以利用一套管网同时解决污水及雨水的排放问题，可以节省排水管网建设的投资，适用于降雨量较少、排水区域内有充沛水量的自然水体的城市，以及旧城等进行完全分流制改造困难的地区。

对于大量采用直排式合流制的旧城地区，将合流制逐步改为分流制是一个必然的趋势，但往往受到道路空间狭窄等现状条件的制约，只能采用合流制的排水形式。在这种情况下，保留合流制，新设截流干管，将直排式合流制改为截流式合流就是一个必然的选择。

此外，在工业生产中也会排放出大量的工业废水及生产污水。对于不含或少量含有有害物质，且尚未重复利用的工业废水，可以直接排入雨水排放系统；而对于含有有害物质的生产污水则应排入城市污水系统进行处理。对于有害物质超出排放标准的生产污水应在工厂内部进行处理，达标后再排入城市污水系统，或者建设专用的生产污水独立处理、排放系统。

（七）城市污水的处理利用

通过城市污水管网排至污水处理厂的污水中含有大量的各种有害物质。这些有害有毒的物质通常包括：有机类污染物、无机类污染物、重金属离子、有毒化合物以及各种散发出气味，呈现颜色的物质。不同种类的污水，其中所含有的有毒有害物质是不一样的。通常，生活污水中多含有有机污染物、致病病菌等；而生产污水中则根据不同门类的产业含有有机、无机污染物、有毒化合物及重金属离子等。对于污水的排放标准，我国制定了一系列的标准与规范，例如，中华人民共和国国家标准《污水综合排放标准》GB 8978—1996、中华人民共和国城镇建设行业标准《污水排人城市下水道水质标准》CJ 3082—1999、中华人民共和国城镇建设行业标准《城市污水处理厂污水污泥排放标准》CJ 3025—1993 等。

通常污水处理的方法有：

①物理法——包括沉淀、筛滤、气浮、离心与旋流分离、反渗透等方法；

②化学法——混凝法、中和法、氧化还原法、吸附法、离子交换法、电渗

析法等；

③生物法——活性泥法、生物膜、自然处理法、厌氧生物处理法等。

污水处理根据处理程度的不同，通常划分为三级，级别越高表示处理的程度越深，处理后的水中污染成分越少。由于污水处理需要耗用能源和资金投入，所以选择哪个级别的处理深度主要考虑排入水体的环境容量、城市的经济承受能力以及处理后的水是否重复使用等多方面的因素。各个级别污水处理的概要见表 9-5。

表 9-5　污水处理能力分级

处理级别	处理目的及效果	污染物	处理方法
一级处理	去除污水中呈悬浮状态的固体污染物、一般作为二级处理的预处理	悬浮或胶态固体、悬浮油类、酸、碱	格栅、沉淀、混凝、浮选、中和
二级处理	大幅度去除污水中呈胶体和溶解状态的有机污染物、通常可达到排放标准	溶解性可降解有机物	生物处理
	进一步除去二级处理未能除去的污染	不可降解有机物	活性炭吸附
三级处理	物质，如悬浮物、未被生物降解的有机物、磷、氮等，可满足污水再利用的要求	溶解性无机物	离子交换、电渗析、超滤、反渗透、化学法、臭氧氧化

城市规划中需要具体确定污水处理厂的位置与规模。污水处理厂应选在地质条件较好，地势较低但没有被洪水淹没危险的靠近自然水体的地段。为避免对城市取水等方面的影响，污水处理厂应布置在城市下游和夏季主导风向的下风向，并与工厂及居民生活区保持 300m 以上的距离，其间设置绿化隔离带。为保障正常运转，污水处理厂还应具有较好的交通运输条件和充足的电力供给。污水处理厂的用地规模主要与处理能力及处理深度相关，处理能力越大，处理深度越浅，处理单位污水量的占地面积越小，反之亦然。具体指标在 $0.3m^2/m^3 \cdot d$～$2.0m^2/m^3 \cdot d$ 之间。

此外，在水资源匮乏地区，还可以考虑城市中水系统的建设。即将部分生活污水或城市污水经深度处理后用作生活杂用水及城市绿化灌溉用水，可以有效地做到水资源的充分利用，但需要敷设专用的管道系统。

第三节　城市能源供给工程系统规划

一、城市供电工程系统规划

城市供电工程系统主要由电源工程与输配电网络工程所组成，其相应的规划主要包括城市电力负荷预测、供电电源规划、供电网络规划以及电力线路规划等。

（一）城市电力负荷预测

城市用电可大致分为两类，即生产用电和生活用电。对于生产用电还可以根据产业门类进行进一步的划分。预测城市电力负荷可采用的方法较多，例如产量单耗法、产值单耗法、人均耗电量法（用电水平法）、年增长率法、经济指标相关分析法、国际比较法等。但预测的基本思路无外乎两种，一种是将预测的用电量，按照用电分布转化为城市中各个用电分区的电力负荷；另一种是以现状电力负荷密度为基础进行预测。在实际预测过程中，可根据不同层次的规划要求采用不同的方法。在城市总体规划阶段，城市供电工程系统规划需要对城市整体的用电水平以及各种主要城市用地中的用电负荷做出预测。通常采用人均城市居民生活用电量作为预测城市生活用电水平的指标；采用各类用地的分类综合用电指标作为预测各类城市用地中的单位建设用地面积用电负荷指标，进而可以累计出整个城市的用电负荷（表 9-6）。而在详细规划阶段，一般采用城市建筑单位建筑面积负荷密度指标作为预测用电负荷的依据。

表 9-6　规划单项建设用地供电负荷密度指标

类别名称	单项建设用地负荷密度/(kW/ha)
居住用地用电	100～400
公共设施用地用电	300～1200
工业用地用电	200～800

（二）城市供电电源规划

城市供电电源均来自各种类型的发电厂，如火力发电厂、水力发电厂、风力发电厂、地热发电厂、原子能发电厂等。对于城市而言，供电电源或由靠近城市的电厂直接提供，或通过长距离输电线路，经位于城市附近的变电所向城市提供。由于水力发电厂受到地理条件的制约，原子能发电厂等在我国尚未普及，因此，火力发电厂就成为靠近城市的发电厂中最常见的一种。火力发电厂通常选择靠近用电负荷中心，便于煤炭运输，有充足水源，对城市大气污染影响较小的地段。其用地规模主要与装机总容量有关，规模越大，单位装机容量的占地面积就越小，一般在0.28～0.85ha/万 kW之间。变电站的选址也要尽量靠近用电负荷中心，并具有可靠、安全的地质及水文条件。其用地规模较发电厂要小，一般在数百平方米至十公顷之间。由于发电厂及变电站需要通过高压输电线与供电网络连接，所以发电厂及变电站附近均需要留出足够的架空线、走廊所需要的空间。

(三)城市供电网络规划

在城市供电规划中，按照供电网络的功能及其中的电压分为为城市提供电源的一次送电网、作为城市输电主干网的二次送电网以及高压、低压配电网。按照我国现行标准，供电电网的电压等级分为八类。其中，城市一次送电为500kV、330kV及220kV；二次送电为110kV、66kV、35kV；高压配电为10kV；低压配电为380/220V。

城市供电网络的接线方式主要有放射式、多回线式、环式及网格式等，其可靠性依次提高。其中，由于放射式可靠性较低，仅适用于较小的终端负荷。

城市供电网络通过网络中的变电所与配电所将高压电降为终端用户所使用的低压电(380/220V)。变电所的合理供电半径主要与变电所二次侧电压有关，二次侧电压越高，其合理供电半径就越大。例如，城市中最常见的二次侧电压为10kV，变电站的合理供电半径在5km～7km左右。而将10kV高压电变为低压电的配电所、开闭所的合理供电半径在250m～500m之间。

(四)城市电力线路规划

电力线路按照其功能可分为高压输电线与城市送配电线路；按照敷设方式又可以分为架空线路与电力电缆线路，前者通常采用铁塔、水泥或木质杆架设，后者可采用直埋电缆、电缆沟或电缆排管等埋设形式。电力电缆通常适用于城市中心区或建筑物密集地区的10kV以下电力线路的敷设。对于架空线路，尤其是穿越城市的10kV以上高压电力线路，必须设置必要的安全防护距离。在这一防护距离内不得存在任何建筑物、植物以及其他架

空线路等。城市规划需在高压线穿越市区的地方设置高压走廊(或称电力走廊),以确保高压电力线路与其他物体之间

保持一定的距离。高压走廊中禁止其他用地及建筑物的占用,进行绿化时应考虑到植物与导线之间的最小净空距离(不小于4m～7m)。高压走廊的宽度与线路电压、杆距、导线材料、风力等气象条件以及由于这些条件所形成的导线弧垂、水平偏移等有关,准确数值需要经专门的计算,但一般可根据经验值,从表9-7中选用。此外,高压输电线与各种地表物(地面、山坡峭壁岩石、建筑物、树木)的最小安全距离,与铁路、道路、河流、管道、索道交叉或接近时的距离以及低压配电线路与铁路、道路、河流、管道、索道交叉或接近时的距离均有相应的要求。

表9-7　城市高压架空线路走廊宽度

线路电压等级/kV	高压走廊宽度/m
500	60～75
330	35～45
220	30～40
110/66	15～30
35	12～20

二、城市燃气工程系统规划

城市燃气工程系统规划主要包括:城市燃气负荷预测、城市燃气气源规划、城市燃气网络与储配设施规划等内容。

(一)城市燃气负荷预测

由于不同种类的燃气热值不同,在进行城市燃气负荷预测时首先要确定城市所采用的燃气种类。目前我国城市中所采用的燃气种类主要有以下几种。

1.人工煤气

主要由固体或液体燃料经加工生成的可燃气体,主要成分为:甲烷、氢、一氧化碳。其特点是热值较低并有毒。

2.液化石油气

这是石油开采及冶炼过程中产生的一种副产品，主要成分为：丙烷、丙烯、丁烷、丁烯等石油系轻烃类，在常温下为气态，加压或冷却后易于液化，液化后的体积为气体的1/250。其热值在城市燃气中最高。

3.天然气

由专门气井或伴随石油开采所采出的气田气，其主要成分为烃类气体和蒸汽的混合体，常与石油伴生。热值较人工煤气高，较液化石油气低。

天然气具有无毒无害，可充分燃烧、热值较高等优点，是城市燃气的理想气源。但由于气态运输需要专用管道，而液态运输需要专用设备、运输工具及相应技术，因此需要较高的投资和较强的专业技术。从大多数发达国家城市燃气的发展过程来看，大都经历了从人工煤气到石油气，再到天然气的变化过程。我国煤炭资源丰富，为人工煤气提供了丰富且相对廉价的原料。液化石油气以其高热值、低投入、使用灵活等特点适于城市燃气管网形成之前的广大中小城市。天然气具有储量丰富、洁净等优势，是未来城市燃气发展的方向。由于我国经济发展的地域性不平衡，这三大气种并存于不同城市中的局面将长期存在。

在进行城市燃气负荷预测时，通常按照民用燃气负荷（炊事、家庭热水、采暖等）与工业燃气负荷两大类来进行。民用燃气负荷预测一般根据居民生活用气指标（MJ/人·年）以及民用公共建筑用气指标（MJ/人·年、MJ/座·年、MJ/床位·年等）计算。工业燃气负荷预测则需要根据工业发展情况另行预测。

（二）城市燃气气源规划

城市燃气气源规划的主要任务是选择恰当的气源种类，如人工煤气、液化石油气及天然气，并布置相应的设施，例如，人工煤气设施、液化石油气气源设施以及天然气气源设施。其中，人工煤气气源设施主要是制气设施（包括炼焦制气厂、直立炉煤气厂、油制气厂、油制气掺混各种低热值煤气厂等）；液化石油气气源设施主要包括：液化石油气储存站、储配站、灌瓶站、气化站和混气站等；天然气气源设施主要包括采用管道输送方式中的天然气储配设施、城市门站，或者采用液化天然气方式中的气化站及其储配设施等。城市燃气气源设施的选址虽然根据不同气源种类各不相同，但有些原则是共通的。例如，气源设施应尽量靠近用气负荷的中心；需要考虑气源设施对周围环境的影响及其易燃易爆的危险性，因而留出必要的防护隔离带；

用地的地质、水文条件较好且交通方便等。

(三)城市燃气输配系统规划

城市燃气输配系统主要由城市燃气储配设施及输配管网所组成。城市燃气储配设施主要包括燃气储配站和调压站。燃气储配站的主要功能为储存并调节燃气使用的峰谷,将多种燃气混合以达到合适的燃气质量,以及为燃气输送加压。城市燃气管道一般分为高压燃气管道(0.4MPa～1.6MPa)、中压燃气管道(0.005MPa～0.2MPa)以及低压燃气管道(0.005MPa以下)。调压站的功能是调节燃气压力,实现不同等级压力管道之间的转换,在燃气输配管网中起到稳压与调压的作用。

城市燃气输配管网按照其形制可以分为环状管网与枝状管网。前者多用于需要较高可靠性的输气干管;后者用于通往终端用户的配气管。城市燃气输配管网按照压力等级还可以划分为以下几级。

1.一级管网系统

一级管网系统包括低压一级管网和中压一级管网。低压一级管网的优点是系统简单、安全可靠、运行费用低,但缺点是需要的管径较大、终端压差较大,比较适用于用气量小、供气半径在2km～3km的城镇或地区。而中压一级管网具有管径较小、终端压力稳定的优点,但也存在着易发生事故的弱点。

2.二级管网系统

二级管网系统是在一个管网系统中同时存在两种压力的城市燃气输配系统。通常二级管网系统为中压—低压型。燃气先通过中压管道输送至调压站,经调压后再通过低压管道送至终端用户。其优点是供气安全、终端气压稳定,但系统建设所需投资较高,调压站需要占用一定的城市空间。

3.三级管网系统

三级管网系统是在一个管网系统中同时含有高、中、低三种压力管道的城市燃气输配系统。燃气依次经过高压管网、高中压调压站、中压管网、中低压调压站、低压管网到达终端用户。该类型系统的优点是供气安全可靠,可覆盖较大的区域范围,但系统复杂、投资大、维护管理不便,通常只用于对供气可靠性要求较高的特大城市中(图9-5(a))。

此外,还有一些城市由于现状条件的限制等,采用一、二、三级管网系统同时存在的混合管网系统(图9-5(b))。

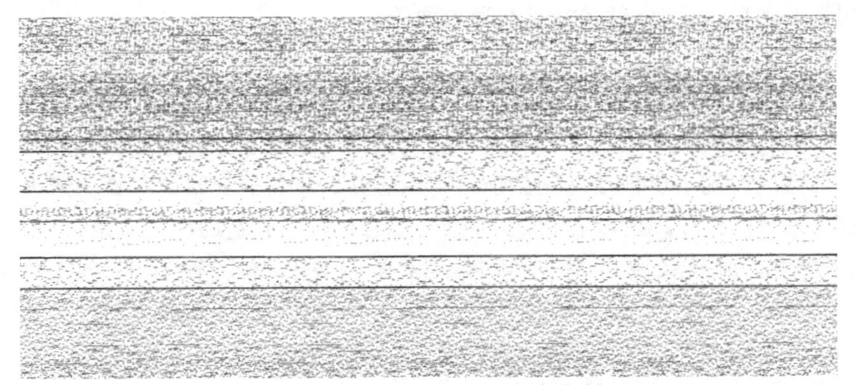

图 9-5 城市燃气三级管网系统及混合管网系统示意图

城市燃气输配管网一般沿城市道路敷设，通常应注意以下问题。

(1)为提高燃气输送的可靠性，主要燃气管道应尽量设计成环状布局。

(2)出于安全和便于维修方面的考虑，燃气管道最好避开交通繁忙的路段，同时不得穿越建筑物。

(3)同样出于安全原因，燃气管道不应与给排水管道、热力管道、电力电缆及通信电缆铺设在同一条地沟内，如必须同沟铺设时应采取必要的防护措施。应避免燃气管道与高压电缆平行铺设。

(4)燃气管道在跨越河流，穿越隧道时应避免与其他基础设施同桥或同隧道铺设，尤其不允许与铁路同设。穿越铁路或重要道路时应增设套管。

(5)燃气管道可设在道路一侧，但当道路宽度超过 20m 且有较多通向两侧地块的引入线时，也可以双侧铺设。燃气管道应埋设在土壤冰冻线以下。

三、城市供热工程系统规划

城市供热工程(又称集中供热或区域供热)是指城市中的某个区域或整个城市利用集中热源向工业生产及市民生活提供热能的一种方式，具有节能、环保、安全可靠、劳动生产率高等特点，是提高城市基础设施水平所采取的重要方式。城市供热工程系统规划包括热负荷预测、热源规划以及供热管网与输配设施规划等内容。

(一)城市集中供热负荷的预测

在进行城市供热工程系统的规划时，首先要进行的是热负荷的预测。城市热负荷通常可以根据其性质分为民用热负荷与工业热负荷。前者又可以进一步分为室温调节与生活热水两大类型。此外，城市热负荷还可以根据用热时间分布的规律，分为季节性热负荷与全年性热负荷。在具体选择供热对象时，分散的小规模用户，如一般家庭、中小型民用建筑和小型企业应优先考虑。这些用户集中分布的地区也是应优先考虑的地区。

城市热负荷预测的具体方法可采用较为精确的计算法或简便易行的概算指标法。城市规划中通常采用后者。热负荷计算通常按照采暖通风热负荷、生活热水热负荷、空调冷负荷以及生产工艺热负荷分项计算后累计为供热总负荷。对于民用热负荷一般还可以采用更为简便的综合热指标进行概算。例如，对于北京地区各类民用建筑的平均热指标为 75.5W/m^2，冷负荷指标为 0.5qc～1.6qc①。

(二)城市集中供热热源规划

热电厂、锅炉房、低温核能供热堆、热泵、工业余热、地热、垃圾焚化厂等均可作为城市集中供热的热源，但其中最常见的是热电厂和锅炉房(或称区域锅炉房，以区别于普通的锅炉房)。热电厂是利用蒸汽发电过程中的全部或部分蒸汽直接作为城市的热源，因此又被称为热电联供。热电厂的选址条件与普通火力发电厂类似，但由于蒸汽输送管道的距离不宜过长(通常为3km～4km)，因此，其选址受到较大的制约，城市边缘地区是其较为理想的位置。由于热电厂的生产过程需要大量的用水，因此，能否获得充足的水源也是一个至关重要的条件。热电厂的用地规模主要与机组装机容量相关，例如两台 6000kW 的热电厂占地规模在 3.5ha～4.5ha 左右。相对于热电厂而言，锅炉房的布局更为灵活，适用范围也更广。根据采用热介质的不同，锅炉房可分为热水锅炉房和蒸汽锅炉房。锅炉房的布局主要从靠近热负荷中心、便于燃料运输、减少环境污染等几个方面综合考虑确定。锅炉房的占地规模与其容量直接相关，例如，容量为 30Mkcal/h～50Mkcal/h 锅炉房的占地面积在 1.1ha～1.5ha 左右。

此外，制冷站还可以利用城市集中供热的热源或直接使用电力、燃油等能源为一定范围内的建筑物提供低温水作为冷源。通常，冷源所覆盖的范围较城市供热管网要小，一般从位于同一个街区内的数栋建筑物到数个街区不等。

(三)城市供热管网规划

城市供热管网，又被称为“热网”或“热力网”，是指由热源向热用户输送和分配热介质的管线系统，主要由管道、热力站和阀门等管道附件所组成。

---

① qc:冷负荷指标，一般为 70w/m^2～90w/m^2。

城市供热管网按照热源与管网的关系可分为区域网络式与统一网络式两种形式。前者为单一热源与供热网络相连;后者为多个热源与网络相连,较前者具有更高的可靠性,但系统复杂。按照城市供热管网中的输送介质又可分为蒸汽管网、热水管网以及包括前两者在内的混合管网。在管径相同的情况下蒸汽管网输送的热量更多,但容易损坏。从平面布局上来看,城市供热管网又可以分为枝状管网与环状管网(图 9-6)。显然后者的可靠性较强,但管网建设投资较高。此外,根据用户对介质的使用情况还可以分为开式管网与闭式管网,前者用户可以直接使用热介质,通常只设有一根输送热介质的管道;后者不允许用户使用热介质,因此必须同时设回流管。

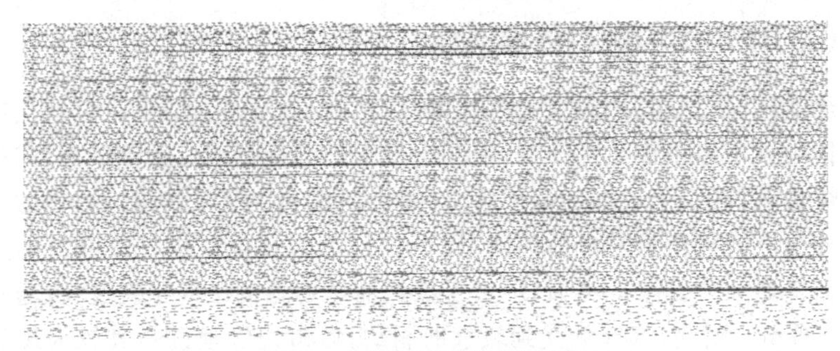

图 9-6　城市采暖管网布置图

在设有热力站的城市供热管网系统中,热源至热力站之间的管网被称为一级管网;热力站至热用户之间的管网被称为二级管网。城市供热管网的布局要求尽可能的直、短,供热半径通常以不超过 5km 为宜。管网的敷设方式通常有架空敷设与地下敷设两种。当采用地下敷设时,管道要尽量避开交通干道,埋设在道路一侧或人行道下。由于管道中介质的影响,城市供热管道通常必须考虑热胀冷缩带来的变形和应力,在管道中加设伸缩器,并采用弯头连接的方式连接干管和支管。

(四)热转换设施

在一些规模较大的城市供热系统中,存在对热媒参数要求不同的用户。为满足不同用户的需求,同时保证系统中不同地点供热的稳定性和供热质量的均一,通常在热源与用户之间布置一些热转换设施,通过调节介质的温度、压力、流量等将热源提供的热量转换成用户所需要的热媒参数,甚至进行热介质—冷媒之间的转换,并进行检测计量工作等。热转换设施包括热力站和制冷站。热力站,又称热交换站,根据功能不同分为换热站与热力分配站;根据管网中热介质的不同又可分为水—水换热与汽—水换热。热力站的所需面积不大,可单独设立,也可以附设于其他建筑物中。例如,一座供热面积为 10 万 m^2 的换热站所需建筑面积为 $300m^2$～$350m^2$。

此外，利用城市供热系统中的热源，通过制冷设备将热能转化为低温水等冷媒供应用户的制冷站也属于热转换设施的一种。

第四节　城市通信工程系统和管线规划

一、城市通信工程系统规划

城市通信工程系统主要包括邮政、电信、广播及电视 4 个分系统，其规划内容主要有城市通信需求量预测、城市通信设施规划、城市有线通信网络线路规划以及城市无线通信网络规划等。

（一）城市通信需求量的预测

与其他城市工程系统的规划类似，城市通信工程系统规划的第一步要对城市通信的需求量做出预测。按照城市通信工程的几个分项，预测工作可分为邮政需求量预测、电话需求量预测以及移动通信系统容量预测等。

城市邮政需求量预测可按照邮政年业务总收入或通信总量来进行。城市的邮政业务量通常与城市的性质、人口规模、经济发展水平、第三产业发展水平等因素相关，在预测中多采用以此为因子的单因子相关系数预测法或综合因子相关系数预测法，也可以采用基于现状的发展态势延伸预测法。近年来由于新型通信方式的出现及普及，传统邮政的业务量呈下降趋势，但特色邮政如 EMS 快递业务等则有较大的增长。

城市电话需求量预测包括电话用户预测及话务预测。我国采用电话普及率来描述城市电话发展的状况，同时也作为规划中的指标。具体的预测方法有在 GDP 增长与电话用户增长之间建立函数关系的简易相关预测法、对潜在用户进行调查的社会需求调查法、城市规划中常用的根据规划地区的建筑性质或人口规模，以电话“饱和状态”为电话设备终期容量的单耗指标套算法等。

城市移动通信系统容量的预测通常采用移动电话普及率法以及移动电话占市话百分比法等方法。

（二）城市通信设施规划

城市通信设施规划包括邮政局所规划、电话局所规划以及广播电视台规划。

城市邮政局所通常按照等级划分为市邮政局、邮政通信枢纽、邮政支局和邮政所。邮政局所的规划主要考虑其本身的营业效率及合理的服务半径，根据城市人口密度的不同，其服务半径一般在 0.5km～3km 左右，对于我国常见的人口密度为 1 万人/km^2 的市区，其服务半径通常按 0.8km～1km 考虑。邮政通信枢纽的选址通常靠近城市的火车站或其他对外交通设施；一般邮政局所的选址则应靠近人口集中的地段。邮政局所的建筑面积根据局所等级而变化，一般邮政支局在 1500m^2～2500m^2 左右；邮政所在 150m^2～300m^2 之间。邮政局所建筑物可单独建设，也可设置在其他建筑物之中。

城市电话局所主要起到电信网络与终端用户之间的交换作用，是城市电话线路网设计中的一个重要组成部分。电话局的选址需要考虑用户密度的分布，使其尽量处于用户密度中心或线路网中心。同时也要考虑运行环境、用电条件等方面的因素。

广播、电视台（站）担负着节目制作、传送、播出等项功能，其选址应以满足这些功能为主要条件。广播、电视台（站）的占地面积与其等级、播出频道数、自制节目数量等因素有关，一般在一至数公顷的范围内。

（三）城市有线通信网络线路规划

城市有线通信网络是城市通信的基础和主体，种类繁多。如果按照功能分类，有长途电话、市内电话、郊区（农村）电话、有线电视、有线广播、国际互联网以及社区治安监控系统等；如果按照线路所使用的材料分类，有光纤、电缆、金属明线等；按照敷设方式分类，有管道、直埋、架空、水底敷设等。电话线路是城市通信网络中最为常见也是最基本的线路，一般采用电话管道或电话电缆直埋的方式，沿城市道路铺设于人行道或非机动车道的下面，并与建筑物及其他管道保持一定的间距。由于电话管道线路自身的特点，平面布局应尽量短直，避免急转弯。电话管道的埋深通常在 0.8m～1.2m 之间；直埋电缆的埋深一般在0.7m～0.9m 之间。架空电话线路应尽量避免与电力线或其他种类的通讯线路同杆架设，如必须同杆时，需要留出必要的距离。

城市有线电视、广播线路的敷设要点与城市电话线路基本相同。当有线电视、广播线路经过的路由上已有电话管道时，可利用电话管道敷设，但不宜同孔。此外，随着信息传输技术的不断发展，利用同一条线路同时传输电话、有线电视以及国际互联网信号的“三线合一”技术已日趋成熟，可望在将来得到推广普及。

（四）城市无线通信网络规划

城市中的移动电话网根据其单个基站的覆盖范围分为大区制、中区制以及小区制。大区制系统的基站覆盖半径为 30km～60km，通常适用于用户容量较少（数十至数千）的情况。小区制系统是将业务区分成若干个蜂窝状小区（基站区），在每个区的中心设置基站。基站区的半径一般在 1.5km～15km 左右。每间隔 2～3 个基站区无限频率可重复使用。小区制系统适合于大容量移动通信系统，其用户可达 100 万。我国目前所采用的 900MHz 移动电话系统就是采用的小区制。

中区制系统的工作原理与小区制相同，但基站半径略大，一般为 15km～30km。中区制系统的容量要远低于小区制系统，一般在数千至一万用户左右。

20 世纪八九十年代，我国的无线寻呼业曾一度发达，但随着移动电话的普及，它已不再是城市通信的主要方式。

此外，广播电视信号经常通过微波传输。城市规划应保障微波站之间的微波通道以及微波站附近的微波天线近场净空区（天线口面锥体张角约为 20°）不受建筑物、构筑物等物体的遮挡。

二、城市工程管线综合

（一）城市工程管线综合的原则与技术规定

城市工程管线种类众多，一般均沿城市道路空间埋设或架设。各工程管线的规划设计、施工以及维修管理一般由各个专业部门或专业公司负责。为避免工程管线之间以及工程管线与临近建筑物、构筑物相互产生干扰，解决工程管线在设计阶段的平面走向、立体交叉时的矛盾，以及施工阶段建设顺序上的矛盾，在城市基础设施规划中必须进行工程管线综合工作。因此，城市工程管线综合对城市规划、城市建设与管理具有重要的意义。

因为城市工程管线综合工作的主要任务是处理好各种工程管线的相互关系和矛盾，所以整个工作要求采用统一的平面坐标、竖向高程系统以及统一的技术术语定义，以确保工作的顺利进行(图 9-7)。

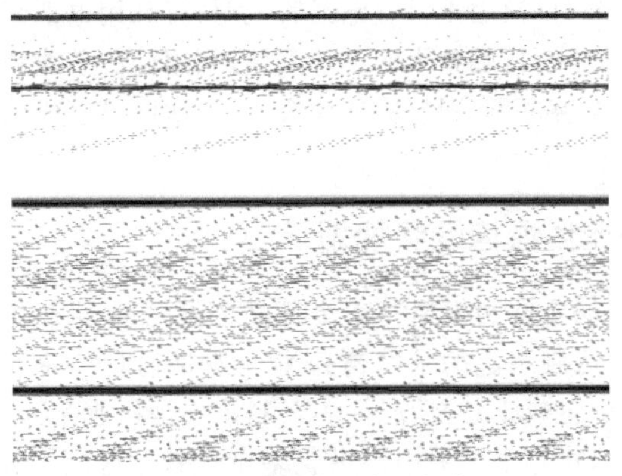

图 9-7 管线敷设术语概念

1. 城市工程管线的种类与特点

为做好城市工程管线综合工作，首先需要了解并掌握各种工程管线的使用性质、目的以及技术特点。在城市基础设施规划中，通常需要进行综合的常见城市工程管线有六种，即给水管道、排水管沟、电力线路、电信线路、热力管道以及燃气管道。在城市规划与建设中，一般将待开发地块的“七通一平”作为进行城市开发建设的必要条件。其中的“七通”即指上述六种管线与城市道路的接通。

城市工程管线按照其性能和用途可以分为以下种类：

①给水管道——包括工业给水、生活给水、消防给水管道；

②排水管沟——包括工业污水(废水)、生活污水、雨水管道及沟渠；

③电力线路——包括高压输电、低压配电、生产用电、电车用电等线路；

④电信线路——包括市内电话、长途电话、电报、有线广播、有线电视、国际互联网等线路；

⑤热力管道——包括蒸汽、热水等管道；

⑥燃气管道——包括煤气、乙炔等可热气体管道以及氧气等助燃气体管道。

其他种类的管道还有：输送新鲜空气、压缩空气的空气管道，排泥、排灰、排渣、排尾矿等灰渣管道，城市垃圾输送管道，输送石油、酒精等液体燃料的管道以及各种工业生产专用管道。

工程管线按照输送方式可分为压力管线(例如，给水、煤气管道)与重力自流管线(例如，污水、雨水管渠)两大类别。

按照敷设方式，工程管线又可分为架空线与地下埋设管线。其中，后者又可以进一步分为地铺管线(指在地面敷设明沟或盖板明沟的工程管线,如雨水沟渠)以及地埋管线。地埋管线的埋深通常在土壤冰冻深度以下,埋深大于1.5m的属于深埋,小于1.5m的属于浅埋。

由于各种工程管线所采用的材料不同,机械性能各异,一般根据管线可弯曲的程度分为可弯曲管线(如电信、电力电缆、给水管等)与不易弯曲的管线(如电力、电讯管道、污水管道等)。

2.城市工程管线综合原则

城市工程管线综合涉及管线种类众多,在处理相互之间矛盾以及与城市规划中的其他内容相协调时,一般遵循以下原则。

①采用统一城市坐标及标高系统,如坐标或标高系统不统一时,应首先进行换算工作,以确保把握各种管网的正确位置。

②管线综合布置应与总平面布置、竖向设计、绿化布置统一进行,使管线之间、管线与建筑物、构筑物之间在平面及竖向上保持协调。

③根据管线的性质、通过地段的地形,综合考虑道路交通、工程造价及维修等因素后,选择合适的敷设方式。

④尽量降低有毒、可燃、易爆介质管线穿越无关场地及建筑物。

⑤管线带应设在道路的一侧,并与道路或建筑红线平行布置。

⑥在满足安全要求、方便检修、技术合理的前提下,尽量采用共架、共沟敷设管线的方法。

⑦尽量减少工程管线与铁路、道路、干管的交叉,交叉时尽量采用正交。

⑧工程管线沿道路综合布置时,干管应布置在用户较多的一侧或将管线分类,分别布置在道路两侧。

⑨当地下埋设管线的位置发生冲突时,应按照以下避让原则处理:

a)压力管让自流管;

b)小管径让大管径;

c)易弯曲的让不易弯曲的;

d)临时的让永久的;

e)工程量小的让工程量大的;

f)新建的让现有的;

g)检修次数少的、方便的,让检修次数多的、不方便的。

⑩工程管线与建筑物、构筑物之间,以及工程管线之间的水平距离应符合相应的规范(详见下述),当因道路宽度限制无法满足水平间距的要求时,可考虑调整道路断面宽度或采用管线共沟敷设的方法解决。

⑪在交通繁忙,路面不宜进行开挖并且有两种以上工程管线通过的路

段,可采用综合管沟进行工程管线集中敷设的方法(图 9-8)。

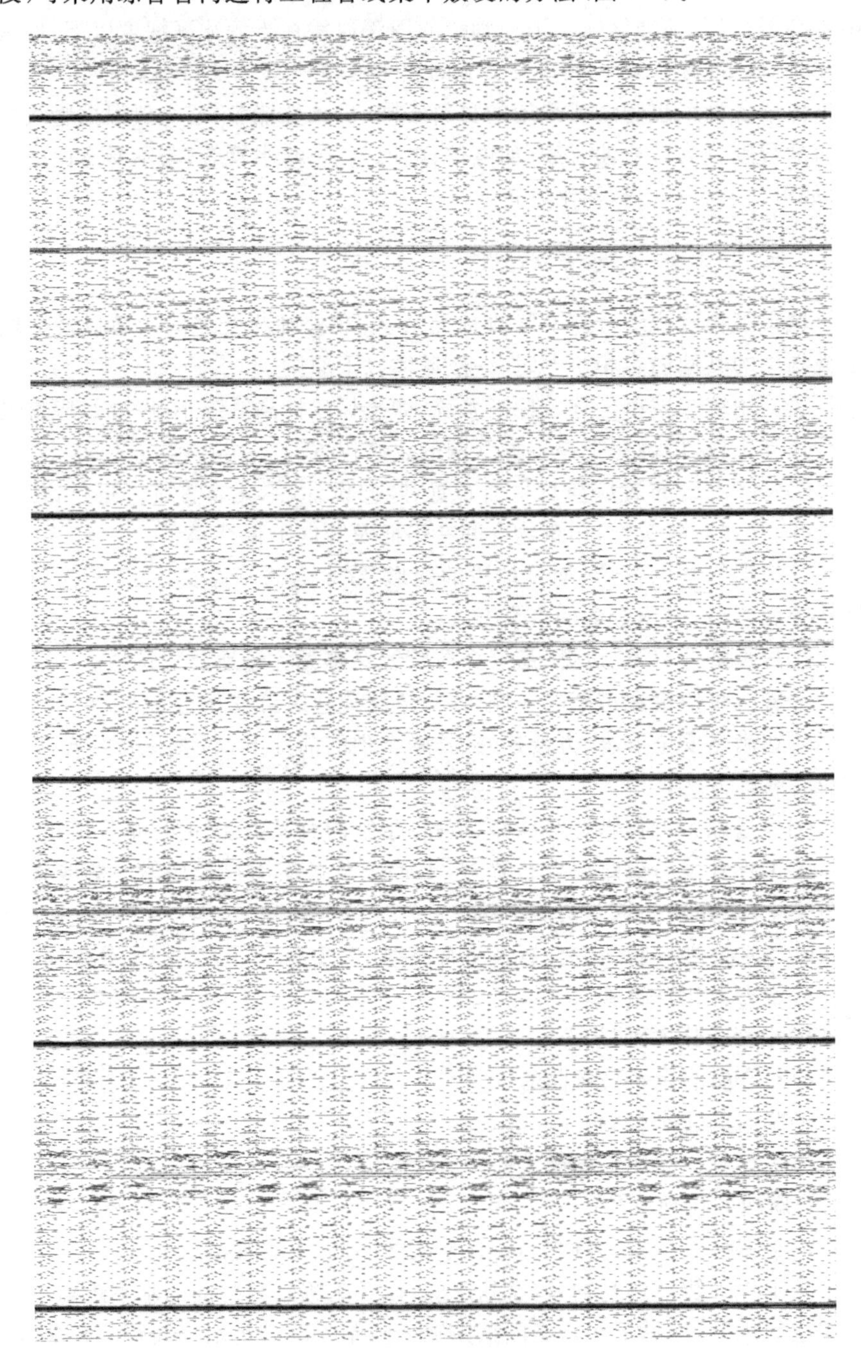

图 9-8 综合管沟实例

但应注意的是，并非所有工程管线在所有的情况下都可以进行共沟敷设。管线共沟敷设的原则是：

a)热力管不应与电力、电信电缆和压力管道共沟；

b)排水管道应位于沟底，但当沟内同时敷设有腐蚀性介质管道时，排水管道应在其上，腐蚀性介质管道应位于沟中最下方的位置；

c)可燃、有毒气体的管道一般不应同沟敷设，并严禁与消防水管共沟敷设；

d)其他有可能造成相互影响的管线均不应共沟敷设。

⑫敷设主管道干线的综合管沟应在车行道下。其埋深与道路行车荷载、管沟结构强度、冻土深度等有关。敷设支管的综合管沟应在人行道下，通常埋深较浅。

⑬对于架空线路，同一性质的线路尽可能同杆架设，例如，高压供电线路与低压供电线路宜同杆架设；电信线路与供电线路通常不同杆架设；必须同杆架设时需要采取相应措施。

3. 城市工程管线综合技术规定

在进行城市工程管线综合工作时，需要对管线之间以及管线与建筑物、构筑物之间的间距是否恰当做出判断。对此，中华人民共和国国家标准《城市工程管线综合规划规范》GB 50289—98 对下列内容做出了具体规定，可作为城市工程管线综合时的依据。

①工程管线之间及其与建(构)筑物之间的最小水平净距(表 9-8)；②工程管线交叉时的最小垂直净距；③工程管线的最小覆土深度；④架空管线之间及其与建(构)筑物之间的最小水平净距；⑤架空管线之间及其与建(构)筑物之间交叉时的最小垂直净距。

序号	管线名称			1	2		3	4					5	
			≤1.6MPa											
5	热力管		直埋	2.5	1.5		1.5	1.0	1.0		1.5	2.0		
			地沟	0.5					1.5		2.0	4.0		
6	电力电缆		直埋	0.5	0.5		0.5	0.5	0.5		1.0	1.5	2.0	
			缆沟											
7	电信电缆		直埋	1.0	1.0		1.0	0.5			1.0	1.5	1.0	
			管道	1.5				1.0						
8	乔木（中心）			3.0	1.5		1.5	1.2					1.5	
9	灌木			1.5										
10	地上杆柱	通信照明及<10KV		*	0.5		0.5	1.0					1.0	
		高压铁塔基础边	≤35KV		3.0		1.5	1.0					2.0	
			>35KV					5.0					3.0	
11	道路侧石边缘				1.5		1.5	1.5			2.5		1.5	
12	铁路钢轨（或坡脚）			6.0	5.0								1.0	

表 9-8　工程管线之间及其与建(构)筑

序号	管线名称			1 建筑物	2 给水管		3 污水雨水排水管	4 燃气管					5 热力管	
					$d\le$ 200 mm	$d>$ 200 mm		低压	中压 B	中压 A	高压 B	高压 A	直埋	地沟
1	建筑物				1.0	3.0	2.5	0.7	1.5	2.0	4.0	6.0	2.5	0.5
2	给水管	$d\le200$ mm		1.0			1.0	0.5			1.0	1.5	1.5	
		$d>200$ mm		3.0			1.5							
3	污水、雨水排水管			2.5	1.0	1.5		1.0	1.2		1.5	2.0	1.5	
4	燃气管	低压	$P\le0.05$MPa	0.7	0.5		1.0	DN≤300 mm0.4 DN>300 mm0.5					1.0	
		中压	0.005 MPa$<P\le0.2$MPa	1.5			1.2							
			0.2 MPa$<P\le0.4$MPa	2.0									1.0	1.5
		高压	0.4 MPa$<P\le0.8$MPa	4.0	1.0		1.5						1.5	2.0
			0.8 MPa$<P$	6.0	1.5		2.0						2.0	4.0

① 资料来源：中华人民共和国国家标准．城市工程管线综合规划规范．GB 50289—981

(二)城市工程管线综合规划

城市工程管线综合通常根据其任务和主要内容划分为不同的阶段:①规划综合;②初步设计综合;③施工图详细检查阶段,并与相应的城市规划阶段相对应。规划综合对应城市总体规划阶段,主要协调各工程系统中的干线在平面布局上的问题,例如,各工程系统的干管走向有无冲突,是否过分集中在某条城市道路上等。初步设计综合对应城市规划的详细规划阶段,对各单项工程管线的初步设计进行综合,确定各种工程管线的平面位置、竖向标高,检验相互之间的水平间距及垂直间距是否符合规范要求,管道交叉处是否存在矛盾。综合的结果及修改建议反馈至各单项工程管线的初步设计,有时甚至提出对道路断面设计的修改要求。

1. 城市工程管线综合总体协调与布置

城市工程管线综合中的规划综合阶段与城市总体规划相对应,通常按照以下工作步骤与城市总体规划的编制同步进行。其成果一般作为城市总体规划成果的组成部分。

(1)基础资料收集阶段

包括城市自然地形、地貌、水文、气象等方面的资料,城市土地利用现状及规划资料,城市人口分布现状与规划资料,城市道路系统现状及规划资料,各专项工程管线系统的现状及规划资料以及国家与地方的相关技术规范。这些资料有些可以结合城市总体规划基础资料的收集工作进行,有些则来源于城市总体规划的编制成果。

(2)汇总综合及协调定案阶段

即将上一个阶段所收集到的基础资料进行汇总整理,并绘制到统一的规划底图上(通常为地形图),制成管线综合平面图。检查各工程管线规划本身是否存在问题,各个工程管线规划之间是否存在矛盾。如存在问题和矛盾,需提出总体协调方案,组织相关专业共同讨论,并最终形成符合各工程管线规划要求的总体规划方案。

(3)编制规划成果阶段

城市总体规划阶段的工程管线综合成果包括比例尺为1∶5000～1∶10000的平面图、比例尺为1∶200的工程管线道路标准横断面图以及相应的规划说明书(图9-9)。

图 9-9　管线综合道路断面图

2. 城市工程管线综合详细规划

城市工程管线综合的详细规划，又称“初步设计综合”，其任务是协调城市详细规划阶段中各专项工程管线详细规划的管线布置，确定各工程管线的平面位置和控制标高。城市工程管线综合详细规划在城市规划中的详细规划以及各专项工程管线详细规划的基础上进行，并将调整建议反馈给各专项工程管线规划。城市工程管线综合详细规划的编制工作与城市详细规划同步进行，其成果通常作为详细规划的一部分。城市工程管线综合详细规划有以下几个主要工作阶段。

(1)基础资料收集阶段

城市工程管线综合详细规划所需收集的基础资料与总体规划阶段相

似，但更侧重于规划范围以内的地区。如果所在城市已编制过工程管线综合的总体规划，其规划成果可直接作为编制详细规划的基础资料。但在尚未编制工程管线综合总体规划的城市除所在地区的基础资料外，有时还需收集整个城市的基础资料。

（2）汇总综合及协调定案阶段

与城市工程管线综合总体规划阶段相似，将各专项工程管线规划的成果统一汇总到管线综合平面图上，找出管线之间的问题和矛盾，组织相关专业进行讨论调整方案，并最终确定工程管线综合详细规划。

（3）编制规划成果阶段

城市工程管线综合详细规划的成果包括：管线综合详细规划平面图（通常比例尺为 1∶1000）、管线交叉点标高图（比例尺 1∶500～1∶1000）、详细规划说明书以及修订的道路标准横断面图（图 9-10）。

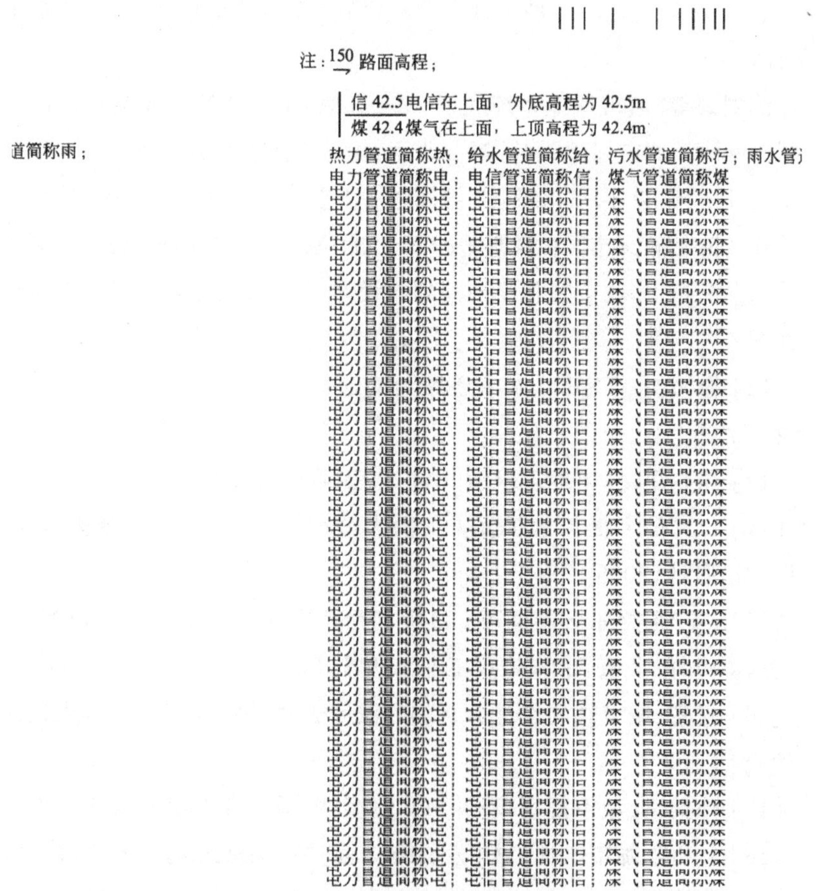

注：150→路面高程；

信 42.5 电信在上面，外底高程为 42.5m

煤 42.4 煤气在上面，上顶高程为 42.4m

热力管道简称热；给水管道简称给；污水管道简称污；雨水管道简称雨；

电力管道简称电；电信管道简称信；煤气管道简称煤

图 9-10　交叉点管线标高图

参考文献

[1] 王建国.城市设计(第3版)[M].南京:东南大学出版社,2013.

[2] 李伟国.城市规划学导论[M].杭州:浙江大学出版社,2008

[3] 闫学东.城市规划[M].北京:北京交通大学出版社,2011

[4] 谭纵波.城市规划[M].北京:清华大学出版社,2005

[5] 胡纹.居住区规划原理与设计方法[M].北京:中国建筑工业出版社,2006

[6] 吴志强,李德华.城市规划原理(第4版)[M].北京:中国建筑工业出版社,2010

[7]刘颂等.城市绿地系统规划[M].北京:中国建筑工业出版社,2010

[8] 付军.城市绿地设计[M].北京:化学工业出版社,2009

[9] 杨瑞卿,陈宇.城市绿地系统规划[M].重庆:重庆大学出版社,2011

[10] 杨赉丽.城市园林绿地规划(第3版)[M].北京:中国林业出版社,2012

[11] 李铮生.城市园林绿地规划与设计[M].北京:中国建筑工业出版社,2006

[12] 徐循初,汤宇卿.城市道路与交通规划[M].北京:中国建筑工业出版社,2005

[13] 周一星.城市地理求索[M].北京:商务印书馆,2010

[14] (美)简·雅各布斯著.美国大城市的死与生[M].金衡山译.南京:译林出版社,2005

[15] (英)尼格尔·泰勒著.1945年后西方城市规划理论的流变[M].李白玉,陈贞译.北京:中国建筑工业出版社,2006

[16] 赵亮.城市规划设计分析的方法与表达[M].南京:江苏人民出版社,2013

[17] 陈锦富.城市规划概论[M].北京:中国建筑工业出版社,2006

[18] 赵和生.城市规划与城市发展(第3版)[M].南京:东南大学出版社,2011

[19] 周国艳,于立.西方现代城市规划理论概论[M].南京:东南大学出版社,2011

[20]（英）芬彻著．城市规划与城市多样性[M]．叶齐茂等译．北京：中国建筑工业出版社，2012

[21] 石京．城市道路交通规划设计与运用[M]．北京：人民交通出版社，2006

[22]陈易．城市建设中的可持续发展理论[M]．上海：同济大学出版社，2003

[23]朱家瑾．居住区规划设计[M]．北京：中国建筑工业出版社，2006